KB040180

송민령의 뇌과학 연구소

세상과 소통하는 뇌과학 이야기

송민령의 뇌과학 연구소

세상과 소통하는 뇌과학 이야기

초판 1쇄 펴낸날 2017년 9월 29일
초판 5쇄 펴낸날 2021년 6월 10일
지은이 송민령
펴낸이 한성봉
책임편집 하명성
편집 안상준·이동현·조유나·이지경·박민지
디자인 전혜진
본문디자인 김경주
마케팅 박신용·강은혜
기획홍보 박연준
경영지원 국지연
펴낸곳 도서출판 동아시아
등록 1998년 3월 5일 제1998-000243호
주소 주소 서울시 중구 소파로 131 [남산동 3가 34-5]
페이스북 www.facebook.com/dongasiabooks
전자우편 dongasiabook@naver.com
블로그 blog.naver.com/dongasiabook
인스타그램 www.instagram.com/dongasiabook
전화 02) 757-9724, 5
팩스 02) 757-9726

ISBN 978-89-6262-199-0 03400

이 도서의 국립중앙도서관 출판예정도서목록(CIP)은
서지정보유통지원시스템 홈페이지(http://seoji.nl.go.kr)와
국가자료공동목록시스템(http://www.nl.go.kr/kolisnet)에서
이용하실 수 있습니다.(CIP제어번호 : CIP2017024710)

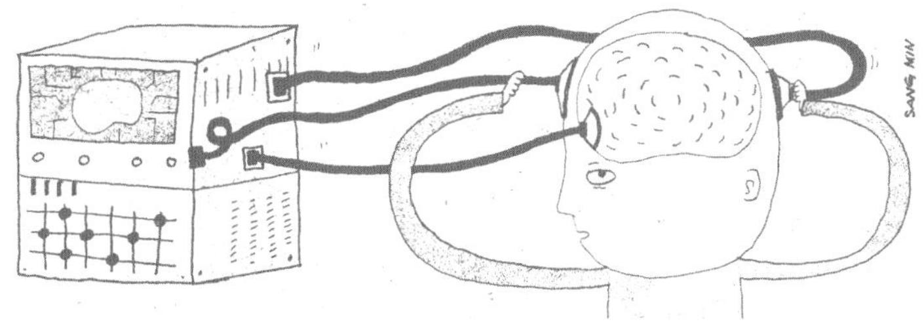

The Neuroscience Lab

세상과 소통하는 뇌과학 이야기

송민령의 뇌과학 연구소

송민령 지음

동아시아

일러두기

- 본문에서 단행본은 『 』, 저널·신문은 《 》, 논문·보고서는 「 」, 영화·방송 프로그램, 유튜브 영상은 〈 〉로 구분했다.
- 주에서 국내서는 위의 약물을 따랐으며, 국외서는 단행본·저널·신문은 이탤릭체로, 논문·보고서·기사는 “ ”로 구분했다.

머리말

유럽과 미국의 뇌 연구 프로젝트, '뇌 연구의 10년Decade of the Brain'이 마무리되던 2000년경, 기능성 자기공명영상을 사용한 뇌 연구가 늘어나기 시작했다. 살아 있는 인간의 뇌 활동을 보여주는 기능성 자기공명영상 연구는 동물을 사용한 연구보다 이해하기 쉬웠고, 덕분에 대중들 사이에서 뇌과학이 인기를 누리기 시작했다. 한편 신경세포의 전기 생리학적 활동에 대한 연구 성과가 누적되면서 2005년에는 컴퓨터로 뇌를 시뮬레이션하려는 시도인 '블루 브레인 프로젝트Blue Brain Project'가 시작되었다.

이런 분위기 속에서 '뇌와 사회를 잇다Connecting Brains and Society'라는 워크숍이 유럽에서 열렸다. 여러 분야의 전문가와 시민들이 모여 뇌과학의 사회적 영향을 논의하는 행사였다. 나는 2007년에 뇌과학 과정으로 유학을 떠나기 위해 필요한 장학금을 지원하려고 조사하다가 이 행사의 보고서를 접했다. 상상도 못 했던 내용이 들어 있었다. 보고서는 뇌과학이 자유의지와 자아에 대한 혼란을 초래할 수 있음을 경고했다. 또 뇌과학이 뇌 기능의 향상과 조절에 쓰일 수 있으며, 이는 개인 간 차별을 심화시키거나 인권 문제를 초래할 수 있다고 지적했다.

대중들이 뇌과학을 오해했을 때 발생할 수 있는 문제들도 소개되어 있었다.

내가 좋아해서 업으로 삼고 싶은 학문이 악용될 수 있다는 건 상당한 충격이었다. 그래서 그때부터 뇌과학이 사회에 어떤 영향을 미치는지, 이걸 좋은 방향으로 바꾸려면 어떻게 해야 할지 알아보기 시작했다. 마침 청강하던 수업의 교수님이 청강생인 나까지 살뜰히 챙겨주시며 "목표를 정해두면 추진력과 방향성이 생기니 각자 목표를 정하고 10년 뒤에 연락해달라"라고 하셨다. 덕분에 "뇌과학이 나를 이해하고, 인간을 이해하고, 인간이 이런 존재일 때 어떻게 함께 살아갈지를 고민하는 데 도움이 되는 학문이기를 바란다"라는 문장으로 목표를 정리할 수 있었다. 이 목표를 위한 구체적인 항목들을 과학 잡지라는 형태에 담아내고 설득해서 유학에 필요한 장학금도 타냈다.

나와 비슷한 고민을 하는 뇌과학자가 전 세계적으로 적지 않았던 모양이다. 2006년에는 뇌과학자들이 주축이 되어 국제 신경윤리학회가 생겼고, 대학에 신경법학과가 창설되었다. 과학과 대중을 연결하려는 노력도 활발해져서, 《사이언스》나 《네이처》 같은 저널에서는 일반인을 위한 팟캐스트를 시작했다. 덕분에 뇌과학이 다른 분야들과 융합하고, 사회와 상호작용하는 모습을 눈여겨볼 수 있었다. 문제의식에 따라 새로운 학문이 생겨나는 광경은 역동적이고, 설레고, 멋있었다.

뇌과학 학회에 참석하는 틈틈이 신경윤리학 모임들을 찾아다녔고, 기회가 될 때마다 다른 분야의 사람들과 이야기를 나누고 발표를 했다. 그리고 나누면 나눌수록 깨닫게 됐다. 단편적인 대화나 일회성 세미나로는 부족하다는 걸. 뇌가 어떻게 동작하는지를 알아야 이 문제가 왜 문제인지 사람들과 나눌 수 있으리란 걸. 내가 보는 것을 다른 이들도 볼 수 있다면 그들도 금방 알게 될 텐데…

그래서 아예 책을 내겠다고 결심했다. 뇌과학 정보뿐만 아니라, 뇌과학자가 뇌를 보는 시각을 전하는 책. 왜곡된 뇌과학 정보를 바로잡고 자기 자신과 인간에 대한 이해를 도와주는 책. 뇌과학적 시각을 토대로 자유의지, 마음 읽기, 기능 증진과 같은 사회 문제들을 논의할 수 있게 돕는 책.

처음에는 해외의 신경윤리학 논의를 국내에 소개하는 방식을 고려했다. 하지만 사람들과 이야기를 나누고 발표하고 질문을 받다 보니 생각이 바뀌었다. 내가 하고 싶은 이야기를 쓸 게 아니라, 사람들의 가려운 부분을 긁어주는 것부터 시작해야 했다. 자기 자신과 연결 짓지 못한 앎은 재미도 없고, 삶을 변화시키지도 못하니까.

그렇게 10년쯤 자료를 모으며 포화 상태에 이르렀을 때 알파고가 한국에 왔다. 아주 많은 사람을 아주 많이 가렵게 했던 그 알파고. 사람들이 알파고에 대해 하는 말을 가만히 들어보면 알파고를 기존의 컴퓨터와 비슷하게 생각하거나(저장된 자료를 불러오는 것 아니냐), 완전히 사람처럼 여기는(알파고가 실수를 했다) 경우가 많았다. 알파고는 뇌신경망을 모방했기에 기존 컴퓨터와 다른 점이 많은데, 이 차이를 이해하지 못해서 생겨난 오해들이었다.

사람들에게 알파고를 안내하면서 뇌도 소개할 수 있는 기회로 보였다. 마침 연구 진행도 막힌 상태였기에 그동안 준비한 자료를 모아 연재를 시작했다. 연재가 끝나면 모아서 1인 출판이라도 할 생각이었다.

그랬는데《사이언스온》에 연재를 하는 등 몇 가지 사건이 겹쳐 어찌어찌 출판 계약까지 하게 되었다. 10년을 벼른 일도 될 때는 순식간에 되는 모양이다.

10년 전에 세웠던 목표는 지금도 여전히 소중하다. 뇌과학이 나를 이해하고, 인간을 이해하고, 인간이 이런 존재일 때 어떻게 함께 살아갈지를 고민하는 데 도움이 되는 학문이기를 바란다. 많은 사람과 이 가치를 함께 나누고 싶어서, 그 목적에 맞게 책을 구성했다. 뇌과학이 뇌를 보는 시각을 안내하고, 뇌과학 지식을 삶의 맥락과 연결 지을 수 있도록. 그래서 뇌과학 전공자가 아니라도 뇌과학이 얽힌 논의에 참여할 수 있도록. 자기 자신을 더 잘 이해하고 이 멋진 학문을 즐길 수 있도록.

마침 올해는 청강하던 수업의 교수님과 목표를 정한 지 딱 10년째 되는 해이다. 청강생도 빼놓지 않고 챙겨주시던 교수님께 10년 만에 약속을 지키면서 전해드릴 것이 생겼다. 10년 전에 장학금을 지원할 때는 과학 잡지에 현실성이 없다는 지적을 받았다. 하지만 요즘에는 과학 도서와 방송이 주목받기 시작하고, 과학 잡지가 새로 창간되기도 한다. 형태는 조금 다르지만 나의 유학을 도와주었던 이들에게 했던 약속도 지킬 수 있게 되었다.

그사이 많은 일이 있었지만 나를 도와준 분들과 한 약속을, 나 자신과 한 약속을 지켜내서 기쁘다. 강제성이 있는 약속은 아니었지만, 이런 약속 하나가 버팀목일 때가 많았다.

이 책은《사이언스온》에 연재한 글을 독자들의 피드백을 받아 보완하고, 연재에는 미처 포함하지 못했던 내용을 보태 정리한 것이다.

《사이언스온》은 과학자와 기자가 함께 만드는 뉴스와 비평을 내세우고 출범한 한겨레신문사의 과학 웹진이다.《사이언스온》이라는 매체를 8년째 키워오시고, 어디서 받기도 힘든 귀중한 피드백을 해주신 오철우 기자님께 감사드린다.

다사다난한 초짜 작가를 든든하게 이끌어주신 한성봉 대표님, 글을 훌륭하게 다듬어준 하명성 편집자님, 책을 예쁘게 꾸며준 전혜진 디자이너님께 마음 깊이 감사드린다. 10년을 준비했다 한들 이분들의 도움이 없었으면 완성도 높은 책으로 출간되기 어려웠을 것이다.

지난 10여 년간 함께 뇌과학을 공부하며 과학 커뮤니케이션에 대한 고민을 나눠준 '글짓는 과학자들'의 손동민 박사와 내 친구 박아형 박사에게, 내 의견에 반대하거나 지지함으로써 내 생각을 다듬어준 친구들에게, 나에게 깊고 풍성한 세계관을 물려주신 분들과 스승님들께 깊은 감사를 드린다.

/ C O N T E N T /

\ 뇌는 네트워크다 \

\ 뇌과학과 사회 \

\ 뇌과학 연구의 방법 \

1 들어가며

내가 뇌과학을 전공한다고 하면 갑자기 눈을 반짝이는 분들이 많다. 내가 누군지도 잘 모를 텐데 일단 의자가 가까워지고, 질문이 나오기 시작한다. 왜 많은 사람이 뇌과학에 끌릴까? 당신은 왜 이 책을 골랐을까?

뇌과학의 의의 ①: 인간에 대한 이해

뇌과학은 뇌를 포함한 신경계를 연구하는 생물학의 한 분야이다. 과학의 모든 분야가 세상에 대한 인식을 바꿔가지만, 뇌과학은 인간의 마음에 대한 인식을 바꾼다는 점에서 특별하다. 궁금하고 매혹적이지만 손에 잡히지 않는 마음과 달리, 물리적 토대를 가진 뇌에 대한 과학은 미더울 뿐만 아니라 흥미롭다. '내가/재가 저런 행동을 하는 건 혹시 이런 이유일까?' 상상도 하게 되고, '아~ 내가 그래서 그랬던

거구나' 이해하고 편안해지기도 한다. 그래서 뇌과학은 사람들의 마음을 훅 끌어당긴다.

뇌가 기억, 생각, 감정, 언어, 감각에서 중요한 역할을 하기 때문에 뇌과학은 심리학 및 인지과학과 밀접하게 연관되어 있다. 뇌과학은 눈으로 볼 수 있는 물리적 대상인 뇌를 연구한다는 점에서 심리학 및 인지과학과 다르지만, 갈수록 이 분야들과 협력 연구가 증가하고 있다. 이처럼 뇌과학은 마음과, 마음에 긴밀하게 연관된 기관인 뇌를 연구해서 인간에 대한 이해를 제공한다.

인간에 대한 인간의 이해는 인간을 모사한 피조물에 반영된다. 예컨대 마음의 이성적인 측면을 중시하며 몸은 정교한 기계에 불과하다고 믿었던 근현대에는 인체를 닮은 정교한 자동인형과 논리적으로 계산하는 컴퓨터가 만들어졌다. 피조물들에 대한 연구는 다시 인간에 대한 이해를 발전시켰다. 컴퓨터의 논리 연산을 연구하면서 인간의 기억, 인지, 사고는 컴퓨터와는 크게 다르다는 사실을 알게 되었다.

나중에 마음의 비이성적이고 무의식적인 측면을 포용하고 복잡한 네트워크인 뇌의 작용을 이해하게 되자 신경망을 모사한 인공지능이 만들어졌다. 알파고가 바둑에서 이세돌을 이기는 등 최근 들어 인공지능이 급성장한 것은 뇌 신경망을 모사한 심화학습(딥 러닝deep learning)을 사용했기 때문이다. 이처럼 뇌과학은 컴퓨터공학, 인공지능과 상호작용하며 발전해왔다.

뇌과학의 의의 ②: 뇌과학과 사회

뇌 신경망을 모사한 인공지능은 이제 스스로 언어를 배우고, 새로운 언어를 발명하며, 다른 인공지능을 만들어내는 수준에 이르렀다. 인간의 전유물이라고 여겼던 언어, 창조성 같은 영역에 인공지능이 침범해오자 사람들은 인간이란 무엇인지를 고민하지 않을 수 없게 되었다. 기능성 자기공명영상fMRI으로 정신적 활동을 하는 동안 뇌 활동을 눈으로 볼 수 있게 되자, 자유의지가 존재하는지, '자아'가 실재하는지 같은 의문도 품게 되었다. 그래서 뇌과학은 철학과도 관련이 있다.[1][2]

철학은 현실과 거리가 먼 추상적인 학문이라고 여겨지기도 하지만, 사회 제도가 지금과 같은 모습을 갖게 된 배경이기도 하다. 예컨대 자율적으로 행동을 결정하는 능력인 자유의지는, 자신과 관련된 일을 스스로 결정하는 법적인 권한과 자기 행동에 대한 법적 책임을 부여하는 근거가 된다.

그렇기 때문에 자유의지에 대한 뇌과학 지식은 법과 사회 제도를 바꾼다. 예컨대 미국에서는 청소년들에게 높은 수준의 자유를 허용하는 대신, 중죄를 저지르면 성인과 마찬가지로 사형이나 종신형 등 중형을 선고해왔다. 그런데 뇌과학의 연구 결과에 따르면, 감정을 조절하고 행동을 통제하는 데 중요한 역할을 하는 전전두엽은 20대 중반을 지나야 성숙한다. 이에 따라 10대와 20대 초반 범죄자들을 처벌하는 강도를 줄이기 시작했다.

이처럼 뇌과학은 인간에 대한 이해에 근거해 사회의 가치를 구현하는 체계인 법과도 관련이 깊다. 그래서 몇 년 전에는 신경법학neurolaw이라는 융합 분야가 생기고 대학에 학과가 설립되기도 했다. 법의 집행 과정에 뇌과학을 도입하려는 시도는 현실적인 필요와 맞물리면서 점점 다양해지고 있다. 예컨대 포화 상태에 이른 감옥 때문에 골머리를 앓는 미국에서는 도덕성과 관련된 뇌의 작동 원리를 이해하여 범죄자들에게 도덕적으로 행동하게 만드는 알약을 먹이는 방법이 논의되고 있다. 높은 재범률이 문제가 되자, 감옥에서 출소하기 전에 뇌를 찍어서 출소자가 재범을 저지를지 예측하려는 연구도 진행되고 있다.

뇌과학은 인간의 마음에 호소하는 분야인 마케팅(신경마케팅neuro-marketing)에도 쓰일 수 있다. 의외로 사람들은 자신이 어떤 물건을 구매할지 잘 모른다고 한다. 그래서 설문을 통한 시장조사는 부정확하기로 악명 높다. 반면에 어떤 상품을 원하는지 원하지 않는지와 관련된 뇌 반응은 비교적 정확해서, 광고와 마케팅의 기획과 평가에 사용될 수 있다. 그 밖에 뇌과학을 교육과 접목해서(신경교육neuroeducation), 발달 특성과 개인 특성에 맞도록 교육 프로그램을 개선하려는 노력도 이뤄지고 있다.

뇌과학의 의의 ③: 치료와 윤리

뇌과학은 신경정신의학과도 관련이 깊다. 신경계와 관련된 질환 일체(알츠하이머병, 우울증, 주의력 결핍 과잉 행동장애ADHD, 외상 후 스트레스 장애PTSD, 약물 중독, 두통을 비롯한 일체의 통증, 불면증, 뇌졸증 등)의 작동 원리와 치료는 뇌과학의 주된 연구 주제 중 하나이기 때문이다. 신경정신질환이 암과 심혈관계 질환에 버금가는 경제적 부담을 초래할 것으로 예상됨에 따라 뇌과학은 국제 보건에서도 중요한 분야가 되었다.[3]

망막 이상으로 맹인이 된 사람들은 인공 망막을 삽입해서 다시 세상을 볼 수 있다. 인공 망막은 카메라가 촬영한 영상 정보를 전기 신호로 바꾸어 신경세포에 공급하는 장치이다. 사고로 팔을 잃은 사람은 신경세포의 활동을 읽어 들이는 로봇 팔을 사용해서 다시 물건을 잡을 수 있다. 인공 의수prosthetics에 대한 이런 연구들 때문에 뇌과학은 로봇공학과도 상호작용한다.

뇌의 활동을 읽어 들이거나 뇌의 활동을 조작하는 신경기술neuro-technology들은 주로 치료와 연구 목적으로 개발되었지만, 휴대성이 좋아지고 안전성과 성능이 향상되면 다양한 용도로 사용될 것이다. 이 기술들은 시장성이 크지만 뇌 기능 향상에 쓰일 수 있다는 점에서 빈부 격차를 심화시킬 우려가 있다. 또 타인의 마음을 읽을 수 있다는 측면에서는 사생활 침해의 위험이 있다. 기술을 활용해 마음을 조작하게 되면 정체성이 흔들리거나 행위의 주체가 누구인지 혼란스러워질 수도 있다.

그래서 2006년, 뇌과학자들이 주축이 되어 국제 신경윤리학neuroethics 학회가 설립되었다.[4] 신경윤리학에서는 뇌과학의 현실 적용과 관련된 윤리적 문제를 연구하고, 다양한 분야의 사람들과 논의하며, 문제의식을 공유해서, 뇌과학이 비전공자들에게 올바로 이해되도록 돕는다. 미국과 유럽에서 추진하는 거대 뇌과학 프로젝트에는 신경윤리학 분과가 포함되어 있으며, 프로젝트의 초기 단계에서부터 시민과 과학자들이 뇌과학의 사회적 영향과 프로젝트의 방향, 제도적 대응 방안을 논의하도록 독려하고 있다.[5]

이처럼 뇌과학은 사회 곳곳에 영향을 끼친다. 인간의 마음에 대한 학문인 만큼 흥미로울 뿐 아니라, '현실 분야에 적용translation하면 어떨까' 하는 영감도 불어넣는다. 하지만 비전공자들이 뇌과학을 정확하게 이해하기란 쉬운 일이 아니어서 기존의 불안이나 바람, 편견에 따라 왜곡된 정보가 뇌과학이라는 권위를 등에 업고 대중들 사이에서 유행하곤 했다.

미국에서는 1970년대까지도 우생학에 따라 강제 불임 수술이 시행되었음을 생각하면, 인간과 관련된 과학 지식이 왜곡된 상태로 확산되는 것은 대단히 위험하다. 그래서 뇌과학은 과학기술과 사회Science Technology and Society, STS, 과학기술의 대중화 방면에서도 가장 활발한 노력이 이뤄지는 분야 가운데 하나이다.

뇌과학의 의의 ④: 현대 뇌과학과 시민 사회

2013년 미국과 유럽연합은 각각 미지의 영역인 뇌를 탐구하기 위해 휴먼 게놈 프로젝트에 버금가는 거대 프로젝트를 시작했다. 미국이 진행하는 프로젝트인 브레인 이니셔티브Brain Research through Advancing Innovative Neurotechnologies Initiative는 신경 활동을 관측하고 조작하는 기술을 개발해 뇌 전체의 연결과 활동을 연구한다. 한편 유럽에서 진행되는 휴먼 브레인 프로젝트Human Brain Project는 뇌 속 모든 신경세포의 연결 지도를 그려서 컴퓨터로 뇌를 구현하는 것이 목표이다.[6][7]

이 프로젝트의 상당 부분은 가설에 따른 실험을 하고, 연구 데이터를 독점하던 기존의 과학 연구와 다르게 진행된다. 뇌의 특정 부분, 특정 기능에 대한 가설을 시험하는 것이 아니라 뇌 전체의 회로와 활동에 대한 큰 그림을 그리는 게 목표이기 때문이다. 따라서 여러 연구실에서 나온 데이터를 공유하는 플랫폼을 만들고, 빅데이터를 처리하며, 다양한 분야가 협력하고 융합하는 일이 중요해졌다.[8]~[10]

매일 수백 테라바이트씩 쏟아져 나오는 데이터를 처리하려면 인공지능이나 슈퍼컴퓨터로도 부족할 때가 많다. 그래서 컴퓨터로는 분석하기 힘든 일부 과정을 게임으로 만들어서 일반 시민의 참여를 도모하기도 한다.[11] 게임이긴 하지만 훈련을 통해 어느 정도의 전문성을 갖춘 다음에야 분석에 참여할 수 있는데, 덕분에 시민들은 뇌과학의 연구 현장에 참여하고 뇌과학을 배울 기회를 얻는다. 예컨대 'Mozak'(https://www.mozak.science/landing)이라는 게임에서는 신경세포의 사진으로 3차원 신경세포를 복원하고, 신경세포를 종류별로 분류하는 등의 활동에 참여할 수 있다.

사회 현장의 필요와 뇌과학 연구를 접목시킬 수도 있다.[12] 사람의 뇌를 연구할 때는 동물이나 컴퓨터 모델을 연구할 때처럼 다양한 실험 조작을 가할 수 없다. 하지만 연구하기에 적합한 환경에 처한 사람들을 찾아가면 이들을 도우면서 뇌도 연구하는 기회가 생길 수 있다. 예컨대 '프라카쉬 프로젝트Project Prakash'에서는 나을 수 있는 눈 질환을 치료하지 못해서 맹인이 된 가난한 인도 아이들을 치료하며 장시간 관찰했다. 그 결과 오랫동안 시각 경험이 박탈되었던 뇌가 어떻게 시각을 학습하는지 연구할 수 있는 특별한 기회를 얻었다.

이처럼 뇌과학 연구가 진행되는 방식, 시민 사회와 소통하는 방식이 바뀌고 있다. 시민들이 연구에 참여할 수 있는 경로도 온라인 게임을 활용한 크라우드 소싱, 흥미로운 연구에 후원하는 크라우드 펀딩 등으로 다양해지고 있다.

나와 연결된 지식

뇌과학은 인간에 대한 이해를 제공하며 삶의 곳곳, 사회의 곳곳을 바꾸고 새로운 질문을 던진다. 내가 뇌과학을 전공한다는 말에 눈을 반짝이셨던 분들은 자신을 더 잘 알고 싶었을 수도 있고, 자기 일에 접목할 만한 아이디어를 원했을 수도 있다. 뇌과학의 사회적 파장을 보며 공부할 필요를 느꼈을 수도 있고, 단순히 뇌과학이 재미있게 보였을 수도 있다.

어떤 동기로 시작하든 자신에 대한 이해는 삶에 영향을 미치고, 인간에 대한 이해를 공유하는 이들이 많아지면 사회가 변하기 시작한다. 현실의 여러 분야에서 다양한 실험과 융합이 저절로 일어난다. 마음을 탐구하는 학문인 뇌과학은 재미있기까지 하니 금상첨화이다.

하지만 이런 매력에 끌려 공부하려고 보면 만만치가 않다. 인터넷에 돌아다니는 단편적인 정보들은 틀린 경우가 많을 뿐 아니라 체계적인 지식이 되지 못한다. 정보를 지식으로 꿰어내지 못한 상태에서, 여기서는 이렇게 말하고 저기서는 저렇게 말하는 정보의 홍수를 헤매다 보면 우왕좌왕 혼란스럽고 불안해지기 일쑤이다. 처음 보는 종류의 과일이 유전자 조작 식품[GMO]이라는 건지 아니라는 건지, 그래서 이걸 먹어도 된다는 건지 안 된다는 건지 자꾸만 헷갈리는 것처럼.

그렇다고 전문적인 자료를 찾아보자니 이 지식이 나하고 어떻게 연결되는지, 이게 왜 중요한지 감이 안 온다. 자신과도, 주변의 세상과도 연결되지 않는 지식이 복잡하고 어렵기까지 하면 금방 손을 놓을 수밖에. 어찌해서 공부했다 하더라도 세상과의 고리, 나와의 고리를 갖지 못한 지식은 떠올릴 일이 없고, 살면서 떠올리지 않는 지식은 쓰이지도 못한 채 잊히게 마련이다.

뇌과학의 전문 지식과 독자를 연결하기 위해서 자주 쓰이는 수식어가 '우리나라 연구자가 세계 최초로'나 '무슨 질환의 치료에 도움이 되는'인데, 이래서는 수박 겉핥기밖에 되지 못한다. 뇌과학에서 진짜 맛있는 과즙은 껍질 안에 들어 있는데 말이다. 지식이 나와 어떻게 연결되는지 알아야 없던 관심도 생기고 이해하기도 쉬워진다. 지식이 비로소 삶을 바꾸기 시작한다.

책의 구성

그래서 이 책은 "사람은 정말로 잘 안 변할까?", "자아는 허상인가?", "자유의지는 존재하는가?", "사랑은 화학 작용일 뿐일까?"처럼 기존 통념에 의문을 제기하고 최신 뇌과학 연구에서 답을 찾는 식으로 구성되었다. 이 통념들은 자신이나 주변 세상과 어떤 식으로든 연결되어 이미 작동하고 있는 정보이기 때문이다. 또 질문과는 거리가 있지만 흥미롭고 생각해볼 만한 소재들을 글상자에 모았다. 무엇보다 앞에서 언급한 뇌과학의 이모저모를 두루 다루어 뇌과학이 가져올 변화를 큰 틀에서 조망할 수 있도록 구성했다.

많은 이들이 생각하는 것과는 달리 뇌는 나이가 들어서도 발달을 계속하며 평생토록 변화 가능성을 유지한다. 기억은 과거를 그대로 저장하는 비디오카메라와는 다르며, 현재의 행동을 결정하고, 미래를 계획하는 데 적합한 형태로 만들어져 있다. 뇌가 몸의 주인이라는 통념과 달리, 뇌의 기능은 몸의 영향을 크게 받는다. 「상식을 깨는 뇌」에서는 일반적인 통념과는 다른 뇌의 작동 원리들을 소개했다.

알파고에 사용된 심화학습은 뇌 신경망을 모방해서 만들어졌다. 「인공신경망과 표상의 세계」는 뇌 신경망을 모방해서 만든 인공신경망을 통해 뇌를 이해할 수 있도록 구성되었다. 인공신경망의 심화학습을 통해 뇌가 어떻게 세상을 인식하는지, 표상과 실재는 어떻게 다른지 살펴보았다. 또 '자아'라는 표상이 허상인지, 자유의지가 존재하는지를 논의했다.

「인공신경망과 표상의 세계」를 통해 인공신경망의 기본 원리를 이해하면, 신경 네트워크의 특징을 이해할 토대가 갖춰진다. 우리는 "뇌는 네트워크다"라는 말을 자주 듣지만, 정작 뇌가 네트워크라는 사실이 왜 중요한지는 모르는 경우가 많다. 이어지는 「뇌는 네트워크다」에서는 뇌가 네트워크이기 때문에 생겨나는 특징들을 살펴보았다. 또 뇌를 환원적으로 이해하는 경향이 어떤 사회 문제들과 얽혀 있는지 논의했다.

뇌과학은 이미 법과 교육을 비롯한 사회 여러 방면에 적용되기 시작했다. 뇌과학과 상호작용하는 인공지능, 인공 의수, 로봇공학도 빠르게 발전하고 있다. 「뇌과학과 사회」에서는 뇌과학과 사회가 어떻게 상호작용하고 있는지, 뇌과학, 인공지능, 로봇공학의 발전으로 생명과 기계의 경계가 어떻게 흐려지고 있는지를 살펴보았다.

과학의 발전이 가져올 미래를 두려워하는 사람들이 많다. 그런데 과학이 사회와 만날 때 촉발되는 문제의 상당 부분은 시민들이 과학 연구의 특성을 이해하지 못해서 생겨난다. 마지막 「뇌과학 연구의 방법」에서는 뇌과학 연구가 어떻게 진행되는지 소개했다. 또 거대과학 프로젝트와 사회 변화들을 소개하면서 일반 시민에게 왜 과학 소양이 필요한지, 과학자와 시민의 소통이 왜 중요한지 살펴보았다.

장님 코끼리 타기

뇌과학은 사회에 거대한 변화를 일으킬 것이라고 하고 뇌를 닮은 인공지능은 대부분의 일자리를 대체할 것이라고 한다. 미래는 어떤 모습일까? 어떻게 미래를 대비해야 할까?

새 천년을 맞이하던 1999년, 우리는 휴먼 게놈 프로젝트를 뉴 밀레니엄 최고의 발견이라 부르며 들떠 있었다. 인간의 설계도blue print인 인간 유전체 정보가 분석되고 나면, 온갖 분야에서 엄청난 혁신과 변화가 일어나리라고 예상했다. 염려하고 두려워하는 이들도 많았다.

그런데 결과는 예상과 너무도 달랐다. 인간 유전체 정보를 인간의 설계도라 부르기에는 유전자가 발현되는 과정에서 환경의 영향을 너무 많이 받았다. 유전체에서 단백질 정보를 담고 있는 부분도 극히 일부에 지나지 않았다. 결국 휴먼 게놈 프로젝트 이후, 환경과 유전자 발현의 관계를 연구하는 후성유전학epigenetics 분야가 떠올랐다. 휴먼 게놈 프로젝트를 통해 우리가 알아낸 것보다 모르는 것이 더 많음을 깨달은 것이다.

이 발견은 사회를 변모시켰다. 애당초 유전체를 설계도에 은유한 것은, 개인의 차이가 타고난 속성(유전자)에서 비롯된다고 보았기 때문이다. 그런데 환경이 유전자 발현에 지대한 영향을 미친다는 사실이 밝혀짐에 따라 환경과 독립적으로 존재하는 속성을 상정하는 해묵은 통념이 변하기 시작했다. 환경의 영향을 간과한 채 범죄자나 정신질환을 가진 개인(썩은 사과)을 격리·처벌하는 방식 대신, 개인을 그런

지경에 이르게 한 환경(썩은 사과를 양산하는 상자, 시스템)을 개선하는 방식이 연구되기 시작했다. 유럽과 미국이 경쟁하듯 덤벼들었던 이 거대한 프로젝트에는 세계 각지의 뛰어난 전문가들이 참여했지만 그들도 몰랐다. 휴먼 게놈 프로젝트의 결과와 휴먼 게놈 프로젝트가 사회에 미치는 영향이 이런 것일 줄은.

물론 전문가들은 비전공자들보다야 자신의 분야를 더 잘 알 것이다. 하지만 한 사람이 다 알기에 인간의 삶은 너무 복잡하고, 사회는 너무 다채롭다. 그러니 뇌과학과 영향을 주고받을 어떤 분야에 대해서는 당신이 뇌과학 전문가보다 더 잘 알고 있을 수 있다.

이렇게 자기가 아는 부분만 아는 사람들이 상호작용하며 사회를 바꾸어간다. 스마트폰은 고작해야 10여 년 만에 없어서는 안 될 물건이 되었지만 스티브 잡스 혼자서 모든 변화를 주도한 것은 아니었다. 스마트폰이 유용해진 것은 데이터 전송 속도가 빨라지고, 와이파이가 널리 보급되고, 다양한 앱이 나온 덕분이다. 스마트폰 전문가와 스마트폰 전문가가 아닌 많은 사람들이 참여해서 10년 전과는 다른 풍경을 만들어냈다. 지하철에서는 더 이상 종이 신문을 보지 않고, 길을 찾고 물건을 살 때도 핸드폰을 이용한다.

코끼리가 뭔지도 모르면서 코끼리를 타고 가는 장님들과 비슷한 모습이다. 저마다 코끼리에 대해 다른 이야기를 하면서, 신통하게도 어찌어찌 간다. 이는 코끼리의 코만 아는 사람의 권위만 따르거나, 코끼리의 귀만 아는 사람의 권위만 따른다면 불가능한 일이다. 좋든 싫든 같은 코끼리를 탈 수 밖에 없는 사람들이 나중에 보면 말도 안 된다고 비웃을 이야기를 진지하게 했다가, 우생학 같은 주장에는 적당히 제동도 걸었다가, 어쩌다 한 번씩 맞는 소리도 해가며 왁자지껄하게 논의했기 때문에 가능한 일이었다. 과학도 소수 대가의 권위에 순종하는 것이 아니라, "진짜 그래?"라며 질문을 던지고, 함께 나아가는 집단의 노력을 통해 발전해왔으니까.

장님들이 탄 코끼리 위에서 당신이 기왕이면 좀 더 자신 있게 소통하기를, 르네상스처럼 들썩이는 이 시대에 당신이 기왕이면 좀 더 안정적인 토대를 딛고 변화를 조망하기를, 뇌과학을 활용해서 뭔가 재미난 모험을 시도할 때 참고가 되기를, 그 누구보다도 당신의 편일 당신 자신을 더 깊이 이해하기를, 혹은 그저 즐거운 유람이 되시라고… 그러시라고 최선의 질문을, 최신의 정보들을 모았다.

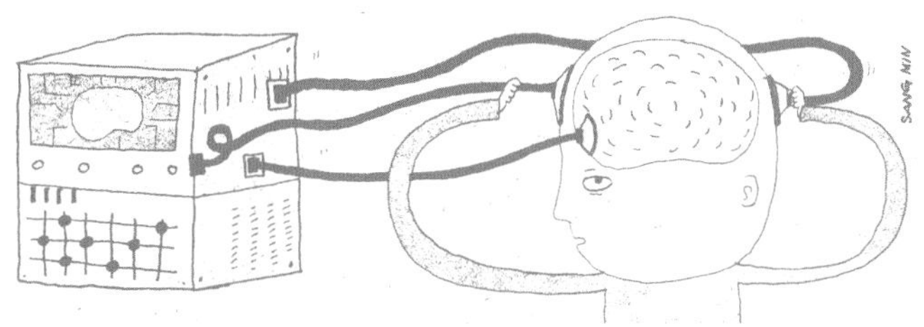

The Neuroscience Lab

상식을 깨는 뇌

2 나이 들면 머리가 굳는다고? 아니 뇌는 변한다

우리는 "역시 사람은 안 변해"라는 한탄에 익숙하다. 정말 그럴까?

20여 년 전에는 뇌과학자들도 사람의 뇌구조는 20세를 지난 이후에는 거의 변하지 않는다는 통념을 믿었다. 이 통념은 최근 상반된 연구 결과가 잇따라 발표되면서 크게 달라지고 있다. 신경계의 구조는 환경, 경험, 신체 상태에 따라 변한다는 것이 확인되고 있기 때문이다. 신경계의 이런 유연한 성질을 '가소성plasticity'이라고 부른다. 가소성可塑性(여기서 '소'는 '빚을 소塑'를 쓴다)은 신경계의 가장 경이롭고도 두드러진 특징이며, 신경계는 죽을 때까지 유연하게 변화를 계속한다.

청소년기 이후의 뇌 발달

누구나 살아보기 전에는 어떤 환경에서 어떤 경험을 하게 될지 모른다. 그래서 뇌는 태어나서 경험할 법한 다양한 환경에 적응할 수 있는 잠재력을 품은 상태로, 하지만 특정한 개체가 경험하게 될 특정한 상황에 특화되지는 않은 상태로 태어난다.

다양한 가능성을 열어두고 풍부한 잠재력을 갖추었다가 점차 필요한 능력만 남기는 뇌의 발달 전략은 시냅스 가지치기synaptic pruning에서 드러난다. 시냅스synapse는 두 신경세포가 연접하여 신호를 주고받는 부위이다(〈그림 2-1〉). 시냅스 전 신경세포의 축색돌기 말단으로 전기 신호가 도달하면 신경전달물질이 시냅스 틈으로 분비된다. 뇌는 우선 많은 시냅스를 만들어두었다가, 사용하지 않는 시냅스를 없애고 사용하는 시냅스의 효율을 조절하는 방식으로 발달한다. 실제로 시냅스를 구성하는 구조물인 스파인spine은 아동기에 성인보다 2~3배가량 많다. 사용하지 않는 시냅스를 가지치기하는 과정은 사춘기 무렵에 시작되며 40대 초반까지 활발하게 일어난다.[1]

긴 축색돌기를 가진 신경세포에는 수초라고 하는 부분이 있다. 지방질로 이루어진 수초는 전선의 피복처럼 축색돌기를 둘러싸서, 축색돌기를 따라 이동하는 활동전위의 전달 속도와 효율을 높여준다(〈그림 2-2〉).[2] '활동전위'란 신경세포의 세포체 근처에서 시작해 축색돌기 끝까지 이동하는(활동action하는) 전기 신호(전위potential)인데, 이 전기 신호가 축색돌기 끝에 도달하면 신경전달물질이 시냅스로 분비된다. 축색돌기가 절연체인 수초로 감싸지면, 수초로 감싸지지 않은 부분인 '랑비에 결절Node of Ranvier'에서만 활동전위가 생기므로 활동전위의 전달 속도가 빨라진다. 축색돌기를 수초로 둘러싸는 과정은 생후 6개월 즈음부터 시작되며, 20대 후반까지 계속된다. 효율을 높여주는 과정이 이처럼 늦게 일어나는 것은, 무턱대고 모든 정보의 처리 효율을 높이

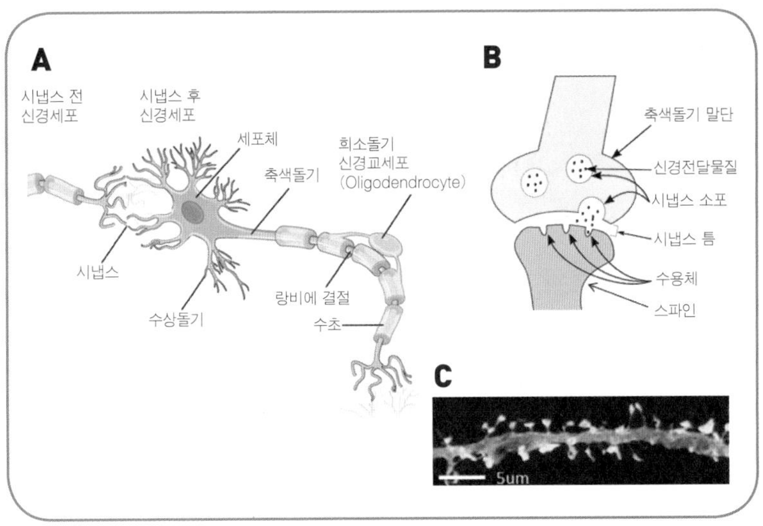

그림 2-1 A: 시냅스는 두 신경세포가 연접하여 신호를 주고받는 부위이다. B: 시냅스의 구조. C: 현미경으로 촬영한 시냅스의 모습.

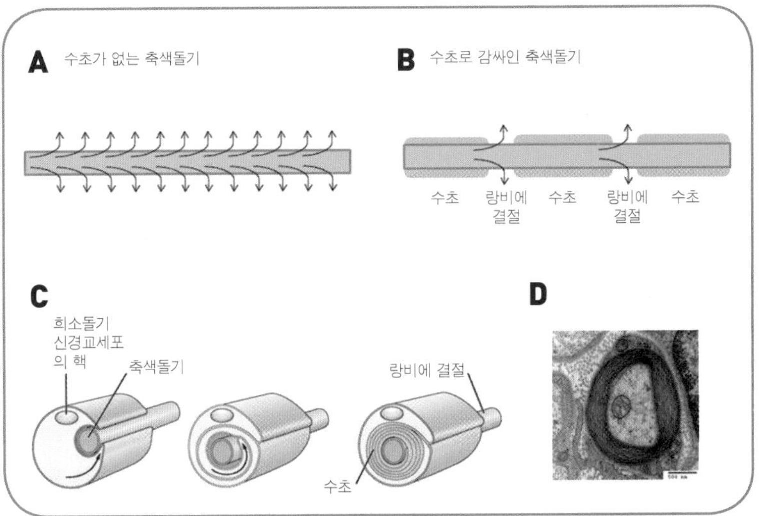

그림 2-2 A: 수초가 없는 축색돌기는 축색돌기 전체를 따라 활동전위가 흐르므로 활동전위의 전달 속도가 느리다. B: 절연체인 수초로 감싸인 축색돌기는 수초로 감싸지 않은 부분인 '랑비에 결절'에서만 활동전위가 생기므로 활동전위의 전달 속도가 빠르다. C: 희소돌기 신경교세포 oligodendrocyte가 축색돌기를 감싸는 수초를 만든다. D: 현미경으로 본 수초의 모습. 짙고 검은 도넛 모양의 부분이 수초이다.

기 전에 무엇에 대한 효율을 높여야 할지 배워야 하기 때문인지도 모른다.

타인의 감정에 공감하고, 타인의 관점을 이해하는 사회적 능력은 중앙 전전두엽medial prefrontal cortex, mPFC, 측두엽-두정엽 연접 부위Temporoparietal Junction, TPJ라는 영역과 관련된다. 이들 영역의 발달은 사춘기부터 활발해져서 20대 후반까지 계속된다.[3] 목표의 추구, 미래 계획, 감정 조절 및 의사 결정에서 중요한 역할을 하는 뇌 부위인 전전두엽은 20대 중반이 되어야 어느 정도 성숙되며 30대 후반까지 계속해서 발달한다.[4]

이처럼 뇌 발달은 30대 후반까지 계속된다. 그런데 왜 아동기나 청소년기 정도의 가소성이 평생 유지되지 않을까?

가소성은 양날의 칼이다. 학습한 결과(가소성의 성과)를 기억하고 사용하려면 뇌 회로가 안정적으로 유지되어야 하는데 가소성은 필연적으로 안정성을 해치기 때문이다.[5] 그래서 무엇이든 빨리 학습하는 극도로 유연한 뇌는 아무것도 오래 기억하지 못하는 쓸모없는 뇌가 된다. 인공신경망에서 학습률learning rate을 높게 설정해두면 실제로 이런 일이 일어난다. 학습률이 높은 인공신경망은 최근에 입력된 자료의 영향을 너무 크게 받아서, 이전에 학습한 것들은 죄다 잊어버린다. 세심하게 안배된 뇌의 발달 단계를 보노라면, 다 잘 살라고 그렇게 만들어졌다는 생각이 든다.

성인 뇌의 가소성

많은 사람이 성인의 뇌에서는 새로운 신경세포가 생겨나지 않는다고 생각한다. 하지만 최근 연구 결과에 따르면, 사건 기억과 공간 탐색에서 중요한 역할을 하는 부위인 해마hippocampus와, 학습과 습관 형성에서 중요한 역할을 하는 줄무늬체striatum, 후각망울olfactory bulb 등에서는 성인이 된 이후에도 새로운 신경세포가 생겨난다(〈그림 2-3〉). 새로운 신경세포는 신체적인 운동을 할 때, 다양한 자극을 경험할 수 있는 환경에 있을 때 활발하게 형성된다.[6][7]

결정적 시기critical period에 이미 만들어진 회로가 바뀌기도 한다. 결정적 시기란, 발달 단계에서 특정한 능력을 습득하는 데 대단히 중요한 시기를 뜻한다. 예컨대 언어의 결정적 시기에 뇌는 언어에 민감하게 반응하며, 언어와 관련된 뇌 회로의 가소성이 증가해서 언어 습득에 유리한 상태가 된다. 그러나 이 시기를 지나면 언어와 관련된 뇌 회로들이 안정되면서 언어 습득이 어려워진다.

과거에는 결정적 시기가 끝나면 뇌 회로를 더 이상 바꿀 수 없다고 여겼다. 해당 뇌 부위의 가소성은 결정적 시기가 끝나는 동시에 사라진다고 본 것이다. 하지만 결정적 시기가 지난 뒤에도 경험에 따라 뇌 회로가 바뀌는 사례들이 보고되면서 이런 생각이 변하고 있다. 이미 닫힌 결정적 시기를 재개하는 방법에 대한 연구도 늘어나고 있다. 이에 따라 요즘에는 결정적 시기라는 강한 표현 대신, 민감한 시기sensitive period라는 표현을 사용한다.[2][8]

기존에 있던 신경세포의 종류가 바뀌기도 한다. 20여 년 전 교과서에는 하나의 신경세포는 한 종류의 신경전달물질neurotransmitter만 분비한다는 '데일의 원리Dale's principle'가 자주 실리곤 했다. 한때는 정설로 받아들여졌던 이 주장은 하나의 신경세포가 한 가지 이상의 신경전달물질을 분비할 뿐 아니라 분비하는 신경전달물질의 종류를 바꾸기도 한다

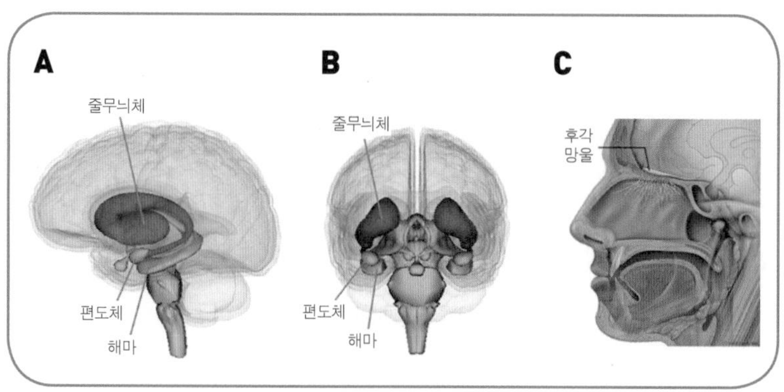

그림 2-3 해마, 줄무늬체, 후각망울의 위치.

는 사실이 발견되면서 폐기되었다.[9] 예컨대 시교차상핵suprachiasmatic nucleus의 신경세포들은 망막으로 들어오는 빛의 양을 측정해서 낮인지 밤인지 알아내고, 이에 따라 매일의 생체리듬circadian rhythm을 조절한다(〈그림 2-3〉). 이 신경세포의 일부는 낮 길이가 짧을 때는 도파민을 분비하는 도파민 신경세포가 되었다가, 낮 길이가 길어지면 도파민 대신 소마토스타틴somatostatin을 분비하는 소마토스타틴 신경세포가 된다고 한다.

때로는 신경세포의 유전자 발현 패턴이 달라지거나 세포 모양이 바뀌기도 한다.[10][11] 뇌는 성장기에 만들어져 20세 무렵에 완성된 다음, 그 모습 그대로 쭉 사용되는 정교한 기계가 아니었던 것이다. 성인의 뇌도 환경 변화에 따라, 사용하는 방식에 따라 계속 변해간다.

가소성의 크기와 속도

뇌는 왜 계속 변하는가? 많은 사람이 "뇌는 하드웨어, 마음은 소프트웨어"라는 비유에 익숙하다. 하지만 뇌에서 구조와 동작을 분리하기는 어렵다. 뇌의 활동은 구조적인 변화를 동반하며, 구조의 변화는 동작의 변화를 일으킨다. 그러니 경험과 연습을 통해 뇌의 작동 방식이 변하면 구조도 함께 변한다.

변화의 속도는 예상외로 빠르다. 신경세포의 종류와 뇌 부위에 따라 다르겠지만, 앞에서 말한 스파인의 모양은 고작 몇 초 사이에도 달라진다.[12] 시냅스를 구성하는 구조물인 스파인의 모양 변화는 시냅스 세기에 변화를 일으킨다. 인공신경망의 학습이 단위들 간의 연결 세기를 바꾸는 과정임을 생각하면(「뇌를 모방하는 인공신경망의 약진」 참고), 스파인 모양이 바뀌는 것이 얼마나 큰 의미를 지니는지 알 수 있다.

뇌 속에는 860억 개의 신경세포가 있고, 신경세포 하나당 평균 7,000개의 시냅스를 가지고 있으니,[13] 일부 시냅스의 모양이 바뀌는 정도는 사소하게 느껴질지도 모르겠다. 그럼 해상도가 1세제곱밀리미터인 자기공명영상 기기로 측정 가능한 규모의 구조적 변화라면 어떤가?

고작 90분의 연습만으로도 이런 규모의 변화가 일어날 수 있다.[14] 최근 한 연구에서는 피험자들에게 〈니드 포 스피드Need for speed〉라는 자동차 경주 게임을 하면서 경주 트랙을 기억하게 했다. 연습이 끝난 뒤 자기공명영상 기기로 피험자들의 뇌를 살펴봤더니 공간 탐색과 관련된 뇌 부위인 해마hippocampus와 부해마parahippocampus에서 구조적인 변화가 관찰되었다. 고작 90분의 연습으로, 이 연구에서 해상도 1세제곱밀리미터로 관찰 가능한 크기의 구조적 변화가 일어난 것이다.

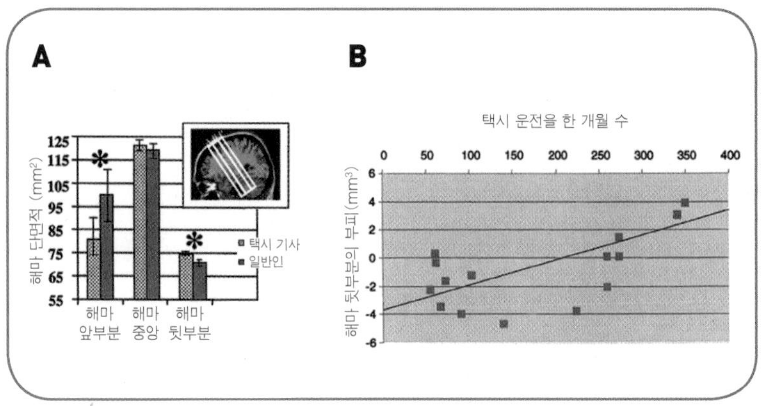

그림 2-4 A: 런던 택시 운전기사의 해마 뒷부분은 일반인보다 크고, 해마 앞부분은 일반인보다 작다. B: 런던 택시 운전 경력이 길수록 해마 뒷부분이 더 크다.[15] Copyright (2000) National Academy of Sciences, U.S.A.

이런 변화가 오래 누적되면 뇌 구조의 차이가 두드러지게 된다.[15] 런던에서 택시 운전 자격을 얻으려면 2만 5,000개나 되는 미로 같은 도로를 돌아다니며 외워야 한다. 그래서인지 런던 택시 운전기사들의 뇌를 관찰해보면, 기억과 공간 탐색에 기여하는 해마 뒷부분posterior hippocampus은 일반인보다 큰 대신 기억의 감정적 측면에 더 많이 기여하는 해마 앞부분anterior hippocampus은 일반인보다 작다고 한다(〈그림 2-4〉). 그 정도는 택시 운전 경력이 길수록 더 크다.

이런 변화는 해마에만 국한된 것이 아니다. 프로 음악가는 일반인이나 아마추어 음악가에 비해 시각, 청각, 움직임 조절에 관련된 뇌 영역이 더 크다고 한다.[16] 시각에 관련된 뇌 부위는 음악가가 악보를 볼 때, 청각에 관련된 부위는 음악을 들을 때, 움직임 조절에 관련된 부위는 악기 연주에 많이 사용되기 때문에 더 커진 것이라고 추정된다.

왜 사람은 변하지 않는 것처럼 보일까?

이런데도 왜 사람은 변하지 않는 것처럼 보일까? 달라지고 싶은데 나는 왜 변하지 않는 것 같고, 저 사람은 철 좀 들면 좋겠는데 왜 변하질 않아서 나를 힘들게 하는 걸까?

첫째, 변하지만 관심을 두지 않아서 모를 가능성이 있다. 엘리자베스 여왕과 처칠 수상이 영국의 지도자라는 건 상식 수준의 지식이다. 하지만 인도네시아 지도자의 이름을 단 하나라도 아는 사람은 몇이나 될까? 질문을 던지는 나조차 아는 이름이 하나도 없다. 이건 당연한 걸까?

인도네시아의 인구는 2억 5,000만 명으로 세계 5위이고 영국 인구의 4배에 달한다. 국토 면적도 영국의 7~8배이며, 거리상으로도 영국보다 훨씬 더 우리나라에 가깝다. 그런데도 우리는 멀리 있는 작은 나라 영국은 알고, 가까이 있는 큰 나라 인도네시아를 모르는 것을 당연하게 여긴다. 세상을 있는 그대로 인식하는 게 아니라 골라서 인식하는 것이다. 우리는 누군가가 변한 부분을 모르는 것은 당연시하면서 변하지 않는 작은 부분만 유심히 보고 있었던 것인지도 모른다.

둘째, 나 자신이나 타인의 바뀐 측면을 뻔히 보고서도 기존의 편견에 맞게 왜곡해서 해석하고 있을 가능성이 있다. 〈그림 2-5〉의 실험을 보자.[17] 각기 다른 승률을 지닌 세 쌍의 기호들을 피험자들에게 보여주면서, 둘 중에 더 높은 승률을 가진 기호를 고르게 한다. 피험자들은 여섯 개 기호들의 승률을 모르는 상태로 실험을 시작하지만 곧 어떤 기호가 더 높은 승률을 지녔는지를 학습하게 된다.

그런데 실험 시작 전에 'L' 기호가 'ㅍ' 기호보다 더 높은 승률을

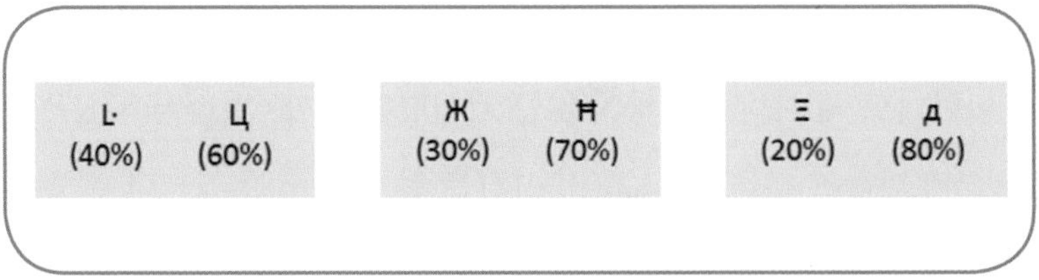

L· (40%)	Ц (60%)	Ж (30%)	Ħ (70%)	Ξ (20%)	Д (80%)

그림 2-5 피험자들에게 매회 위 세 쌍 중 한 쌍의 기호들을 보여준다. 피험자들은 두 기호 중 더 높은 승률을 가진다고 여겨지는 기호를 골라야 한다. [17]에서 수정.

가지고 있다는 잘못된 정보를 주면, 학습에 훨씬 더 많은 시간이 걸린다고 한다. L· 기호의 승률이 더 높다는 실험자의 말을 믿고, 이 믿음에 어긋나는 경우들을 대수롭지 않게 넘겨버리기 때문이다. 사전 믿음(또는 편견)에 어긋나는 정보는 쉽게 무시되거나 잊히는 반면, 사전 믿음과 일치하는 정보는 기억되기 쉽다.

셋째, 나 자신이나 타인의 과거 모습에 대한 기억이 바뀌었을 수 있다. 기억은 의외로 대단히 쉽게 바뀐다. 과거의 기억을 떠올리면, 떠올린 기억은 약 5시간 동안 변형되기 쉬운 상태가 된다. 이 상태에서 어떤 표현을 쓰느냐, 어떤 정보가 제시되느냐에 따라 기억은 왜곡되곤 한다. 예컨대 자동차 사고 영상을 보여준 뒤 "자동차들이 부딪힐 때 속도가 어땠느냐?"라고 묻는 대신 "자동차들이 박살날 때 속도가 어땠느냐?"라고 강한 표현을 써서 물으면 사람들은 더 높은 속도였다고 회상한다. 심지어 후자의 경우에는 깨진 유리 등 동영상에는 있지도 않던 세부 사항을 '기억'하기도 했다.

기억의 이런 특성은 저장된 기억을 상황 변화에 맞게 수정하는 데는 유용한 반면에, 과거 사건을 확인하는 데는 불리하다. 예컨대 반복되는 증인 심문 과정에서 기억이 왜곡될 수 있다. 미국의 경우, DNA 검사법 덕분에 뒤늦게 무죄가 확인된 수감자들의 75퍼센트가 잘못된 기억에 바탕을 둔 증언 때문에 억울하게 유죄 판결을 받았다고 한다. 기억은 이처럼 쉽게 변질되고, 기억의 주체인 내가 변하면서 덩달아 변해간다.

이래서야 사람이 변해도 변하는 줄 알기가 어렵다. 하지만 변하지 않기가 변하기보다 더 어렵다. 취직, 이직, 승진, 결혼, 자녀의 성장은 이전과는 다른 사람을 만나며 다른 역할을 수행하도록 만든다. 스마트폰, 카카오톡, 페이스북은 10년 전만 해도 흔하지 않았으니 세상도 변해간다. 온 세상이 변하는데 홀로 변하지 않기가 변하기보다 훨씬 더 어렵다.

변화의 방향을 주도하는 법

나도 남도 끝없이 변한다는 사실을 모르면, 자신이 어떻게 변해가는지 모른 채 정처 없이 흘러가기 쉽다. 그러다 보면 지키고 싶었던 것을 놓치기도 하고 되고 싶지 않았던 모습으로 변해버리기도 한다. 변화의 방향을 주도하지 못하게 되는 것이다.

뇌 가소성의 원리들은 변화의 방향을 주도하는 방법에 대한 힌트를 준다. 사용하지 않는 시냅스들을 없애는 과정인 시냅스 가지치기에서 알 수 있듯, 뇌에서 자주 사용하지 않는 부분은 약해진다. 반면에 연습은 뇌의 구조를 바꾸어 점점 더 능숙해지도록 만든다. 우리는 앞에서 자동차 게임을 하기 전후의 뇌와, 런던 택시 운전기사의 뇌를 통해 연습이 실제로 뇌의 구조를 바꾼다는 것을 확인했다.

그래서 변하고 싶을 때는 문제보다는 목표하는 상태에 집중하는 것이 좋다. 자신을 바로 알기 위한 통찰은 필요하지만, '또 못했어. 매번 이 모양이야'처럼 지나치게 자책하거나, '나는 이게 문제야. 왜 이럴까?'처럼 문제에만 집중하는 방식은 부족한 행동을 일으킨 영역을 한 번 더 연습시키는 효과를 갖기 때문이다. 그러니 "늦잠 자지 말아야지"보다는"일찍 일어나야지"가 더 낫다.

고작 생각의 방향을 바꾸는 것만으로도 효과가 있을까? 몸의 움직임을 계획하는 전 운동영역premotor area을 비롯해 뇌의 많은 부분은 어떤 행동을 실제로 할 때나 그 행동을 상상할 때나 거의 동일하게 작동한다. 따라서 상상을 통해 뇌 영역을 연습시켜두면 계획된 운동을 실행에 옮기기가 좀 더 수월해진다. 실제로 운동선수들은 이미지트레이닝(상상 연습)을 신체 훈련과 병행하기도 한다. 세계신기록을 세운 역도선수 장미란은 시합을 하는 무대에 올라가서 역기를 들어 올리는 장면을 구체적으로 상상하는 훈련을 정기적으로 했다고 한다.

뇌의 상태를 실시간으로 관찰하는 기술이 발달하면서 생각으로 뇌를 바꾸어 치료하거나 훈련하는 사례가 점점 늘어나고 있다. 예컨대 2005년에 이뤄진 한 연구에서는 만성 통증 환자들에게 통증 경험과 관련된 뇌 부위인 앞쪽 전측 대상회rostral anterior cingulate cortex, rACC의 활동 정도를 실시간으로 보여주며 어떻게든 줄여보라고 했다. 그랬더니 훈련이 진행되면서 앞쪽 전측 대상회의 활동량이 감소하고, 피험자들이 느끼는 통증의 크기도 줄어들었다 (〈그림 2-6〉).[18] 최근에는 실시간 기능성 자기공명영상real-time fMRI으로 피험자의 뇌 상태를 보여주며 훈련시켜서 집중력을 개선하는 연구도 나오고 있다.[19]

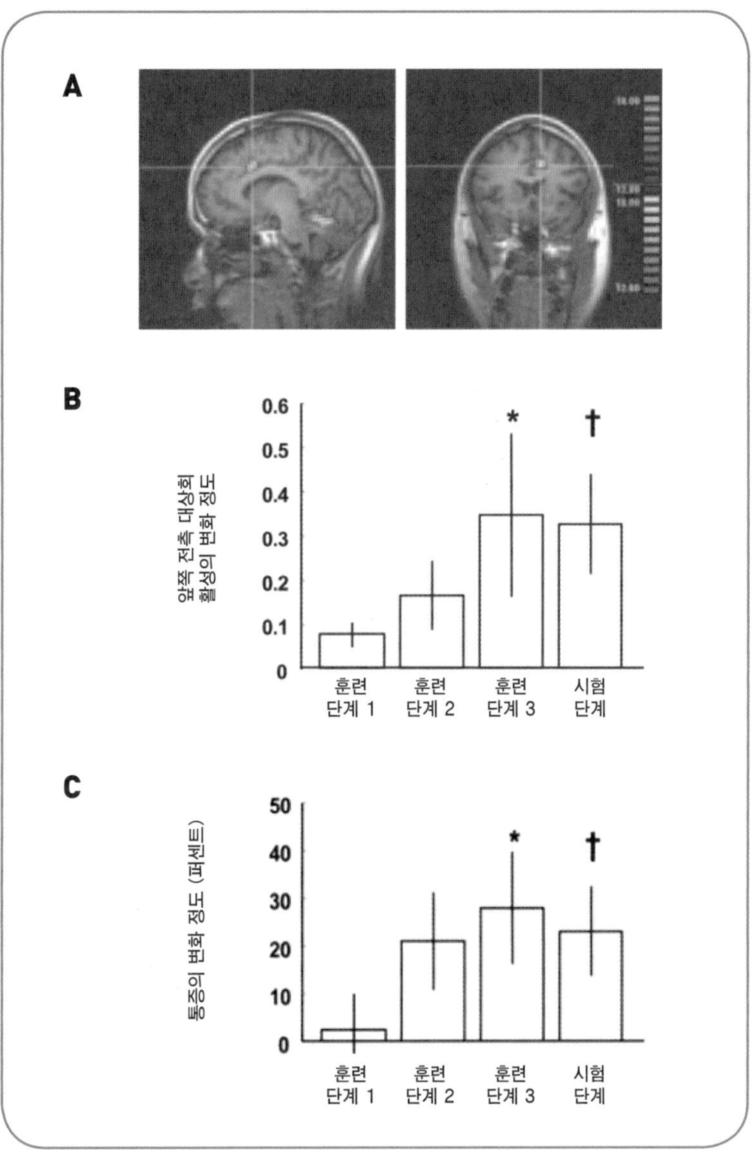

그림 2-6 만성 통증 환자들에게 통증의 경험과 관련된 뇌 부위인 앞쪽 전측 대상회(A)의 활동 정도를 실시간으로 보여주며 어떻게든 줄여보라고 했다. 훈련이 진행되면서 앞쪽 전측 대상회의 활동이 감소하고(B), 피험자들이 느끼는 통증의 크기도 줄어들었다(C).[18] Copyright (2000) National Academy of Sciences, U.S.A.

생각을 바꾸는 것에 효과가 있다면 실제로 한 번 해보는 것에는 더 큰 효과가 있을 것이다. 행동하는 것은 상상만 하는 것보다 더 많은 뇌 영역을 더 오래 사용하기 때문이다. 그러니 '내가 과거에 이걸 잘못했구나. 앞으로는 저렇게 행동해야지'라고 생각할 시간에, '이제 알았으니 바로 해봐야지'라며 지금 당장 한 번이라도 해보는 게 낫다. 그런 '지금들'이 꾸준히 쌓이다 보면 원하는 모습에 점점 더 가까워질 것이다.

이다음에 어디로 갈 것인가는, 가능성(가소성)을 가진 지금의 뇌를 지금 어떻게 쓸 것인가에 달려 있다. 뇌는 끊임없이 변하고, 지금 나의 행동, 생각, 느낌은 다음 순간 나의 뇌가 어디를 향해 변해갈지를 결정하기 때문이다.

물론 노력만으로 모든 것을 바꿀 수는 없고, 타고난 유전적 제약, 환경적 제약도 분명히 존재한다. 개인이 환경으로부터 완전히 독립적일 수 있다는 잘못된 가정에 따라, 개인에게 과도한 책임을 지우고 사회 환경을 개선하지 않는 태도는 옳지 않다.[20][21] 그러나 변화의 방향을 스스로 주도할 수 있는 측면이 있는데 나에게 주도권이 있는 줄도 모르고, 있는 주도권을 다루는 요령도 몰라서 못 쓴다는 건 너무 아깝지 않은가? 실제로 자신의 능력이 자랄 것이라는 믿음을 가진 사람일수록, 같은 조건의 다른 사람들보다 학업성취도가 높다고 한다.[22]

아무리 나이를 먹어도 사람은 변하고, 그 변화의 방향을 주도할 수 있는 생각보다 큰 여지가 있다. 뇌는 뛰어난 변화 가능성을 가지고 있으며, 평생 변화하는 기관이기 때문이다. 원하는 방향으로 변하는 것이 쉽지는 않지만, 올바른 방법을 안다면 또 그렇게 어렵지만도 않을 것이다.

글상자 2-1

마흔이 넘은 사람의 뇌는 성장하지 않나요?

강연에서 뇌가 30대까지 성장한다고 말하면 꼭 들어오는 질문이 있다. "저는 40대인데 마흔이 넘은 사람의 뇌는 성장하지 않나요?"

뇌의 가소성은 죽을 때까지 계속된다. 아침에 일어난 일들을 기억하거나, 배드민턴을 배우는 것처럼 일상적이고 사소한 일도 뇌의 가소성 덕분에 수행할 수 있다. 뇌가 죽을 때까지 변한다면 어떤 변화가 성장이고, 어떤 변화가 노화일까?

성장과 노화에 대한 구분은 성인을 완전한 모습으로 여기기 때문에 생겨난다. 미숙한 상태에서 완전한 상태인 성인을 향해 나아가는 '좋은' 변화는 성장으로 보고, 완전한 상태에서 쇠약한 상태로 나아가는 '마음에 들지 않는' 변화는 노화로 보는 것이다.

과학자들도 이런 통념에서 자유롭지 못했던 것인지 성장과 노화에 대한 뇌과학자들의 관점도 계속 변해왔다. 예컨대 성인 뇌의 가소성이 처음 연구되던 무렵에는 '예외적으로' 해마와 후각 망울에서는 성인이 된 후에도 새로운 신경세포가 생긴다며 놀라워했다. 하지만 최근에는 줄무늬체 등 다른 뇌 영역에서도 성인이 된 후에도 새로운 신경세포가 발생한다는 사실이 밝혀지고 있다.[6][7] 예전에는 20대 후반까지 뇌가 성장한다는 사실에 뇌과학자들도 놀라워했지만, 시간이 흐르면서 뇌는 30대 후반까지도 성장한다는 연구가 속속 발표되었다.[1] 최근에는 아예 노화도 뇌 가소성에 따른 적응의 한 측면이라는 주장이 제기되고 있다.[23] 변화를 그저 변화로 바라보기 시작한 것이다.

노화든 성장이든 변화일 뿐이라는 이야기가 미덥지 않다면 생각해 보자. 신경세포들도 성장과 노화를 구분하는 가치판단을 할까? 아니면 자기가 몇 살인지 세어보고 그 숫자에 맞춰서 자신을 변화시킬까? 이와 관련된 흥미로운 연구가 있다.[24] 생쥐[mouse]의 수명은 1.5년 정도이고 쥐[rat]는 3년까지도 산다. 그런데 발달 중인 생쥐의 소뇌를 발달 중인 쥐의 뇌에 이식하면, 이식된 신경세포는 생쥐의 수명인 1.5년의 두 배인 3년까지도 산다고 한다. 이식된 신경세포는 생쥐 신경세포의 특징을 가졌으나, 성장과 노화는 이식된 쥐의 속도를 따랐다. 이는 신경세포가 주변 여건에 맞춰 적응할 뿐, 미리부터 정해진 노화의 일정을 따라가지는 않음을 뜻한다. 운동은 뇌의 노화를 늦춘다고 알려져 있는데, 위 연구 결과를 보면, 운동으로 얻어지는 건강한 신체가 신경세포들에게 건강한 뇌 환경을 제공해주기 때문일지도 모르겠다.

20~50대가 인구 구성에서 가장 높은 비율을 차지할 때는 20~50대를 성인으로 봐도 별문제가 없었다. 하지만 출산율이 떨어지고 수명이 늘어나면서 인구 구성이 달라지고 있고, 지금의 60~70대들은 예전의 60~70대보다 정정하다. 변화를 성장과 노화로 구분하는 생각을 바꾸어야 할 때가 온 건지도 모르겠다.

그러니 "마흔 넘은 사람은 성장하지 않나요?"라는 질문에 대한 답은 이렇다. "뇌는 평생 동안 가소성을 가지고 변해갑니다. 사람은 죽는 순간까지 끊임없이 성장하는 셈입니다." 나는 50세, 60세가 넘어도 끊임없이 도전하고 노력하며 성장하는 분을 여럿 뵈었다.

3 기억의 형성, 변형, 회고

우리는 많은 것을 빨리 기억하고 오래 기억하기를 바란다. 그래야 시험을 잘 치고, 효율적으로 일하는 데 유리하기 때문이다. 그런데 토익과 취직 걱정이 없는 동물들도 기억을 한다. 기억은 왜 필요할까?

기억은 왜 필요한가? ①: 상상과 계획

기억은 지금의 행동에 영향을 미치며 미래에 어떤 행동을 할지 따져보는 데 필요하다. 양쪽 해마hippocampus를 제거하는 수술을 받았던 'HM'이라는 환자는 수술 이후에 새로운 장기 기억을 형성하지 못하게 되었다.[1] 그와 이야기를 나누던 의사가 방을 나갔다가 잠시 후에 돌아오면 "안녕하세요? 처음 뵙겠습니다" 하는 식이었다.

그는 새로운 기억을 형성하지 못했을 뿐 아니라 미래의 일을 계획하지도 못했다. 그는 "내일 뭐 할 거예요?"라는 단순한 질문에 대답하

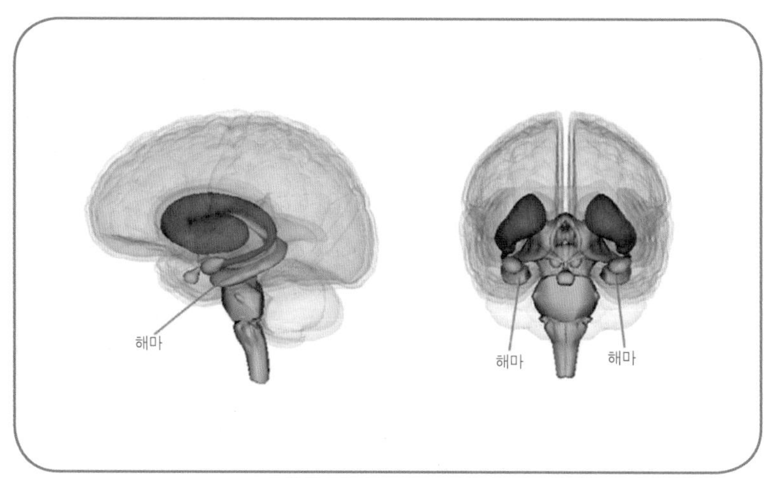

그림 3-1 해마의 위치.

지 못했으며, 씻거나 밥 먹는 것 같은 일상적인 활동조차 떠올릴 수 없었다. 마치 현재에 갇혀 있기라도 한 것처럼, 그는 과거도 미래도 생각할 수 없었다.

좌우 해마가 손상된 환자들은 가상의 상황을 상상하는 것도 어렵다.[2] 예컨대 한 연구에서는 피험자들에게 '아름다운 열대 해변에 누워 있다고 상상하고, 상상한 내용을 이야기해보세요'라고 요청했다. 그랬더니 건강한 사람들은 지시된 상황을 풍부하고 생생하게 상상한 반면, 해마가 손상된 환자들이 묘사하는 공간과 장면은 빈약하고 모순적이었다.

해마는 사건 기억과 공간 탐색에서 중요한 역할을 하는데, 해마의 이런 기능이 가상의 상황이나 미래의 계획을 생생하게 시뮬레이션하는 데 필요한 것으로 보인다.[3][4] 과거의 사건을 회상할 때는 방대한 기억 중에서 관련된 정보만이 선택되어 '말이 되는' 이야기로 구성되어야 하는데, 이는 상상하고 계획할 때도 마찬가지이기 때문이다. 기억은 어떻게 회상될까?

기억은 왜 필요한가? ②: 기억의 회상

우리는 무수히 많은 곳을 지나고, 많은 사람을 만나 많은 이야기를 나누고, 온갖 감정을 느끼며 살아왔다. 이 무수한 경험을 통해 시각, 청각, 후각 등 감각 정보와 지식, 감정, 사건이 연결된 패턴들이 뇌 신경망 속에 형성돼간다. 이 패턴들이 기억의 내용이며 대개는 내 안에 이토록 방대한 기억들, 패턴들이 있는지 인식하지 못한 채 살아간다.

이토록 많은 패턴 중에 지금 생각하거나 경험하는 것과 관련된 패턴을 선택적으로 활성화시키는 과정이 기억의 회상이다.[5]~[7] 예컨대 〈그림 3-2〉와 같은 패턴을 가진 사람이 귀여운 강아지와 산책하는 사람을 봤다고 하자. 그러면 오랫동안 잊고 있던, 이웃집 강아지와 놀았던 기억이 불현듯 떠오를 수 있다. 또 의식적으로 지각하지는 못하더라도 꼬리 치기, 충성심, 애완동물 등의 정보가 평소보다는 떠올리기 쉬운, 행동에 영향을 미치기 쉬운 상태가 된다.

이처럼 패턴 속의 일부 정보를 활성화하면 패턴 전체에 있는 정보들이 연쇄적으로 활성화되는 과정을 패턴완성pattern completion이라고 한다. 패턴완성은 기억 회상의 원리이다. 사람마다 경험이 다르기 때문에 패턴은 사람마다 조금씩 다르다.[8][9]

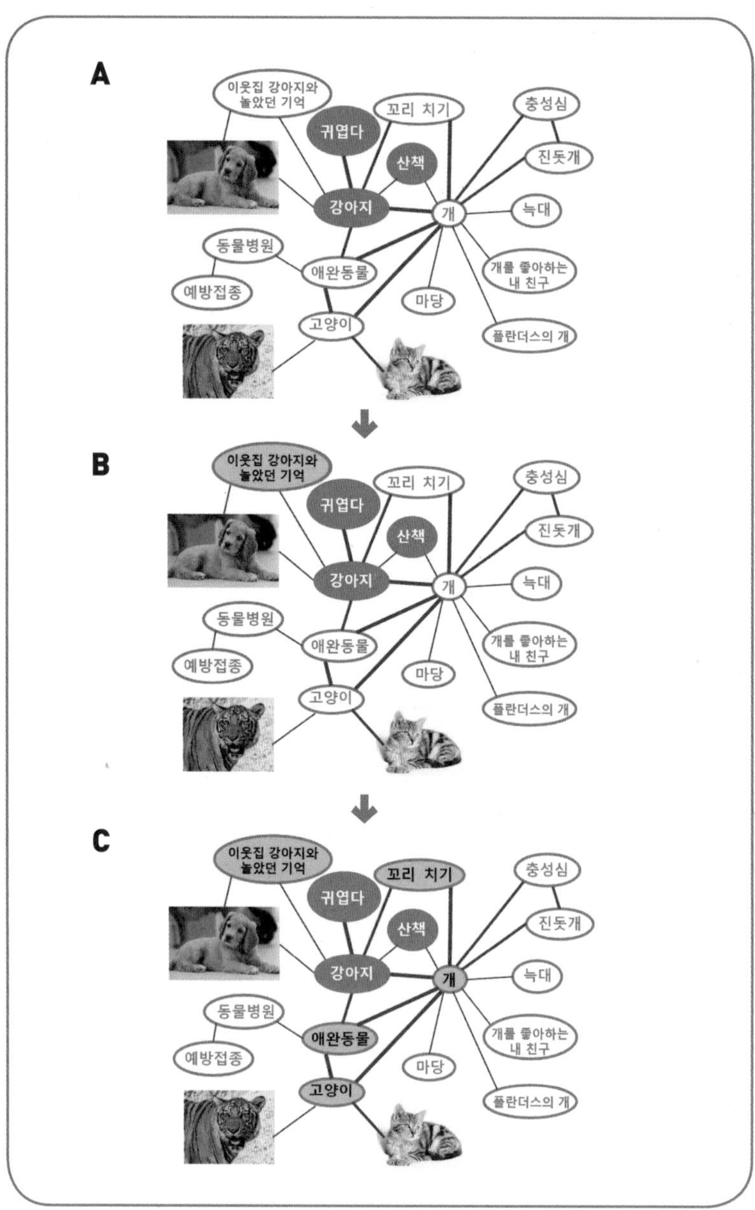

그림 3-2 그림의 동그라미들은 어떤 사람이 살아가는 동안 자주 관련지은 경험적 사건, 지식, 감정, 감각이 연결된 패턴을 보여준다. 이처럼 외부 자극이나 정신 활동으로 패턴의 일부(채색된 동그라미)만 활성화시켜도 패턴 대부분이 활성화되는 과정을 패턴완성이라고 한다. 패턴완성은 기억 연상의 원리이다.

기억은 왜 필요한가? ③: 현재의 행동에 영향을 미친다

기억의 회상 과정에서 활성화된 정보는 현재의 행동을 편향시킨다.[10] 여섯 개의 상자가 각각 한 가지 과자를 담고 있다고 하자(〈그림 3-3〉 A). 배고픈 피험자들에게 세 가지 과자의 위치를 한 번씩, 나머지 세 가지 과자의 위치를 두 번씩 알려주면, 두 번씩 알려준 과자의 위치를 더 잘 기억할 것이다. 그 뒤 상자의 뚜껑을 덮고, 두 개의 상자 중에서 사고 싶은 상자를 고르게 한다(〈그림 3-3〉 B).

그러면 피험자들은 어떤 과자가 들어 있는지 더 잘 기억하고 있는 상자(두 번씩 알려준 상자)를 고르는 경향이 있다(물론 더 잘 기억하고 있는 상자 속의 과자를 싫어할 때는 다른 상자를 골랐다). 상자 속에 어떤 과자가 들어 있는지 모르면 고려 대상도 될 수 없기 때문이다. 그래서 지금 더 잘 떠오르는 기억이 현재 선택에 더 큰 영향을 미친다.

의식적으로 지각되지 않은, 암묵적으로 떠오른 기억도 현재 행동에 영향을 미친다.[11] 〈그림 3-4〉의 실험을 살펴보자. 피험자들을 모아 시험을 치게 하고 시험 점수에 따라 돈을 줬다. A 집단에서는 실험자가 시험지를 채점했다. B 집단에서는 피험자가 채점한 뒤에 시험 점수만 실험자에게 보고하게 해서 점수를 속일 여지를 주었다. 그러면 시험 점수의 평균은 A 집단에서는 3.1점에 불과한 반면, B 집단에서는 33퍼센트나 높은 4.1점이 나온다. 시험 점수를 속일 수 있는 상황(B 집단)에서는 피험자들이 점수를 속였다는 뜻이다.

실험을 조금 바꿔보았다. C 집단은 B 집단과 동일하게 실험을 진행하되, 시험을 치기 전에 성경에 나오는 십계를 생각나는 대로 적게 했다. 그랬더니 B 집단처럼 점수를 속일 수 있는 상황이었음에도, C 집

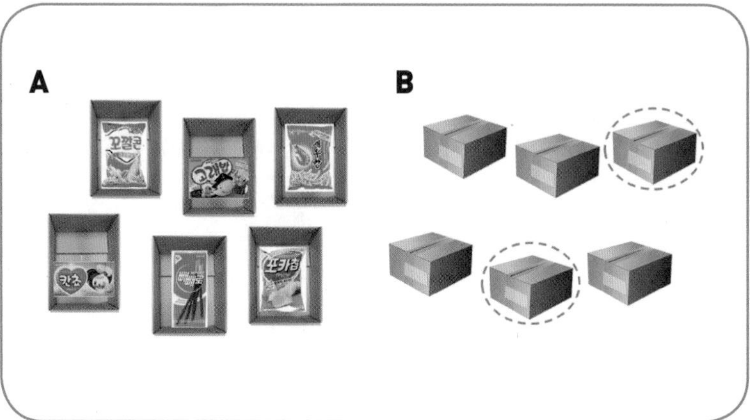

그림 3-3

	시험 점수를 속일 수 있는지 여부	특이사항	평균 점수
A집단	속일 수 없음 (실험자가 채점)		3.1
B집단	속일 수 있음 (피험자가 채점)		4.1
C집단	속일 수 있음 (피험자가 채점)	시험 치기 전에 성경의 십계를 생각나는 대로 적어보게 함	3.0

그림 3-4

단의 평균 점수는 점수를 속일 수 없었던 A 집단과 비슷한 3.0점이 나왔다. C 집단의 피험자들은 십계를 통해서 도덕규범을 무의식적으로 떠올리게 되었고, 그 결과 점수를 속이는 부도덕한 행동을 하지 않았던 것으로 풀이된다. 특정한 자극에 대한 경험이 한동안 무의식을 맴돌다가 다른 경험에 영향을 미치는 이런 현상을 점화priming라고 한다.[12]

요점별로 뭉뚱그린다 ①: 세부와 요점의 균형

기억이 미래 계획과 행동에 이토록 큰 영향을 미친다면, 계획과 행동에 바람직한 영향을 미칠 수 있는 형태로 기억이 저장되어야 할 것이다. 기억은 어떤 형태로 저장될까?

많은 사람이 최대한 많은 정보를, 빨리, 오래 기억하기를 바란다. 하지만 세밀한 정보가 지나치게 많으면 필요한 정보를 꺼내 쓰기가 불편하다. 바지 한 벌을 사려고 검색했는데 수천 개의 바지가 나왔을 때의 복잡한 심경을 떠올리면 알 수 있다. 그럼에도 오래, 많이 기억하는 것에 대한 미련을 떨치기 어렵다면 다음 사례를 보자.

살면서 만난 모든 얼굴과 그들이 입었던 옷, 그들의 말을 세세히 기억하는 솔로몬 세레솁스키라는 사람이 있었다.[13] 그는 각각의 정보를 너무나 정확하고 세밀하게 기억한 나머지 같은 사람의 얼굴도 표정이 바뀌거나 조명이 달라지면 다른 얼굴로 인식했다. 불필요한 세부 정보는 솎아내고 핵심이 비슷한 것끼리 뭉뚱그려 기억하지 못했기 때문이다. 세레솁스키가 안면이 있는 사람을 알아보려면 방대한 기억을 뒤져서 눈앞의 얼굴과 맞춰보는 지난한 과정이 필요했다. 당연히 말의 요지를 이해하는 데도 애를 먹었다. 세레솁스키는 자신의 이런 처지가 사무칠 때면 기억을 종이에 적어 태우곤 했지만, 불꽃도 그의 기억을 태워주지는 못했다.

우리는 세레솁스키보다 핵심을 잘 파악하기에 간추려 기억하고, 그러다 보면 잊어버리거나 잘못 기억하기도 한다. 다음 단어들을 주의 깊게 읽어보자.[13] 사탕, 시큼한, 설탕, 쓴, 맛있는, 맛, 이빨, 좋은, 꿀, 소다, 초콜릿, 하트, 케이크, 먹다, 파이. 이 단어들을 좀 더 살펴본 뒤에 손으로 가리고, 다음 문단으로 넘어가자.

다음 단어들 중, 위 목록에 있던 단어를 모두 골라보자. 맛, 점, 달콤한. 연구에 따르면 많은 사람이 목록에 없었던 '달콤한'이 목록에 있었다고 회상한다고 한다. 목록의 요점에 따라 기억이 재구성되었기 때문이다.

요점별로 뭉뚱그린다 ②: 일반화와 패턴분리

세부 사항은 다르지만 요점이 비슷한 내용을 뭉뚱그려 기억하는 과정을 일반화generalization라고 하고, 비슷해 보이지만 중요한 측면에서 다른 내용을 분리해서 기억하는 과정을 패턴분리pattern separation라고 한다.[5][7] 앞에서 언급한 세레솁스키의 뇌에서는 요점에 따라 뭉뚱그리는 과정인 일반화는 제대로 이뤄지지 않고, 패턴분리는 지나치게 일어났다. 정보들이 일반화되지 못하고 따로 놀았기 때문에 쓸모 있는 패턴을 형성하지 못했다.

세레솁스키와는 반대로 패턴분리는 제대로 이뤄지지 않고, 일반화만 지나치게 일어날 때도 문제가 생긴다. 외상 후 스트레스 장애Post-traumatic stress disorder, PTSD가 그런 경우이다.[14] 〈그림 3-5〉는 내 뇌 속에서 고

 ✓	고양이를 좋아하는 ✓내 친구	 ✓	친척집에서 ✓강아지와 놀았던 기억	 ✓	✓ 야옹
목걸이	털	✓ 집사	청소	아파트	사료
✓요크셔테리어	음악	✓✓애완동물	예방주사	✓ 진도	여름
✓ 충성심	놀다	미용실	✓캣타워	나비	✓ 늑대
✓ 산책	✓무섭다	✓ 꼬리치기	✓ 생선	장난감	귀찮다
따뜻하다	✓귀엽다	가방	✓ 멍멍	마당	빗소리
러시안블루	책	사진	자동차	병원	여행

그림 3-5 내가 개(노란색)나 고양이(빨간색)와 관련해 연상하는 패턴들.

 ✓	고양이를 좋아하는 ✓내 친구	 ✓	친척집에서 ✓강아지와 놀았던 기억	 ✓	✓ 야옹
목걸이	털	✓ 집사	청소	아파트	사료
✓요크셔테리어	음악	✓ 애완동물	예방주사	✓ 진도	여름
✓ 충성심	놀다	미용실	✓캣타워	나비	✓ 늑대
✓ 산책	✓무섭다	✓ 꼬리치기	✓ 생선	장난감	귀찮다
따뜻하다	✓귀엽다	가방	✓ 멍멍	마당	빗소리
러시안블루	책	사진	자동차	✓ 병원	여행

그림 3-6 내가 개에게 물린 이후 개(노란색)·고양이(빨간색)와 관련해 연상하는 패턴들.

양이와 연결된 정보(붉은색 표시)와 개와 연결된 정보(노란색 표시)를 나타낸다고 생각해보자. 개와 고양이의 패턴이 분리되어 있기 때문에, 나는 '애완동물'과 '고양이의 사진'이라는 정보를 접했을 때 개가 아닌 고양이를 떠올릴 수 있다. 그런데 사나운 개에게 물린 이후, 내 뇌 속에서 개와 관련된 정보의 패턴이 〈그림 3-6〉처럼 일반화되었다고 가정해보자. 대충 보아도 표에서 노란색으로 표시된 부분이 훨씬 더 많아졌다. 이제는 멀리서 고양이를 봐도 개로 보이고, 애완동물이라고 하면 개밖에 떠오르지 않는다. 감정적으로 강렬했던 대상인 개를 중심으로 패턴이 지나치게 일반화되어, 개가 아닌 것들을 봐도 개부터 떠오르고 무서워진다.

팝콘 터지는 소리만 들려도 식탁 밑으로 숨는다는 참전 군인의 이야기를 들은 적이 있다. 이런 증상도 근처에서 폭탄이 터졌던 강렬한 기억이 일반화되어 폭탄이 터지는 소리와 팝콘 터지는 소리가 다른 패턴으로 구분되지 않기 때문에 생긴다.

중요한 것을 기억한다 ①: 선택적 주의 집중

많이 기억하는 것이 유익하지 않다면 중요한 것을 선별해서 기억해야 한다. 실제로 기억은 비디오카메라처럼 보이는 모든 것을 저장하지 않는다. 우리는 우리를 둘러싼 세상의 일부에 선택적 주의selective attention를 기울이며, 내가 주의를 기울였던 것만을 기억할 수 있다.

유튜브에서 〈The Monkey Business Illusion〉을 검색해보자.* 그리고 동영상의 10초에서 40초 사이에 흰 셔츠를 입은 사람이 공을 패스하는 횟수를 세어보자(재미있는 실험이니 다소 귀찮더라도 동영상을 꼭 보시기 바란다). 몇 번인가?

답은 16번이다. 그런데 이 동영상에는 화면 중앙을 당당하게 가로지르는 고릴라가 등장했었다. 당신은 공을 세던 중에 이 고릴라를 보았는가? 믿기지 않는다면 동영상을 다시 돌려보라. 고릴라가 나온다. '보이지 않는 고릴라 실험'으로 알려진 이 실험을 처음 접한 이들의 반 정도가 고릴라의 등장을 알아차리지 못한다고 한다. 저 고릴라는 작지도 않고, 화면 중앙을 천천히 걸어가는데도 말이다.

이 실험에 대해 들어본 사람이라면 아마 동영상 속의 고릴라를 보았을 것이다. 그런데 무대 뒤쪽의 커튼 색깔이 붉은색에서 금색으로 바뀌었다는 사실도 알아차렸는가? 또 검은 셔츠를 입은 사람이 공을 던지던 중에 슬그머니 무대 밖으로 사라졌다는 사실도 알아차렸는가?

나는 둘 다 알아차리지 못했다. 화면의 대부분을 차지하는 커튼의 색깔이 바뀐 줄도 알아차리지 못했다니 놀랍다. 고릴라의 등장은 알아차렸으면서, 고릴라 가까이 있던 사람이 고릴라의 등장과 동시에 무대 밖으로 나가는 걸 알아차리지 못한 점도 놀랍다. 이처럼 우리는 우리가 접하는 세상의 일부에만 주의를 집중하고, 중요하지 않은 정보는 적당히 흘려버린다.

이런 일은 일상에서도 흔하게 일어난다. 행인이 당신에게 길을 물어보는 상황을 생각해보자. 10초쯤 이야기하고 있는데 커다란 문짝을 든 이들이 당신과 행인 사이를 지나간다. 문에 가려 행인을 보지 못

---

* https://www.youtube.com/watch?v=IGQmdoK_ZfY

하는 몇 초 사이에 행인이 다른 사람으로 슬쩍 바뀐다. 그리고는 마치 아까부터 길을 물어보던 사람인 양 당신과 대화를 이어간다면, 당신은 행인이 바뀐 것을 알아챌 수 있을까? 놀랍게도 대부분의 사람들이 알아차리지 못한다고 한다(변화 맹시). 엄청난 미남미녀가 아니고서야 '지나가던 사람 1'의 외양은 중요한 정보가 아닌 것이다.[13]

반면에 마음을 쏟고 있는 주제에는 거의 자동적으로 주의가 집중된다. 떠들썩한 회식 자리에서도 누군가 내 이름, 내가 관심 있는 주제를 언급하면 귀가 쫑긋해지는 것(칵테일 파티 효과)은 그 때문이다.

중요한 것을 기억한다 ②: 감정

선택적 주의 집중은 감정과 깊은 관계를 맺고 있다. 감정은 나의 생존과 번식에 중요한 상황에서 일어나, 중요한 정보를 더 집중해서 처리하고 더 잘 기억할 수 있도록 뇌와 몸이 작동하는 양식을 조절한다. 내가 호기심을 느꼈던 것, 두려웠던 것, 기뻤던 것, 슬펐던 것, 즐거웠던 것들이 나에게 중요한 정보인 셈이다.[15]

그래서 감정이 중요하다고 표시해둔 일들은 기억도 잘된다. 때로는 지나치게 기억되어 PTSD처럼 삶을 고통스럽게 한다. 공포 감정은 뇌와 몸속에서 분비되는 에피네프린 계열의 신호와 관련되어 있다. 그래서 공포스러운 사건이 장기 기억으로 고착되기 전에 에피네프린 계열의 신호를 억제하는 약물[beta blocker]을 복용하면, PTSD를 예방할 수 있으리라고 추정된다.[16][17]

사람마다 중요시하는 대상이 다르기에, 복잡한 세상에서 어떤 측면에 주의를 기울이는지는 사람마다 다르다. 설혹 동일한 측면에 주의를 기울였더라도 어떤 감정을 어떤 강도로 느꼈는지, 어떤 사전 정보(과거 경험)를 가지고 사건을 해석했는지가 사람마다 다르다. 동일한 사건도 감정과 사전 정보에 따라 다르게 채색되고, 다르게 기억된다. 나란히 앉아서 같은 영화를 보고도 각자 다른 이야기를 하는 이유이다. 이처럼 인식 단계에서부터 사람마다 기억이 다르다.

기존의 지식과 통합된다

기억한 정보를 행동과 미래 계획에 유익하게 사용하려면 기억은 기존의 지식이나 신념과 통합되어야 한다. 바틀릿이라는 연구자가 수행한 실험을 보자.[13] 바틀릿은 피험자들에게 아메리카 원주민 설화를 읽어주고 15분 뒤에 줄거리를 말하게 했다. 그리고 불규칙한 간격(몇 주나 몇 개월)으로 몇 번씩 다시 불러 줄거리를 말하게 하고 줄거리의 변화를 추적했다. 사람들의 기억은 잊히기만 하는 게 아니었다. 이해하기 힘든 요소들은 빠지고 새로운 부분이 추가되면서 어떻게든 '말이 되는' 형태로 변해갔다.

나중에 접한 추가 정보나 뉘앙스는 '말이 되는' 기억에 영향을 미친다.[18] 예컨대 한 실험에서는 피험자들에게 자동차 두 대가 추돌하는 짧은 영상을 보여주고, 두 차량이 부딪혔을[hit] 때 속력이 대략 얼마였는지 물어보았다. 피험자들이 응답한 속력의 평균은 시속 34마일이었다. 하지만 똑같은 영상을 보여준 다른 그룹의 피험자들에게 두 차량이 박살났을[smash] 때 속력이 얼마였냐고 더 강한 표현을 써서 물었더니 다른 응답이 나왔다. 피험자들이 회상한 속력의 평균은 시속 40.8마일이었다. 표현의 강도에 따라 속력에 대한 기억이 바뀐 것이다.

시간이 흐르면서 기억은 점점 더 표현에 맞춰졌다. 일주일 뒤 피험자들을 다시 불러서 영상 속에서 깨진 유리조각을 보았냐고 물어보았다(영상에 깨진 유리조각은 없었다). 그랬더니 두 차량이 부딪혔을 때 속도가 얼마였냐는 질문을 받았던 그룹에서는 7퍼센트가, 두 차량이 박살났을 때 속도가 얼마였냐는 질문을 받았던 그룹에서는 16퍼센트가 깨진 유리 조각을 보았다고 응답했다. 표현이 기억을 바꾼 것이다.

지속적으로 갱신된다

나와 내 주변 상황은 끊임없이 변해간다. 변화에 맞춰 행동을 수정하려면, 행동에 영향을 미치는 기억도 업데이트되어야 한다. 그래서 기억은 떠올릴 때마다 떠올린 시점부터 약 5시간 동안 변하기 쉬운 상태가 된다. 공포를 느꼈던 기억은 쉽게 잊히지 않지만 기억의 이런 특성을 활용하면 안전한 기억으로 재해석될 수 있다.

예를 들어서 쥐에게 '삐~' 하는 소리를 들려준 뒤 강한 전기 쇼크를 주면, 쥐는 나중에 '삐~' 소리만 듣고도 몸을 떨게 된다. 이를 공포 학습fear conditioning이라고 한다. 그 후에 쥐에게 전기 쇼크 없이 '삐~' 소리만 여러 번 들려주면, 쥐는 '삐~' 소리가 들려도 예전만큼 떨지 않게 된다. 이를 공포의 소거fear extinction라고 한다. 이 방식은 PTSD 환자들을 치료하는 데 쓰이기도 한다.

그런데 공포의 소거는 공포의 기억을 없애는 과정이 아니다. 오히려 "어떤 맥락에서는 '삐~' 소리가 전기 쇼크를 예고하지만, 다른 맥락에서는 '삐~' 소리가 들려도 전기 쇼크가 없더라"라는 새로운 기억을 형성하는 과정이다. 그래서 공포의 소거가 이뤄진 다음에도, 시간이 한참 지나고 나면 '삐~' 소리만 들어도 몸을 떠는 반응이 되살아나곤 한다. 또는 공포 학습이 이뤄졌던 공간에 들어가거나 전기 쇼크를 한 번만 더 받아도 '삐~' 소리에 대한 두려움이 되살아나버린다. 공포의 소거는 PTSD를 치료하는 효과적인 방법이 될 수 없는 것이다.

반면에 기억을 떠올릴 때마다 기억이 갱신되기 쉬운 상태가 되는 성질을 이용하면 어떨까? 예컨대 공포의 소거(전기 쇼크 없이 '삐~' 소리만 여러 번 들려주는 과정)를 하기 10분에서 5시간 전에 '삐~' 소리를 딱 한 번만 들려주는 것이다. 그러면 쥐는 '삐~' 소리에 대한 두려운 기억을 떠올리게 되고, 이 기억은 갱신되기 쉬운 상태로 바뀐다. 이 상태에서 공포의 소거를 진행하면 '삐~' 소리는 더 이상 무서운 기억이 아닌, 안전한 기억으로 업데이트된다. 이 방법은 쥐는 물론이고, 사람의 공포 기억을 치료하는 데도 대단히 효과적이라고 한다.[19][20]

떠올릴 때마다 갱신하기 쉬운 상태로 변하는 기억의 특성은 저장된 기억을 상황 변화에 맞게 수정하는 데 유용하다. 하지만 과거 사건을 확인하는 데는 불리하다. 기억을 떠올린 상태에서 어떤 뉘앙스로 어떤 정보를 접하느냐에 따라 기억이 왜곡될 수 있기 때문이다. 그래서 반복되는 증인 심문은 증인의 기억을 바꿀 수 있고, 기억이 왜곡된 증인은 자기도 모르게 위증을 할 수 있다. 미국의 경우, DNA 검사법 덕분에 뒤늦게 무죄가 확인된 수감자들의 75퍼센트가 잘못된 기억에서 나온 증언 때문에 억울한 옥살이를 했다고 한다.[21] 이 때문에 증인 심문에도 전문적인 훈련과 주의가 필요하다는 주장이 제기되고 있다.[22]

☆☆☆

역사가 현재의 행동과 비전에 영향을 끼치듯, 기억도 현재의 행동과 미래 계획에 강력한 영향을 끼친다. 그래서 기억은 과거가 지금의 나에게 영향을 끼치는 방식이다. 역사가 과거의 사실과 완전히 일치하지 않는 것처럼 기억도 과거 사실과 일치하지 않을 때가 많다. 서유럽의 관점에서 정리된 세계사와 인도의 네루가 저술한 『세계사 편력』은 다르고, 『전쟁의 역사』와 『커피의 역사』는 다른 내용을 담고 있다. 이처럼 두 사람이 같은 것을 보고 들어도 각자의 경험과 관점에 따라 기억이 달라진다. 새로운 사실이 발견되면 역사 서술이 변하듯이, 기억도 수시로 갱신되고 변해간다. 이에 따라 과거가 지금의 나에게 영향을 미치는 방식도 변해간다. 지금 당신에게 영향을 주는 기억은 어떤 것인가?

글상자 3-1

기억과 시냅스

본문에서 다룬 공포 학습을 다시 생각해보자. '삐~' 하는 소리를 들려준 직후에 쥐에게 전기 쇼크를 준다. 이것을 몇 번 반복하면 '삐~' 하는 소리만 들어도 공포에 대한 생리적 반응(예컨대 꼼짝 않고 굳어 있기[freezing])이 일어난다. 이런 학습이 일어나기 위해서는 '삐~' 하는 소리에 대한 정보를 담고 있는 신경세포와 이 정보를 받아들여 벌벌 떠는 공포 반응을 유발하는 신경세포 간의 연결이 활성화되어야 한다. 이처럼 두 신경세포가 접속해서 정보를 전하는 부위를 시냅스라고 부른다(〈그림 3-7〉).

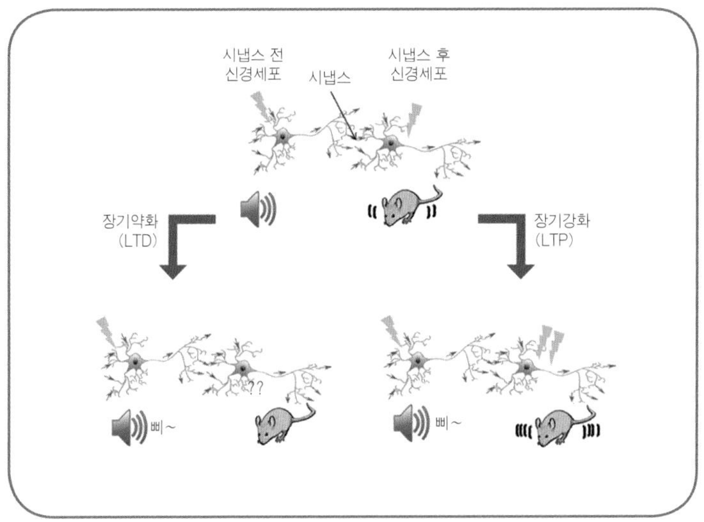

그림 3-7 시냅스의 장기강화와 장기약화.

시냅스의 효율이 좋으면 시냅스 전 신경세포의 활동이 시냅스 후 신경세포의 활동을 유발할 가능성이 높고 시냅스 후 신경세포의 활동 세기도 크다. 반대로 시냅스의 효율이 낮으면 시냅스 전 신경세포의 활동이 시냅스 후 신경세포의 반응을 유발할 가능성이 낮고, 이 경우 시냅스 후 신경세포의 활동 크기 또한 작다.

시냅스 효율이 커지는 것을 장기강화[long term potentiation, LTP], 효율이 낮아지는 것을 장기약화[long term depression, LTD]라고 부른다. 장기강화를 통해서 시냅스의 효율이 좋아지면, 시냅스 전 신경세포는 같은 크기의 활동(〈그림 3-7〉에서 번개 모양 한 개)으로도 시냅스 후 신경세포를 더 많이 활성화시킨다(번개 모양 두 개). 그 결과 똑같은 '삐~' 소리를 듣고도 이전보다 떨림이 심해진다. 공포 학습은, '삐~' 소리를 전달하는 신경세포와 공포 반응을 유도하는 신경세포 사이의 시냅스 효율이 커지면서 일어난다. 반대로 장기약화를 통해서 시냅스 효율이 나빠지면, 시냅스 전 신경세포의 활동이 시냅스 후 신경세포를 이전만큼 활성화하지 못한다(번개 모양 없음). 그 결과 똑같은 '삐~' 소리를 듣고도 예전만큼 떨지 않는다. 따라서 "'삐~' 소리가 나면 벌벌 떤다"라는 학습 내용(기억)에 이 시냅스가 결정적인 기여를 한다고 볼 수 있다.

장기강화[LTP]는 시냅스 전 신경세포와 시냅스 후 신경세포 사이에 인과관계가 있을 때 일어난다. 즉, 시냅스 전 신경세포를 활성화시킨 직후에 시냅스 후 신경세포가 활성화시키면, 시냅스의 효율이 강화되는 현상인 장기강화가 일어난다. 반대로 장기약화[LTD]는 시냅스 전 신경세포와 시냅스 후 신경세포 사이에 인과관계가 어긋날 때 일어난다. 그래서 시냅스 후 신경세포를 활성화한 직후에 시냅스 전 신경세포를 활성화시키면(LTP와 반대 순서), 시냅스의 효율이 약해지는 현상인 장기약화가 일어난다.

앞에서 '삐~' 소리를 전달하는 신경세포와 공포 반응을 유도하는 신경세포 사이의 시냅스가 "'삐~' 소리가 나면 벌벌 떤다"라는 학습 내용(기억)을 담고 있다고 설명했다. 그렇다면 이 시냅스의 효율을 실험적으로 높이거나 줄이면, "'삐~' 소리가 나면 벌벌 떤다"라는 학습 내용을 강화하거나 약화할 수 있을까?

실제로 그런 것으로 드러났다.[23] 연구자들은 '삐~' 소리를 전달하는 신경세포와 공포 반응을 유도하는 신경세포 사이의 시냅스를 장기강화했더니 공포 반응이 증가하는 것을 관찰했다. 반대로 이 시냅스를 장기약화했더니 공포 반응이 줄어드는 것을 발견했다. 공포 학습을 시킨 다음에 장기약화→장기강화→장기약화→장기강화를 번갈아 반복하면 공포 반응을 줄였다, 키웠다, 줄였다, 키웠다 할 수 있었다. 연구자들은 실험하면서 참 신기했을 것 같다.

이 실험은 학습이 시냅스 효율의 조절과 밀접하게 관련됨을 잘 보여준다. 신경세포들 간의 연결이 기억의 내용이며, 시냅스 효율을 지속하는 것이 기억의 지속과 관련된다. 학습과 기억이 시냅스의 효율 조절을 통해서만 일어나는 것은 아니지만, 시냅스는 학습과 기억에 관련된 가장 대표적이고 중요한 부위이다.

4 뇌는 몸의 주인일까?

뇌는 유지비가 비싼 기관이다. 뇌의 질량은 체중의 2퍼센트 정도에 지나지 않지만 몸이 사용하는 총에너지의 20퍼센트 이상을 소모한다. 입맛도 까다로워서 포도당을 주된 연료로 사용하며(전체 포도당의 60퍼센트가량) 모든 에너지 대사를 전적으로 몸에 의존하고 있다.[1][2] 그래서인지 뇌는 몸의 주인처럼 여겨진다. 아프거나 피곤할 때가 아니면 내 몸은 대체로 내 마음대로 움직이며, 뇌는 마음과 밀접하게 관련된 기관이기 때문이기도 하다. 하지만 정말로 뇌가 몸의 주인일까?

우렁쉥이는 살기 좋은 장소를 물색하는 유생 시기에는 신경계를 갖지만, 한곳에 터를 잡은 이후에는 문자 그대로 '뇌를 소화해'버린다. 이는 뇌가 '움직이는 생물'의 전유물임을 보여준다.[3] 동물들이 움직이는 것은 먹이, 안전, 짝과 같은 보상을 획득해 그것을 바탕으로 생존하고 번식하기 위해서이다. 이처럼 움직임에 목적이 있기 때문에 무작위로 움직여서는 안 된다. 감각 정보를 활용해서 보상과 위험을 예측하고, 이 예측에 맞게 움직여야 하는데, 이런 움직임을 만들어내기 위해서 뇌가 필요하다. 그래서 뇌 활동은 몸으로 들어오는 감각 정보의 영향을 받는다.

무엇이 적절한 움직임인지는 현재의 몸 상태에 따라서도 달라진다. 동일한 자극도 몸 상태에 따라 가치가 달라지고(배고플 때와 배부를 때 빵 한 조각의 가치는 다르다), 몸 상태에 따라 가능한 행동의 범위도 달라지기 때문이다. 따라서 뇌의 활동은 몸의 영향을 받을 뿐만 아니라 받아야만 한다.

몸이 뇌에 미치는 영향 ①: 외부 환경과 뇌

환경에 관한 정보는 몸을 통해 들어와 뇌의 작동 방식을 조율한다. 예컨대 눈으로 들어오는 빛의 양에 따라 하루의 생체 리듬circadian rhythm이 달라진다. 망막으로 들어온 시각 정보는 눈 뒤에서 좌우가 교차되어 후두부의 시각 뇌로 전해지는데, 시각 정보가 교차되는 지점을 시교차optic chiasm라고 부른다(〈그림 4-1〉). 이 시교차 위에 있는 시교차 상핵suprachiasmatic nucleus, SCN이 빛의 양에 따라 하루 생체 리듬을 조절한다. 시교차 상핵의 신경세포들은 빛의 양이 많은 낮에는 8~12헤르츠Hz(헤르츠는 빈도를 나타내는 단위이다. 1헤르츠는 1초당 1회의 빈도를 뜻한다)의 높은 주파수로 활동하다가, 밤이 되면 0~1헤르츠로 활동량이 뚝 떨어진다(〈그림 4-2〉). 이 신경세포들의 활동량에 따라서 유전자의 발현과 에너지 대사, 호르몬과 신경조절물질의 분비량이 조절된다. 그에 따라 낮과 밤의 행동, 사고, 정서 패턴이 달라진다.[4][5]

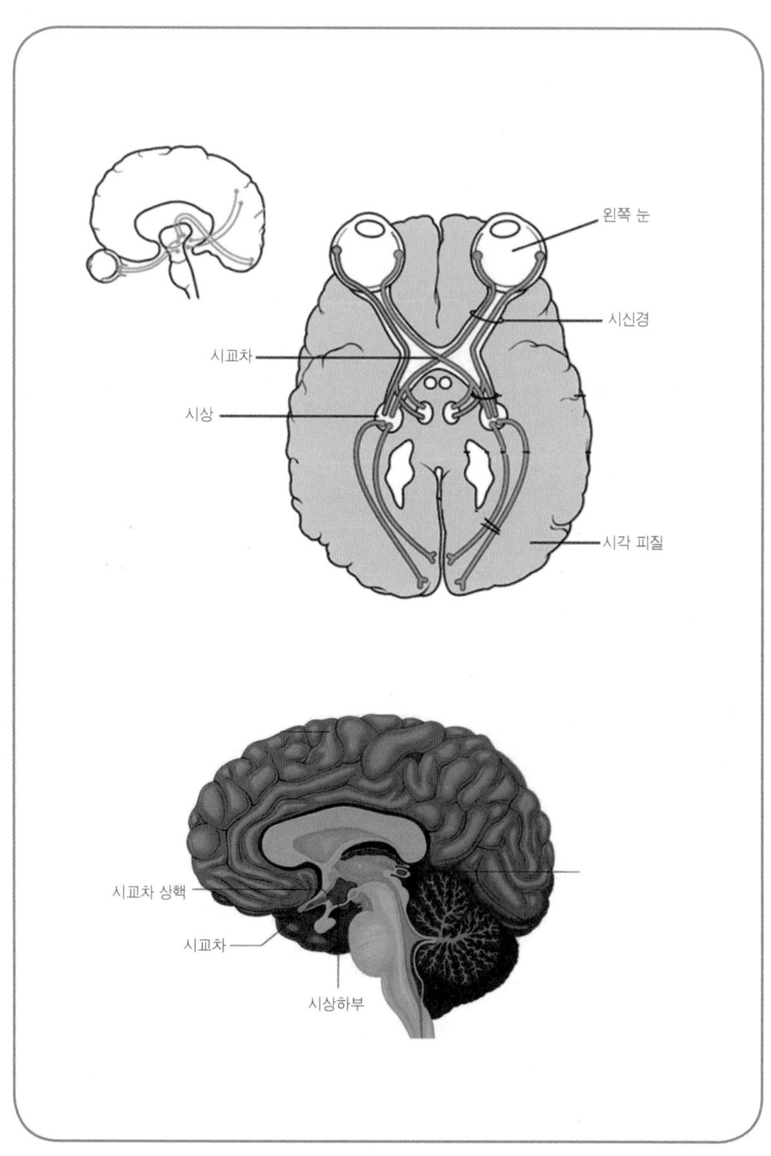

그림 4-1 시교차 상핵은 시상하부 안에 있는 여러 핵 중의 하나이다. 시상하부는 호르몬과 자율신경계를 통해 혈압, 체온, 음식물 섭취와 수분 대사를 조절하고 항상성을 유지하는 중요한 부위이다.

몸으로 들어오는 환경 정보는 뇌 활동에 좀 더 직접적인 영향을 미칠 수도 있다. 수면을 예로 들어보자. 잠이 들면 뇌파의 주파수가 점차 낮아지고 진폭이 커지면서 깊은 수면 단계에 들어간다(〈그림 4-2〉). 그러다가 다시 뇌파의 주파수가 높아지면서 꿈을 꾸는 단계인 렘수면 단계에 들어간다. 이 순환 과정이 자는 동안 여러 번 반복되며, 순환 과정이 반복될수록 깊은 수면 단계는 짧아지고 렘수면 단계는 길어진다.

깊은 수면 단계에서 뇌파의 주파수가 낮은 것은, 깊은 수면 단계에서는 신경세포들의 활동이 동기화되기 때문이다. 〈그림 4-3〉은 깨어 있는 동안과 깊은 수면 단계에 있는 동안 신경세포의 활동과 뇌파를 나타낸다. 파란색 화살표로 표시된 파형이 뇌파이고, 빨간 화살표로 표시된 검은 점들은 신경세포의 활동전위가 일어난 시점을 나타낸다. 활동전위들이 나열된 가로줄 하나하나가 각각의 신경세포를 나타내는데(검은 화살표) 이 그림에서는 40개 신경세포의 활동전위를 표시했으므로 이런 가로줄이 40개 있다. 깨어 있는 동안에는 신체 안팎의 온갖 정보가 뇌 속으로 들어오고, 움직임도 활발하기 때문에 신경세포들의 활동이 제각각이다. 활동전위(검은 점)들이 산발적으로 분포하고 있어서 주파수가 크고 진폭이 자잘한 뇌파가 생긴다. 반면 깊은 수면 단계에 있는 동안에는 뇌 속으로 들어오는 정보가 적고 신경세포들의 활동도 동기화된다. 그 결과 0.8헤르츠 정도의 느리고 진폭이 큰 뇌파가 생겨난다.[6]

그렇다면 깊은 수면 단계의 뇌파와 같은 주파수를 가지는 메트로놈 소리를 잠잘 때 들려주면 어떻게 될까? 자려고 누운 시점부터 0.8헤르츠의 부드러운 메트로놈 소리를 들려주면, 12~15헤르츠의 빠른 주파

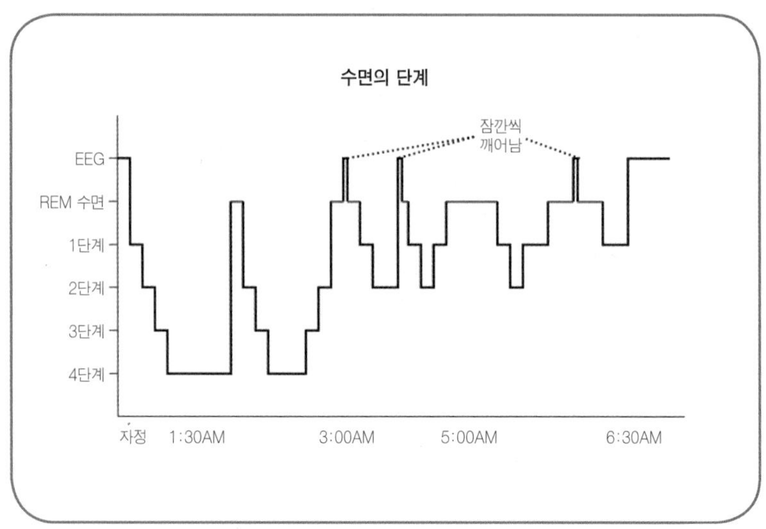

그림 4-2 수면의 단계

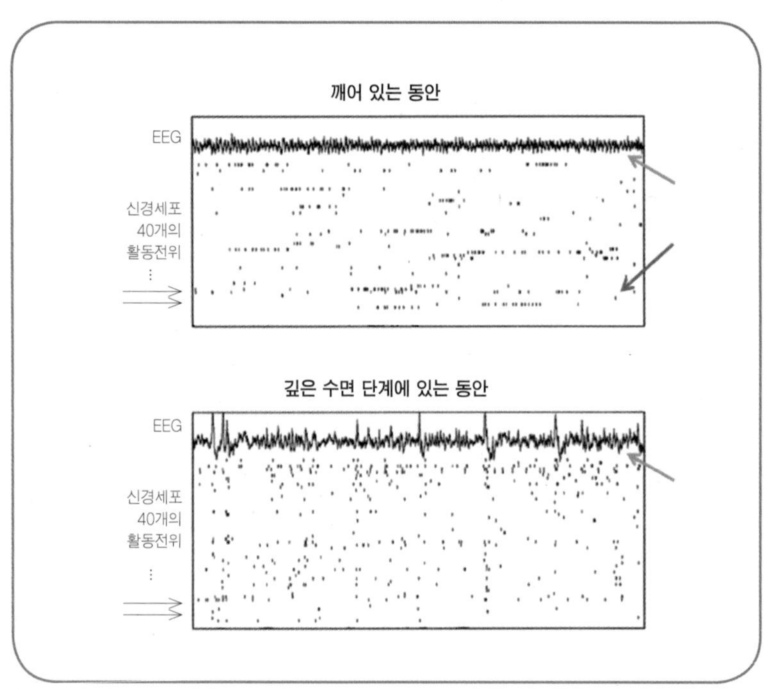

그림 4-3 깨어 있는 동안과 깊은 수면 단계에 있는 동안 신경세포의 활동과 뇌파를 나타낸 그래프.

수를 가지는 뇌파가 억제되는 한편 0.8헤르츠 주파수를 가지는 느린 뇌파는 진폭이 커진다고 한다. 메트로놈 소리와 주파수가 맞는 뇌파는 강해진 반면 주파수가 다른 뇌파는 억제된 것이다.[7]

이런 성질을 깊은 수면의 양을 늘리는 데 사용할 수 있다. 나이가 들수록 깊은 수면이 줄어드는 경향이 있는데, 깊은 수면 단계에 있는 동안 뇌파와 위상이 맞는 1헤르츠의 메트로놈 소리를 들려주면 깊은 수면의 양이 늘어난다고 한다. 이 방법을 사용하면 깊은 수면의 기능도 향상시킬 수 있다. 수면의 각 단계는 서로 다른 기능을 하는데 깊은 수면은 구체적인 정보를 기억하는 것과 관련되어 있다. '답-문제', '토끼-거북이' 같은 단어 묶음을 학습시킨 뒤, 깊은 수면 단계에 있는 동안 1헤르츠의 소리를 들려주었더니, 다음 날 단어 묶음을 더 잘 기억했다고 한다.[8][9]

몸이 뇌에 미치는 영향 ②: 내부 상태와 뇌

어떤 행동이 최선인지는 현재 몸 상태에 따라 다르다. 그래서 뇌의 활동은 신체 상태에 따라 달라진다. 예를 들어 넓은 방 안 여기저기에 레버를 10번 누르면 먹이가 나오는 장치를 여러 개 설치해둔 상황을 생각해보자. 10번 눌렀을 때 나오는 먹이의 양은 장치마다 다르다. 이제 이 방 안에 배고픈 생쥐가 있다고 상상해보자. 먹이를 찾아다니던 생쥐가 우연히 발견한 장치의 레버를 10번 눌렀더니 먹이가 나온다는 것을 알게 되었다. 이때 생쥐는 두 가지 전략 가운데 하나를 선택할 수 있다. ① 선택한 장치만을 계속 활용exploitation해서 먹이를 얻는 전략과, ② 먹이를 더 많이 구할 수 있는 다른 장치를 탐색exploration하는 전략이다.

당신이 생쥐라면 활용을 할지 탐색을 할지 결정하기 위해서, 내가 먹이가 풍부한 환경에 있는지, 가뭄에 콩 나듯이 먹이가 귀한 환경에 있는지 따져볼 것이다. 레버를 10번이나 누르기가 힘들더라도 먹이가 귀한 환경에 있다면 그냥 눈앞에 있는 장치를 활용하는 편이 낫다. 지금보다 더 나은 장치를 발견하리라는 보장이 없기 때문이다. 하지만 먹이가 풍부한 환경에 있다고 판단되면, 주변을 탐색하는 편이 나을 수 있다.

주위 환경뿐 아니라 몸 상태도 고려해야 한다. 배가 너무 고파서 앞뒤 가릴 겨를이 없다면 당장 눈앞에 보이는 레버를 열심히 눌러서 배를 채우는 편이 낫다(활용). 다른 장치를 발견하려면 얼마나 돌아다녀야 할지도 모르고 다른 장치가 눈앞의 장치보다 낫다는 보장도 없는데, 부족한 에너지를 불확실한 탐색에 투자할 수는 없기 때문이다. 하지만 배가 심하게 고프지 않다면 눈앞에 있는 고만고만하지만 확실한 보상보다는 불확실하더라도 더 나은 보상을 탐색하는 것이 더 현명한 전략일 수 있다. 이처럼 최선의 행동을 위해서는 주변 환경과 몸 상태를 모두 고려해야 한다.

신경조절물질인 도파민은 탐색-활용 행동의 균형과 관련되어 있다. 도파민 분비량이 풍부하면 불확실성을 탐색하는 행동이 많아지고, 도파민이 부족하면 확실한 것을 활용하는 행동이 늘어난다(「사랑은 화학작용일 뿐일까」 참고). 그래서 환경에 보상이 풍부할수록, 몸 안의 에너지가 넉넉할수록, 도파민의 분비가 늘어난다는 주장도 제기된 바 있다.[10][11]

그 밖에 몸이 먹고 소화시키는 음식물도 뇌 활동에 영향을 준다. 예를 들어 커피에 든 카페인은 뇌 속 아데노신 수용체(아데노신과 결합하여 세포 안쪽에 신호를 전달하는 단백질 분자)와 도파민 수용체의 활동에 영향을 미치는데, 이것이 각성 효과를 일으킨다고 알려져 있다.[12]

몸이 뇌에 미치는 영향 ③: 감정

몸이 감정에 끼치는 영향은 워낙 커서, 오죽했으면 심장의 두근거림이나 눈물 같은 신체적 상태의 자각이 감정이라는 이론(제임스-랑게 이론James-Lange theory)이 나오기도 했다.[13] '슬프기 때문에 우는 게 아니라 울기 때문에 슬프다'라는 이론인데, 이 말도 맞고 이 말의 역도 맞다. 멀쩡히 있다가 우스운 기억을 떠올리는 바람에 웃기도 하지만, 웃다 보면 재밌어지기도 한다.

예를 들어 어떤 실험에서 피험자들에게 슬픈 이야기를 읽게 하고 다음 날 그들을 다시 불렀다. 전날 들은 이야기를 떠올리는 동안 한쪽 그룹의 피험자들은 이로 펜을 물어서 웃는 표정을 짓게 하고, 다른 두 그룹의 피험자들은 손으로 펜을 쥐거나 입술로 물어서 웃지 않는 표정을 짓게 했다. 그랬더니 웃는 표정을 지었던 그룹은 슬픈 감정을 덜 느꼈다. 이는 표정이 감정과 긴밀하게 연결되어 있음을 시사한다.[14]* 그래서 얼굴 근육의 움직임에 영향을 주는 보톡스나 젤은 상대방의 감

---

* 본문에서 인용한 실험보다는 1988년에 스트랙(F. Strack)이라는 연구자가 수행한 실험이 더 널리 알려져 있다. 이 실험에 따르면 피험자들에게 펜을 이로 물게 해서 웃는 표정을 짓게 했더니, 펜을 입술로 물게 해서 화난 표정을 짓게 했을 때보다 만화를 더 재미있게 평했다고 한다. 하지만 후속 연구에서 이 실험이 재현되지 않았기에 다른 실험을 인용했다. 최근에는 유명한 심리학 실험들이 재현되는지 확인해보는 사례가 늘고 있다.[15]

정을 알아차리고 공감하는 수준을 바꾼다. 사람들은 스스로 인지하지는 못하지만 거의 자동적으로 상대방의 표정을 조금씩 따라 하는데, 이런 따라 하기는 상대방의 감정을 이해하는 데 도움이 된다. 보톡스를 맞으면 얼굴 근육이 살짝 마비되어 근육의 움직임에 관한 정보가 뇌로 충분히 전해지지 않는다. 그러면 얼굴에 드러난 타인의 감정을 잘 읽지 못하게 된다고 한다. 반면에 표정 변화를 방해하는 젤을 얼굴에 바르면 근육을 움직이는 데 더 많은 힘이 들어서, 근육에서 뇌로 가는 신호가 증폭된다. 이 경우에는 상대방의 감정을 더 정확하게 지각할 수 있다고 한다.[16]

들숨이냐 날숨이냐도 감정에 영향을 미친다.[17] 최근의 한 연구에 따르면, 피험자들은 코로 숨을 들이마실 때 무서운 자극을 접하면 코로 숨을 내쉴 때보다 더 빨리 인지하고 더 잘 기억했다. 신기하게도 이 효과는 입으로 숨을 들이마실 때나 내쉴 때는 없었다고 한다. 연구자들은 무서운 상황에서 숨이 가빠지는 것은 위험한 자극을 더 잘 인지하고 기억하기 위한 작용일 것으로 추론했다. 이처럼 몸의 상태는 감정과 긴밀하게 연결되어 있다.

감정이라는 안내자

감정은 현명한 판단을 방해한다고 여겨지곤 한다. 그래서 많은 이들이 감정에 휘둘리지 않고 냉철한 이성에 따라 효율적이고 합리적으로 일하기를 원한다. 차가운 도시 남자, 차가운 도시 여자를 향한 선망에는 몸과 마음이 고달픈 현대인들의 일상이 투영된 것 같아 짠하기도 하다.

하지만 감정이 없으면 기본적인 의사 선택도 어렵다. 선택이란 나의 현재 상태를 감안해서 이뤄지는 것이고, 나의 몸과 긴밀하게 연결된 감정은 나의 현재 상태를 요약해서 알려주는 역할을 하기 때문이다. 감정은 어떤 것을 좋아한다거나 싫어한다는 입장이기도 하다.

아이오와 도박 과제Iowa gambling task라는 잘 알려진 실험을 살펴보자.[18] 피험자들에게 네 개의 카드 묶음Deck을 제시하고, 매번 네 개의 묶음 중 하나를 골라 카드를 뒤집어보게 한다. 뒤집은 카드의 내용에 따라서 피험자들은 돈을 얻거나 잃게 된다. 네 개 중 두 개의 카드 묶음은 고수익 고위험이고, 나머지 두 개의 묶음은 저수익 저위험인데 후자 쪽 평균 이익이 약간 더 높다. 대개의 피험자들은 10번쯤 카드를 뒤집다 보면 어떤 카드 묶음이 나쁜 카드 묶음인지 '몸으로' 알기 시작한다. 평균 이익이 낮은 묶음을 선택할 때면 땀 분비가 많아지는 등 스트레스 반응을 보이는 것이다. 하지만 의식적으로는 40~50번쯤 카드를 뒤집은 후에야 어떤 카드 묶음이 좋고 나쁜지 알게 된다. 아이오와 도박 과제는 몸으로 경험하는 감정 상태가 의사 결정을 도와준다는 사실을 암시한다(이를 신체 표지 가설somatic marker hypothesis이라고 한다).

그래서 감정 및 감정과 연결된 몸의 반응에서 중요한 역할을 하는 뇌 부위인 편도체amygdala가 손상되면 아이오와 도박 과제를 잘 수행하지 못한다(〈그림 4-6〉). 편도체가 손상된 환자들은 나쁜 카드 묶음을 선택할 때도 땀 분비가 늘어나지 않으며, 100번이나 카드를 뒤집어도 어떤 카드 묶음이 더 좋은지 알아차리지 못한다고 한다.

비슷한 현상이 복측 안쪽 전전두엽ventromedial prefrontal cortex, vmPFC이 손상된 환자들에게서도 관찰되었다. 복측 안쪽 전전두엽은 몸의 반응으로

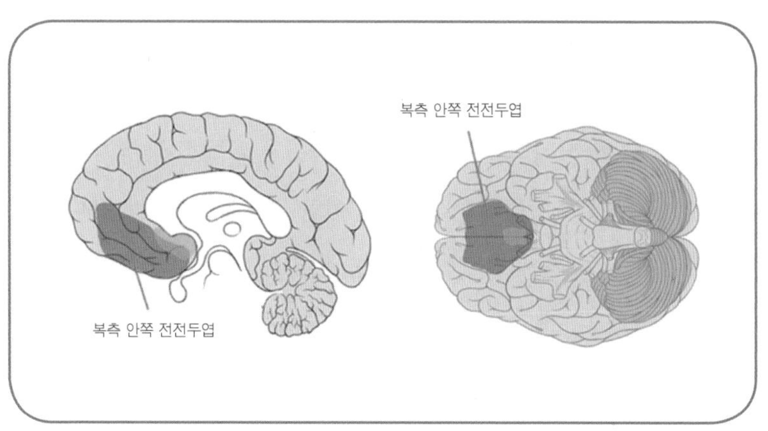

그림 4-4 복측 안쪽 전전두엽. 측면에서 본 뇌(왼쪽). 아래쪽에서 위로 올려다본 뇌(오른쪽).

느껴지는 감정을 처리해서 이성적인 판단과 통합한다고 한다(〈그림 4-4〉). 그래서 이 부위가 심하게 손상된 환자들에게는 아침으로 무슨 음식을 먹을지 고르는 것처럼 단순한 선택조차 힘겹다.[19]

몸이 뇌에 미치는 영향을 이용하는 법

이처럼 몸과 마음은 긴밀하게 상호작용하므로 마음에 영향을 미치기 위해 몸과 마음의 상호작용을 이용할 수 있다. 예를 들어 몸의 자세를 바꿔서 감정 상태와 행동을 바꿀 수 있다. 한 연구에서는 피험자들을 실험실로 불러서 2분 동안 힘이 약한 사람처럼 보이는 자세나 힘이 센 사람처럼 보이는 자세를 취하게 했다. 2분간 자세를 취하기 전후에 침(타액)을 채취해서 검사했더니, 힘센 자세를 취한 사람들은 불안한 상황에서 분비되는 호르몬인 코르티솔이 25퍼센트 정도 감소한 반면,

약한 자세를 취한 사람들은 15퍼센트 정도 증가했다고 한다. 또 힘센 자세를 취한 사람들은 적극적이고 자신만만한 느낌과 관련된 호르몬인 테스토스테론이 20퍼센트 증가한 반면, 힘이 약한 자세를 취한 사람들은 테스토스테론이 10퍼센트 가량 감소했다고 한다.[20]

어떤 자세를 취하는지에 따라 행동도 달라졌다. 2분간 자세를 취한 뒤에 도박을 권했더니 최고로 힘센 사람의 자세를 취했던 이들 중 86퍼센트가 도박에 참여한 반면, 가장 힘이 약한 사람의 자세를 취했던 이들은 60퍼센트만이 도박에 참여했다. 이는 힘센 자세를 취했던 이들이 자신만만해져서 위험에 도전한 반면, 약한 자세를 취했던 이들은 위축돼서 위험을 회피했기 때문으로 풀이된다. 고작 2분간 자세를 취한 것만으로 호르몬의 분비와 감정, 행동이 달라진 것이다. 이처럼 몸이 마음에 미치는 영향이 크기 때문에 최근에는 약 대신 규칙적인 운동으로 우울증을 치료하려는 시도가 늘어나고 있다.

정서가 환경의 영향을 받는다는 점을 역이용해서 목적에 맞게 환경을 재구성할 수도 있다. 예컨대 하루 생활리듬은 정서와 깊이 연관되어 있다. 그래서 햇빛이 적고, 풍광이 삭막해지는 겨울에는 우울증이 늘어나는 경향이 있다(계절성 정동 장애seasonal affective disorder). 우울증을 비롯한 정서 질환은 불규칙한 하루 생활리듬과 수면 장애를 동반하는 경우가 많다. 그래서 뇌로 전해지는 빛의 양과 시기를 조절해서 정서 질환을 치료하기도 한다.[21]

공간이 사고와 정서에 미치는 영향을 활용해 작업 특성에 맞는 실내 환경을 구성할 수도 있다. 예컨대 천장이 높은 곳은 창의적인 사고에 유리하고, 천장이 낮은 곳은 정해진 범위의 일을 꼼꼼하게 처리하는 데 유리하다고 한다. 이 점에 착안해 미국의 생명과학 연구소인 솔크 연구소Salk Institute는 층고가 3미터인 건물을 지었다고 한다. 이처럼 건축에 뇌과학 지식을 접목하는 것을 신경건축neuroarchitecture이라고 한다.[22]

☆☆☆

뇌는 몸의 주인일까? 삶에서 마음은 중요한 부분이고, 뇌가 마음의 작용에서 특별히 중요한 기관임은 틀림없는 사실이다. 하지만 뇌는 에너지 대사를 전적으로 몸에 의존하고 있으며 몸이 전해주는 외부 환경에 대한 정보와 몸 상태에 따라 다르게 동작한다. 먹이, 안전, 번식 등의 보상을 높이는 데 적절한 운동을 수행하기 위해서는 외부 환경과 몸 상태를 모두 반영해야 하기 때문이다. 이처럼 뇌의 활동은 몸의 영향을 받을 뿐 아니라 받아야만 한다. 뇌가 몸의 영향을 많이 받는다는 사실이 다소 의외이기는 해도, 잘 이해하면 정신질환 치료와 건축을 비롯한 여러 분야에서 유용하게 활용할 수 있다.

글상자 4-1

뇌가 몸의 주인이 아니라면, 마음의 주인은 몸일까?

볼록한 고무 뚜껑을 A처럼 누르면 고무 뚜껑은 B처럼 반대로 뒤집어진다. 생각도 이와 비슷한 측면이 있다. '몸의 주인은 마음이고, 마음을 관장하는 기관은 뇌이다'라는 생각(〈그림 4-5〉 A)을 하다 보면, '뇌가 몸의 영향을 많이 받는다'라는 정보를 접했을 때 원래 생각을 반대로 뒤집은 생각(〈그림 4-5〉 B)에 도달할 수 있다. 예컨대 '몸이 주인이고 뇌는 별로 중요하지 않다'라거나 '마음에는 뇌보다 몸이 더 중요하다'라는 생각에 빠질 수 있다.

이렇게 반대로 뒤집은 생각은 대개 옳지 않다. 소화를 예로 들어보자. 소화에는 위장이 중요하다. 하지만 스트레스를 받았을 때 소화가

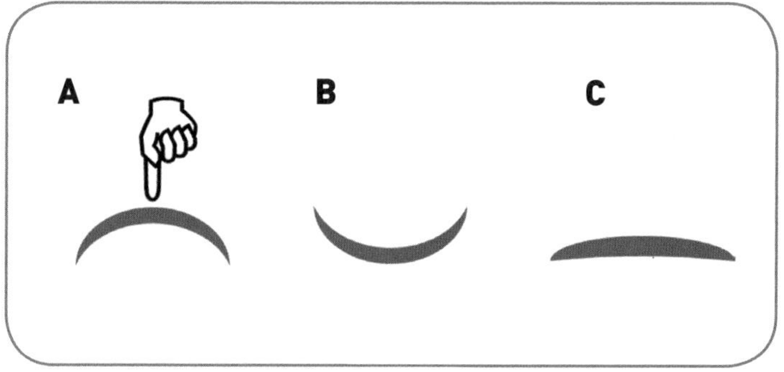

그림 4-5

안되는 걸 보면 뇌도 소화에 영향을 끼친다. 그러나 뇌가 소화에 영향을 끼친다는 사실이 '소화에는 위장이 중요하지 않다'라거나 '소화에는 위장보다 뇌가 더 중요하다'라는 것을 뜻하지는 않는다. '소화에는 위장이 중요하지만 뇌도 영향을 끼친다'라는 뜻일 뿐이다.

마찬가지로 '뇌가 몸의 영향을 많이 받는다'라는 추가 정보가 뜻하는 것은, '마음의 작용에 가장 중요한 기관은 뇌이지만, 몸도 뇌와 마음의 작용에 상당한 영향을 끼친다'라는 것이다. 고작해야 체중의 2퍼센트에 불과한 뇌에, 무려 몸의 주인이라는 독점적인 지위를 부여하던 치우친 생각(〈그림 4-5〉 A)이 추가 정보 덕분에 균형이 잡히는(〈그림 4-5〉 C) 것이다.

글상자 4-2

이성은 감정보다 우월할까?

감정을 표현하는 뇌 영역으로 변연계limbic system라는 표현이 주로 쓰인다. 하지만 변연계는 진화적·기능적·해부학적 측면에서 정확하지 않은 용어라고 한다.[23] 변연계라는 표현은 포유류에서 발달한 뇌 영역인 신피질neocortex이 기억, 문제 해결, 계획처럼 '고등한' 기능을 수행하는 반면, 피질하부subcortical 영역은 '하등한' 기능인 감정을 수행한다고 믿었던 20세기 초에 등장했다. 하지만 후속 연구들을 통해서 포유류가 아닌 척

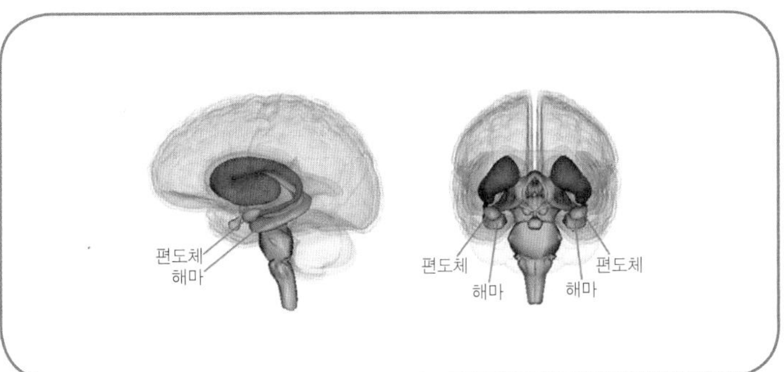

그림 4-6 해마와 편도체.

추동물에서도 신피질에 상응하는 뇌 영역이 있음이 밝혀졌다. 더욱이 변연계의 대표적인 영역 가운데 하나인 해마hippocampus가 '고등하다'라고 여겨지는 기능인 기억에서 핵심적인 역할을 수행한다는 사실이 밝혀졌다(〈그림 4-6〉).

이성에 해당하는 기능과 감정에 해당하는 기능 모두에서 중요한 역할을 하는 뇌 부위도 있다.[24][25] 변연계의 대표적인 뇌 부위 중 하나인 편도체는 감정과 깊이 관련되어 '감정의 중추'라고 불린다(〈그림 4-6〉). 하지만 편도체는 이성적 기능이라고 여겨지는 학습에도 깊이 관련되어 있다. 또 편도체는 선택적 주의 집중처럼 고등하다고 알려진 기능에서도 결정적인 역할을 수행한다. 편도체는 주의를 집중해야 할 필요가 있는 중요한 자극(강렬하거나, 해롭거나, 유익한 자극)이 나타났을 때 그쪽으로 주의를 집중시킨다. 이처럼 감정과 이성은 뇌 속에서 분명하게 구별되지 않는다.

신경조절물질인 도파민의 작용을 보면 이성과 감정뿐 아니라 마음의 다른 작용들도 분명하게 나눠지지 않음을 알 수 있다. 도파민은 의사 결정과 학습처럼 이성적인 활동에서 중요한 역할을 하지만, 충동, 동기, 새로움의 추구, 위험 감수 행동과도 깊이 관련된다(「사랑은 화학작용일 뿐일까?」 참고). 이는 의사 결정, 학습, 충동, 동기, 새로움의 추구, 위험 감수, 행동이 따로따로 분리된 기능이라고 여겨지는 것과는 달리, 뇌 속에서는 떼려야 뗄 수 없을 만큼 긴밀하게 얽혀 있기 때문이다.

여러 선택지 가운데 하나를 고르는 것이 의사 결정이고, 결정된 사항을 행동에 옮기는 과정이 동기motivation이다. 이런 과정을 반복하다 보면 뇌의 가소성 때문에 행동의 빈도와 숙련도가 변하는데, 이것이 학습이다. 평소에 주로 하던 행동 대신에 하지 않던 행동을 시도하면 그것이 새로움의 추구이며, 새로움의 추구는 위험을 동반한다. 선택이 바람직해 보일 때는 그 선택을 적극적으로 실천하는 것을 동기나 추진력이라고 부르고, 선택한 행동이 바람직하지 않거나 지나치게 위험해 보이면 충동이라고 표현한다.

이처럼 마음의 기능을 가리키는 단어들은 사회적 편의에 따라 쓰이는 것일 뿐, 뇌과학적으로 분명하게 구별되는 것은 아니다. 마찬가지로 이성과 감정이라는 구분, 어떤 기능이 하등하거나 고등하다는 구분도 뇌과학적인 근거를 가진 것은 아니다.

5 사랑은 화학작용일 뿐일까?

"사랑은 화학작용일 뿐이다."

이런 말을 들으면 묻고 싶다. 아니 그럼 화학작용이 아닌 게 뭔데? 모든 뇌 활동은 물질의 작용이다. 그렇지만 '사랑이 화학작용일 뿐'이라는 말은 냉소적으로 들린다. 사랑은 아름답고 신비로운 반면, 물질의 작용은 단순하고 하등하게 느껴지기 때문이다. 사랑뿐만이 아니다. 기능성 자기공명영상을 비롯한 뇌영상neuroimaging 기술 덕분에 정신적인 작업을 하는 동안 뇌의 활동을 눈으로 볼 수 있게 되자, 사람들은 마음이 물질의 작용에 지나지 않는다는 불편한 진실과 마주하게 되었다.

뭔가가 물질이라면, 그것은 어떻게 작동할까? 뇌 속 물질들이 어떻게 작용할 거라고 생각하기에, 마음이 물질의 작용이라는 말이 불편하게 들리는 걸까?

뇌영상 연구들은 특정 뇌 영역을 색깔로 표시한 그림과 함께 지나

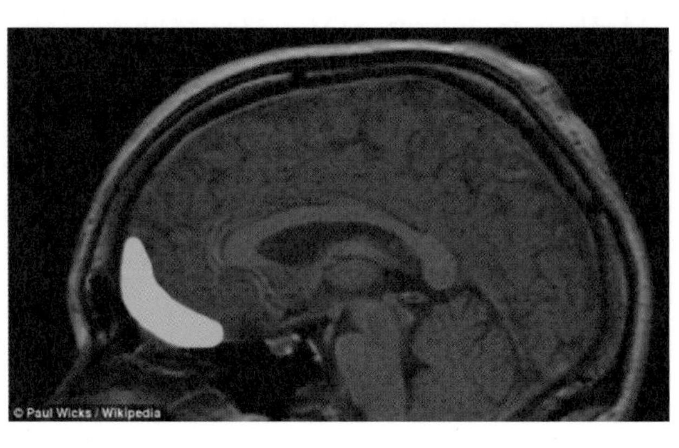

그림 5-1 안와전두엽만 도드라지게 나타낸 그림.

치게 간략하게 소개되곤 한다.[1][2] 예컨대 평범한 사람들이 살인을 정당화할 때의 뇌 반응에 대한 연구를 소개한 어떤 기사에서는 "살인하는 사람들의 뇌 특징"이라는 제목과 함께 〈그림 5-1〉처럼 안와전두엽만 도드라진 그림을 제시했다(글상자 5-1 참고).[3][4] 다른 영역들과의 상호작용이나 실험의 세부 사항을 생략한 채 이런 그림이 소개되면, 비전공자들은 '표시된 영역에서만 그런 일을 하나 봐'라고 생각하기 쉽다. 여기서 한 걸음만 더 나아가면, 마음을 기능별로 구획할 수 있으며, 구획된 기능들을 뇌 속의 여러 영역에 할당할 수 있으리라는 환원적인 추론에 이른다.

'도파민은 행복 호르몬'이나 '편도체는 감정의 중추'같이 지나치게 단순화된 표현 또한 환원적인 경향을 부추긴다. 이런 표현들은 행복과 감정이 개별적으로 분리될 수 있는 기능이며, 이 기능들이 도파민과 편도체라는 특정한 물질, 또는 부위에 할당될 수 있다는 인상을 준다. 이러면 도파민과 편도체가 행복과 감정이라는 기능을 수행하는 컴퓨터의 변수나 기계의 부품처럼 보인다.

이런 인식을 조금만 더 확장하면 도파민이나 편도체 같은 부품들로 구성된 뇌는 기계이고, 불안 같은 마음의 작용은 환상일 뿐이므로, 관련된 부위를 수선하는 약이나 장비로 고치면 된다고 생각할 수 있다. 설계된 대로 작동하는 기계는 오묘하고도 변화무쌍한 마음을 구현하기에는 확실히 부족해 보인다.

뇌 속 물질들은 정말로 기계처럼 작동할까? 뇌 속 물질의 작용은 근대 기계에서 상상할 수 있는 것보다 훨씬 풍성하고 우연적이며, 끊임없이 변한다. 블라볼로지Blobology('blob'은 색깔로 표시된 부분이라는 의미이며 'blobology'는 blob을 연구하는 학문이라는 뜻)라는 조롱을 받던 fMRI 연구도 뇌와 신경망에 대한 이해가 진전됨에 따라 역동적으로 변하는 뇌 활동을 연구하는 방향으로 변하고 있다(글상자 5-2 참고).[5] 도파민이 작용하는 방식을 통해 기계와는 다른, 뇌 속 물질들의 활동을 살펴보자.

신경조절물질 도파민

도파민은 신경조절물질neuromodulator이다. 신경조절물질은 신경전달물질neurotransmitter과 다르다. 글루타메이트glutamate나 가바GABA 같은 신경전달물질은 시냅스 후 신경세포를 직접 흥분시키거나 억제한다. 반면 도파민, 세로토닌, 노르에피네프린, 아세틸콜린 같은 신경조절물질은 신경세포의 활동 패턴을 조율한다. 그럼으로써 신경망이 구조를 바꾸지 않고도 몸 안팎의 상황에 맞춰 다양한 방식으로 대응할 수 있게 한다. 신경조절물질의 분비가 외부 상황이나 내적 상태와 긴밀하게 연결되어 있는 것도 그 때문이다.

신경전달물질은 뇌 전역의 다양한 신경세포들에서 생성되며, 시냅스를 통해 시냅스 후 신경세포로 분비된다(〈그림 5-2〉 A). 시냅스는 두 신경세포가 연결된 좁은 틈이다. 시냅스 전 신경세포에서 시냅스 틈으로 분비한 신경전달물질을 시냅스 후 신경세포가 포착함으로써, 시냅스 전 신경세포의 신호가 시냅스 후 신경세포로 전달된다. 반면 몸 안팎의 상황에 맞춰 뇌의 전반적인 활동 패턴을 조율하는 신경조절물질은 뇌의 국소 영역에서만 생성되어 여러 영역으로 널리 전파된다. 도파민의 경우, 중뇌의 복측 피개[VTA]와 흑질 치밀대[SNc]에서 생산되어(〈그림 5-3〉에서 파란색), 줄무늬체[striatum], 전두엽, 해마, 편도체 등으로 분비된다.

중뇌의 조그만 영역에서 생성된 도파민이 어떻게 전두엽처럼 멀리 있는 뇌 영역까지 전해질까? 세포체가 복측 피개에 있는 도파민 신경세포는 전두엽까지 이르는 긴 축색돌기[axon]를 뻗는다. 도파민은 이 축색돌기의 말단과 중간 중간의 불룩한 부분에서 분비된다. (〈그림 5-2〉 B. 축색돌기를 저렇게 멀리 보냈는데 도파민이 축색돌기 말단에서만 분비된다면 얼마나 비효율적이겠나!) 신경전달물질이 시냅스를 통해 한 신경세포에서 다른 신경세포로 전달되는 것과 달리(〈그림 5-2〉 A), 신경조절물질은 이렇게 축색돌기 중간 중간에서 방사되므로(〈그림 5-2〉 B) 방사되는 곳 인근에 있는 여러 신경세포의 활동을 조절할 수 있다.

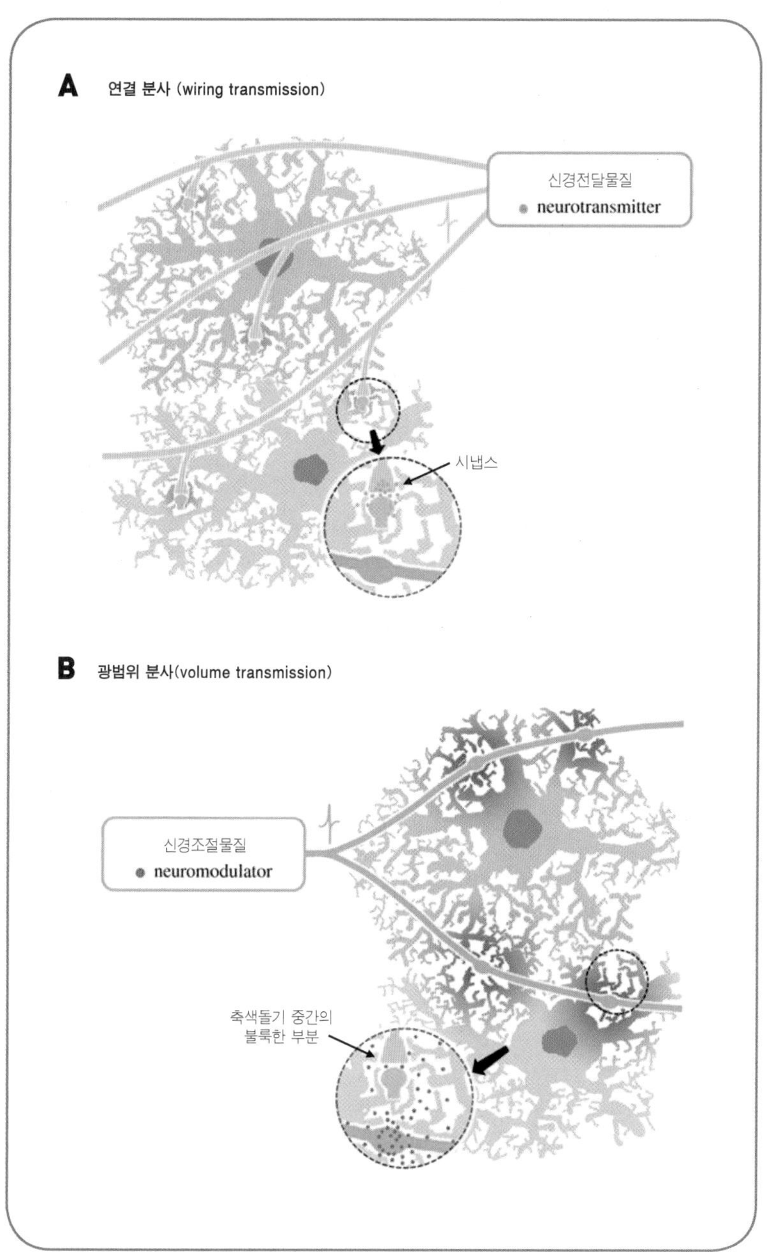

그림 5-2 신경전달물질과 신경조절물질.[6]

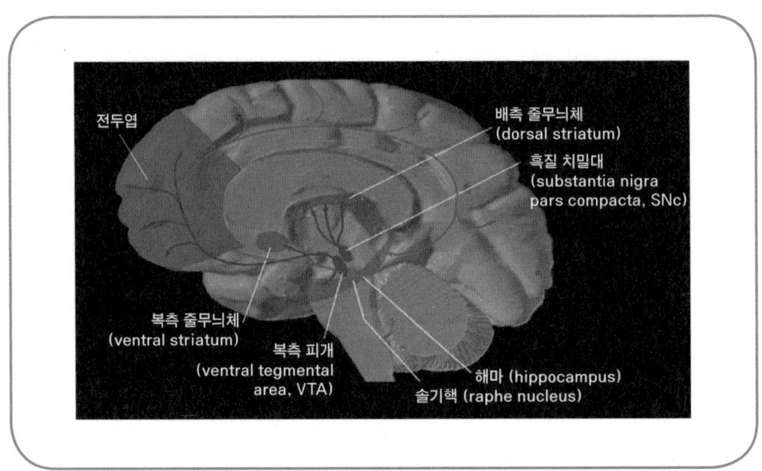

그림 5-3 도파민 회로(파란색). 신경조절물질인 세로토닌의 회로(주황색)도 함께 표시했다.

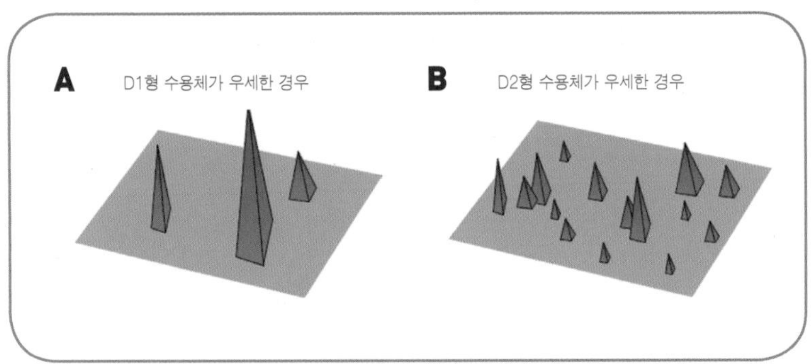

그림 5-4 도파민의 D1형과 D2형 수용체가 신경망의 활동에 미치는 영향. [7]을 참고해 그림.

도파민이 신경세포의 활동을 조절할 수 있는 것은 세포막에 있는 도파민 수용체 덕분이다. 도파민 수용체는 세포 밖의 도파민과 결합해 세포 안쪽 물질들의 활동 방식을 조절하는 단백질이다. 도파민 수용체는 모두 다섯 가지가 있는데, 크게 흥분성인 D1형과 억제성인 D2형으로 나뉜다.[7][8] 하나의 뇌 영역에는 보통 D1형과 D2형 수용체들이 섞여 있는데 D1형 수용체의 활동이 우세할 때는 강한 입력을 받는 소수의 신경세포들만이 크게 활성화되고 학습되기 쉬운 상태가 된다(〈그림 5-4〉 A). 반면에 D2형 수용체의 활동이 우세할 때는 약한 활성을 보이는 다수의 신경세포들이 신경망에 존재하게 된다(〈그림 5-4〉 B).

이렇게 도파민은 날씨나 계절처럼 신경망의 전반적인 활동 양식을 조절한다. 같은 가을이라도 지역에 따라 풍광이 다르듯이, 도파민의 효과도 뇌 영역에 따라 다르다. 도파민이 분비되는 대표적인 영역인 줄무늬체와 전두엽을 비교하며 도파민에 대해서 좀 더 알아보자.

전두엽의 도파민

전두엽에서 D2형 수용체는 대체로 도파민 농도가 높아야 활성화하고, D1형 수용체는 도파민 농도가 낮을 때에도 활성화한다고 한다.[7] 또 도파민은 강한 자극이나 스트레스, 보상처럼 생존에 중요한 자극을 접했을 때 분비된다.[9] 이제 전두엽 중에서도 작업 기억working memory과 관련된 영역인 배외측 전전두피질dorsolateral prefrontal cortex, DLPFC을 생각해보자.

보상처럼 생존에 중요한 자극을 접할 때면, 배외측 전전두피질의 도파민 농도가 높아져 D2형 수용체의 활동이 왕성해진다. 그러면 여러 개의 새로운 정보가 작업 기억에 유입되기 쉬운, 산만한 상태가 된

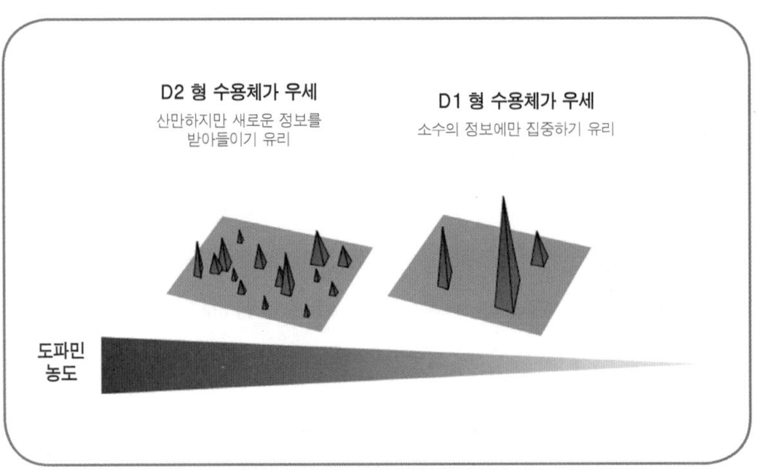

그림 5-5 도파민의 농도에 따라 전두엽 신경망의 활동 양상. 도파민의 농도는 작업 특성에 따라 적절하게 조절되어야 한다.

다. 잠재적으로 중요한 여러 자극이 작업 기억에 유입되기 쉬워지는 것이다(〈그림 5-5〉).[7] 그러다가 시간이 지나 도파민이 확산하고 분해되어 도파민 농도가 낮아지면, D1형 수용체의 활동이 우세해져서 소수의 감각 정보만을 집중적으로 처리하기 좋은 상태가 된다. 얼마 전 작업 기억에 유입된 중요한 자극들을 집중적으로 학습하기 유리한 상태로 자연스럽게 전환되는 것이다. 정말이지 절묘한 시스템이 아닌가!

그런데 D2형 수용체의 활동이 우세한 상태가 지속되면 어떻게 될까? 작업 기억은 새로운 정보를 받아들이기엔 유리하지만 산만한 상태에 머물러 있게 될 것이다. 실제로 전두엽의 D2형 수용체는 주의력 결핍 과잉행동 장애나 정신분열증(주의력 장애는 정신분열증의 주된 증상 중 하나이다)과 관련된 것으로 알려져 있으며 많은 향정신성 약물은

D2형 수용체의 작용에 영향을 끼친다.[10]~[12]

줄무늬체의 도파민

도파민의 농도가 변하는 속도는 뇌 부위에 따라 다르다(〈그림 5-6〉). 전두엽에서는 도파민 농도가 느리게 올라간 뒤 몇 분에서 수십 분 동안 높은 상태로 지속되지만, 줄무늬체striatum에서는 도파민 농도가 수십에서 수백 밀리초 단위로 빠르게 오르고 내린다.[7][13] 줄무늬체에서는 도파민이 분비되는 장소들의 밀도와 분비된 도파민을 분해하는 효소의 밀도가 높아, 도파민 농도가 빠르게 높아지고 빠르게 낮아질 수 있기 때문이다. 줄무늬체에 도파민 농도가 높을수록 어떤 행동이 일어나기가 쉬워진다. 그래서 줄무늬체의 도파민은 특정한 타이밍에 특정한 행동을 촉발하거나, 억제하거나, 학습시키기에 적합하다. 줄무늬체의 도파민이 충동과 동기 부여, 행동의 선택과 학습에 관련된 이유이다.[8][14]

그래서 줄무늬체 도파민의 과활성을 동반하는 질환인 투렛증후군에 걸리면 조절되지 않은 급작스러운 움직임이 일어난다. 반면 줄무늬체 도파민의 농도가 낮아지는 질환인 파킨슨병에 걸리면 동작을 시작하기가 힘들어지고 움직임도 느려진다.[15] 파킨슨 증상은 L-DOPA를 투여해서 도파민 농도를 높임으로써 완화할 수 있다. 다만 약으로 도파민 농도를 높이면 움직임이 촉발되기 쉬워지므로, 도박 중독에 빠지기 쉬운 충동적인 상태가 되고,[16] 행동의 학습 양상도 달라진다고 한다.[17]

도파민 수용체의 종류 또한 뇌 영역마다 다르다. D2형 수용체 중

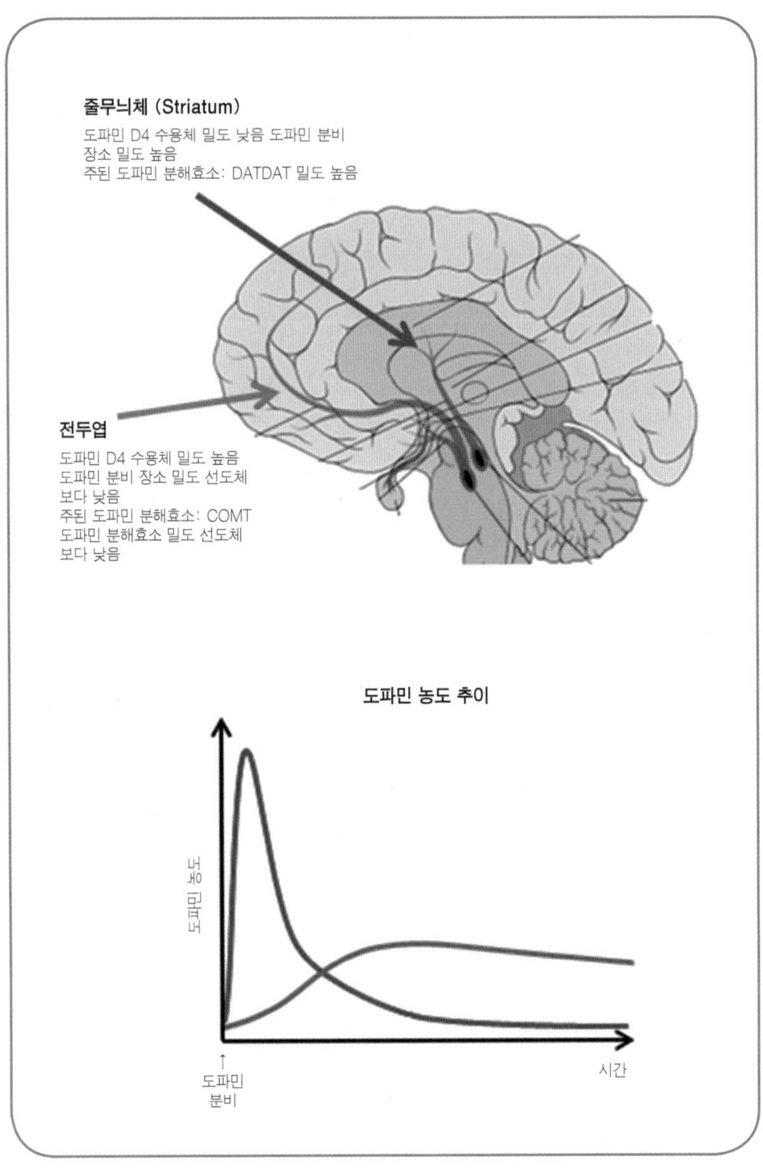

그림 5-6 위쪽: 줄무늬체와 전두엽의 도파민 시스템의 차이. 아래쪽: 줄무늬체(보라색)와 전두엽(청록색)에서 도파민이 분비된 후 농도 변화의 추이. 이 그래프는 두 영역의 농도 추이를 대략적으로 설명하기 위한 것일 뿐, 정확한 수치에 따라 그려진 것은 아니다.

하나인 D4 수용체는 줄무늬체에는 적지만, 전두엽에서는 다량 발현된다(〈그림 5-6〉). 그래서 전두엽의 D2형 수용체의 과잉 활동을 억제해서 정신분열증 증상을 완화하려 할 때는, D4 수용체와는 강하게 결합하지만 D2 수용체와는 약하게 결합하는 클로자핀clozapine이라는 약물을 사용하곤 한다.[10] D2 수용체에 잘 결합하는 약물을 사용하면, 충동과 움직임에서 중요한 역할을 하는 줄무늬체의 D2 수용체에도 영향을 주어 부작용을 일으키기 때문이다.

단순히 행복 호르몬이라고 불리던 도파민은 이렇게 절묘한 녀석이었다. 도파민은 각기 다른 회로를 가지고 서로 다른 정보를 처리하는 여러 영역으로 분비되며, 뇌 영역마다 도파민 수용체의 종류와 분포, 도파민 분해 효소의 종류와 밀도 등이 다르다.

이것이 도파민이라는 한 가지 물질이 학습, 동기 부여, 주의 집중, 움직임을 비롯한 여러 기능과 관련된 이유이고, 마음의 기능들을 따로 분리하기 어려운 이유이다. 또한 도파민이라는 한 가지 물질이 정신분열증, 중독, 투렛증후군, 파킨슨병 등 여러 질병에 관련된 이유이며, 도파민 시스템에 작용하는 약물들이 다양한 부작용을 동반할 수밖에 없는 이유이다.

개개인의 다양성

그리고 다양한 개인이 존재하는 이유이다. 도파민 시스템 하나만 해도 도파민 수용체, 도파민 분해 효소, 도파민이 분비되는 영역의 특색 등 무수한 작용점을 가지고 있다. 그리고 각각의 작용점은 유전적이거나 후천적인 차이 때문에 사람마다 조금씩 다르다.

예컨대 줄무늬체에서 발현되는 D2 수용체의 유전자에는 몇 가지 종류(다형성polymorphism)가 있는데, 이 종류에 따라서 부정적인 결과를 가져왔던 이전 행동을 얼마나 회피하는지가 달라진다. 전두엽에서 도파민을 분해하는 효소인 콤트COMT의 유전자에도 몇 가지 종류가 있다. 이 종류에 따라서 이전 행동의 결과에 맞춰 이번 행동을 얼마나 수정하는지가 달라진다고 한다.[18] 이게 무슨 소리인가 싶을 만큼 미묘한 차이이지만, 이런 미묘한 차이가 온갖 작용점에서 일어나 독특한 개개인이 탄생한다.

개개인의 다양성은 도파민이 독립적으로 작용하지 않고 다른 신경조절물질들과 상호작용하기 때문에 더욱 커진다. 예컨대 도파민은 노르에피네프린의 작용과도 얽혀 있으리라고 추정된다.[19] 도파민을 생성하는 효소들은 노르에피네프린의 생성에도 참여하고, 노르에피네프린을 분해하는 일부 효소들은 도파민도 분해할 수 있기 때문이다.

더욱이 도파민의 분비를 받는 전두엽, 줄무늬체, 해마, 편도체 등의 영역은 피동적으로 도파민을 받기만 하는 것은 아니다. 이 영역들은 도파민을 분비하는 중뇌에 피드백을 보내 도파민의 분비를 조절하며, 도파민 분비량에 맞춰 적응한다. 예컨대 중독성 약물들은 도파민의 농도를 빠르게 높이는데, 이런 약물에 중독되면 D2 수용체의 밀도가 낮아지고 도파민 분비량도 줄어든다.[20] 수시로 높아지는 도파민 농도에 맞춰 뇌가 적응해버린 것이다. 이런 적응 때문에 중독성 약물에 대한 내성과 의존성이 생겨나며, 개개인의 타고난 다양성이 증폭된다.

이처럼 도파민 시스템, 도파민과 상호작용하는 다른 신경전달물질과 신경조절물질, 도파민 분비를 받는 영역의 특성 등 모든 작용점에서 다양한 차이가 있을 수 있고, 이 차이들 때문에 도파민이 작용하는 모습, 뇌가 활동하는 모습이 사람마다 달라진다. 타고난 유전적 차이뿐만 아니라 사람마다, 시대마다, 문화마다 다른 삶의 궤적이 뇌를 바꾸며 이 차이를 더 풍성하게 만든다. 그래서 세상에는 온갖 다양한 사람이 있고, 한 사람 안에도 그때그때 변하는 다양한 모습이 있다.

이런 다양함 덕분에 세상에는 천재도 있고, 부족한 사람도 있고, 살다 보면 밝은 시기도 있고, 아픈 시기도 있다. 누구든 어떤 부분에서는 뛰어나오고 어떤 부분에서는 모자라기에, 모든 면에서 완벽하게 평범한 사람은 없다. 모자람과 질병이 뛰어남과 건강을 있게 한 다양성의 한 모습임을 안다면, 모자람과 질병을 좀 더 너그럽고 유연하게 대할 수도 있지 않을까?

무작위성과 우연성

그런데 뇌가 아무리 복잡하더라도 설계된 대로 움직일 뿐이라면, 뇌 속 물질들의 작용도 정교한 기계와 마찬가지가 아닐까? 뉴턴 물리학에서 말하듯, 뇌 속에 있는 모든 분자의 위치와 운동을 알면, 마음의 미래도 결정론적으로 예측할 수 있지 않을까?

세포의 구조를 설명하는 그림에는 대개 생략되어 있지만, 세포 내부의 최대 40퍼센트는 단백질 분자들이 차지하고 있다. 단백질 분자처럼 나노미터나 마이크로미터 단위의 입자들은 가만히 정지해 있지 않고 끊임없이 브라운 운동을 한다.[21] 브라운 운동은 식물학자 로버트 브라운이 물에 넣은 꽃가루 입자들의 움직임을 관찰하다가 처음 발견한 현상인데, 미소微小 입자들이 기체나 액체 속에서 무작위적으로 바쁘게 움직이는 것을 말한다. 브라운 운동을 하는 단백질 분자들 때문에 세포 안쪽은 정신없이 복잡하다.

예컨대 키네신이라는 단백질 분자는 미세소관이라는 긴 관을 따라 이동하면서 세포 중심에서 만들어진 단백질 분자들을 세포 안쪽의 여러 곳으로 배달한다. 키네신 분자에는 다리처럼 생긴 부분이 두 개 있는데 이 부분이 미세소관을 따라 '걸어가는' 역할을 한다. 혹시 휴보처럼 두 개의 발을 가진 로봇이 머리 위에 화물을 싣고 길을 걸어가는 장면이 상상되는가? 키네신을 분자 기계라고도 부르지만, 세포 속에서 실제로 일어나는 광경은 이처럼 기계적이지 않다.* 앞서 설명한 브라운 운동 때문에 키네신의 발은 기계처럼 척척 진행하지 못한다. 세포 내부의 온갖 분자들에게 두들겨 맞고 휘둘리면서 어렵사리 한 발씩 내딛는다.[21] 그러다 보니 들어 올린 발이 때로는 뒤로도 간다.

이처럼 생체의 단백질 분자들은 화학적 법칙과 브라운 운동이 주는 무작위적인 기회 사이에서 절묘한 균형을 이루며 작용한다. 다른 분자들과의 무작위적인 충돌 때문에 단백질 분자들은 화학식이 같더라도 접힌 구조가 조금씩 다르고, 접힌 구조의 차이는 단백질 분자들의 반응 양상에도 영향을 미친다.[21] 이처럼 끊임없고 무작위적인 움직임 때문에 생명 활동은 동작을 완전히 예측할 수 있는 근대 기계들과는 다르다.

더욱이 뇌 속 물질들은 몸이나 환경과 분리되어 있지 않다. 개인은 시대적인 변화나 날씨처럼 우연이라고밖에 할 수 없는 사건들 속에서

* 유튜브에서 〈The Inner Life of the Cell - Protein Packing (Narrated) (HD)〉라는 동영상을 찾아보자. https://www.youtube.com/watch?v=VdmbpAo9JR4

살아간다. 이 우연한 사건들의 경로가 뇌 신경망을 바꿔간다. 그래서 브라운 운동의 무작위성을 무시한다손 치더라도 개인의 뇌는 태어날 때부터 결정된 기계가 아니다. 뇌는 개인과 우연한 사건들의 마주침이 빚어낸 독특하고 역사적인 산물이다.[22]

물질의 작용을 뉴턴 물리학이나 기계처럼 단순하고 결정론적이라고 생각하면, 마음이 물질이라는 말이 불편할 수밖에 없다. 하지만 뇌 속 물질들의 작용은 기계보다는 생태계에 가깝다. 마음은 '물질의 작용일 뿐'인 것이 아니라, '물질씩이나' 되었기에 '뇌'라는 조건이 갖추어지자 생겨난emergence 것이다.[23] 이 정도면 마음이 물질이라는 사실에 자부심을 가져도 좋지 않을까?

글상자 5-1

뇌영상 연구를 지나치게 단순화하는 기사들

원래 논문[3]에서는 피험자들에게 적군이나 시민을 사살하는 1인칭 시점의 영상을 보여주며, 스스로를 점령군이라고 상상하게 했다. 그동안 피험자들의 뇌 활동을 기능성 자기공명영상fMRI으로 측정했더니 군인보다는 시민을 쏠 때 안와전두엽orbitofrontal cortex, OFC이 더 활성화되었고, 안와전두엽과 측두엽-두정엽 연접 부위Temporoparietal Junction, TPJ의 상호작용 또한 강해졌다. 안와전두엽은 가치 판단, 감정 조절 등의 기능을 수행하며, 측두엽-두정엽 연접 부위는 타인 공감과 관련된다. 연구자들은 이 연구가, 공격이 정당화된 상황에서 평범한 사람이 어떻게 공격적으로 변하는지에 대한 통찰을 제공한다고 해석했다.

그런데 이 논문을 소개한 한 기사[4]는 "살인하는 사람들의 뇌 특징"이라는 제목을 사용해서 살인하는 사람과 그렇지 않은 사람이 따로 있고, 살인하는 사람의 뇌는 하드웨어부터가 다르다는 인상을 주었다. 또한 측두엽-두정엽 연접 부위에 대한 설명은 하지 않고 안와전두엽만 도드라진 그림을 보여줌으로써, 죄책감이 따로 떼어낼 수 있는 속성이며 이 속성은 '안와전두엽'에 속한다는 인상을 주었다. fMRI 연구에서 측량하는 것은 구조적인 차이가 아니라 뇌 영역별 활동량의 차이인데, 활동량 차이를 가늠할 수 있는 색채 눈금자도 제시되지 않았다.

기사에 이런 그림이 사용된 것은 논문에 실린 그림의 저작권을 확보

하기 어려운 탓도 크다. 대부분의 사람들은 안와전두엽이 뭔지 모르니 저작권이 없다고 그림을 싣지 않기도 난감했을 것이다. 하지만 단순화된 설명과 그림은 비전공자들에게 왜곡된 인상을 준다.[2]

다행스럽게도 최근에는 *eLife*, *Frontiers*, *PLOS*, *Scientific Report*처럼 공개형 저널open-access이 증가하는 추세이다. 공개형 저널은 구독하지 않아도 누구나 무료로 읽을 수 있는 저널을 뜻한다. 미국, 유럽 등에서는 세금으로 지원된 연구의 논문은 반년에서 1년이 지난 뒤 무료로 공개하는 경우도 늘고 있다. 일반인에게 과학 연구의 결과를 정확하게 소개하는 매체도 많아지고 있다.

글상자 5-2

fMRI의 타당성에 대한 논란

fMRI는 신경 활동을 직접 측정하는 것이 아니라 혈액 속의 산소량blood-oxygen-level dependent, BOLD을 통해 신경 활동을 간접적으로 측정한다. 그래서 fMRI에서 관측되는 신호가 신경 활동을 제대로 반영하느냐, 혈관 분포에 따라 왜곡되는 게 아니냐를 두고 2000년대 후반까지도 논문이 나왔다. fMRI의 강한 자기장이 인체에 무해한지에 대해서도 오랫동안 논의가 이루어졌다. 그래서 2000년대 초반까지만 해도 1.5T(T는 자기장의 세기를 나타내는 테슬라라는 단위이다)를 사용하는 MRI 기기가 많았으며

3.0T로의 전환은 서서히 이루어졌다. 최근에는 fMRI에서 사용하는 통계 기법에 심각한 문제가 있다는 연구가 보고되기도 했다.[24]

한계점이 있지만 fMRI가 비침습적인 방법으로 살아 있는 사람의 뇌 활동을 관찰하는 유용한 기술인 것은 분명하며, 지금도 fMRI를 활용한 논문이 계속 출간되고 있다. fMRI 실험을 통해 밝혀진 결과가 동물 실험으로 밝혀진 사실과 크게 모순되지 않는다는 점도 fMRI 연구를 완전히 부정하기 힘든 이유 가운데 하나이다.

fMRI에 의문을 제기하는 연구들은 이 의문들을 해결하려는 노력을 촉발시키며 fMRI가 과학적으로 더 엄밀하게 사용될 수 있도록(혹은 진짜 문제가 있다면 폐기될 수 있도록) 돕는다. 실제로 fMRI의 통계 기법에 대한 문제가 제기된 지[24] 반년 정도가 지난 뒤, fMRI 연구의 재현성을 높이기 위한 논문이 발표되었다.[25] 이런 자성 과정이 과학의 멋진 점 중 하나이다.

연구 수단의 타당성에 대한 논란은 과학계에서 흔히 일어나며, 마땅히 이뤄져야 할 과정이다. fMRI를 비롯한 새로운 연구 수단은 이런 검증 과정을 거쳐 받아들여지거나 폐기된다. 각각의 연구 수단은 나름의 한계를 가지고 있으므로 연구 수단에 따라 무엇을 연구할 수 있는지가 달라진다. 그래서 과학 연구의 결과를 해석할 때는 연구 수단이 가진 한계를 극복하도록 실험을 잘 설계했는지, 연구 수단이 연구 주제에 적합한지 유념해야 한다(「과학은 과정이다」 참고).

6 풍성하고 변화무쌍한 '지금'

맥도날드나 푸드코트에서 멍하니 줄을 서서 기다리다가 자기 차례가 되어 주문을 하는 상황을 생각해보자. 멍하니 있던 당신은 번뜩 정신이 들어 메뉴판을 눈으로 훑고, 뭘 먹을지 결정한 뒤에, 돈을 내고 주문을 할 것이다. 이럴 때 뇌는 어떻게 동작할까?

멍하니 있는 동안 대기 상태에 있던 뇌에서, 메뉴판을 보는 동안 시각 관련 부위가 활성화되고, 뭘 먹을지 결정하는 동안 의사 결정과 계획에서 중요한 것으로 알려진 전두엽이 활성화되고, 돈을 내며 주문하는 동안에 말하기와 움직임에 관련된 영역들이 활성화되는 걸까?

의식적으로 별다른 작업을 하지 않는 동안 잠잠하던 뇌에 '자기 차례'라는 외부 입력이 주어지자 관련된 부위들이 순차적으로 활성화된다는 이런 상상은, 어째서인지 기계의 작동 방식과 비슷하다. 실제로 뇌의 작동 원리를 설명할 때 주로 사용하는 단어인 '메커니즘mechanism'

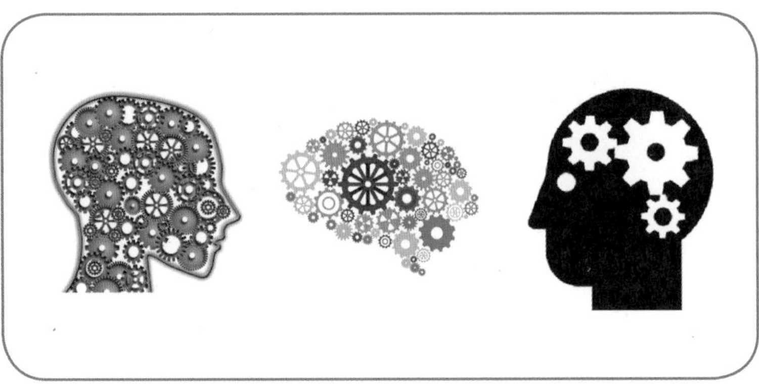

그림 6-1 뇌를 표현한 이미지들.

은 기계학을 뜻하는 단어인 '메카닉스mechanics'에서 왔다. 구글에서 'brain'으로 이미지를 검색하면 태엽이 들어간 뇌 이미지가 심심찮게 보이고, 'brain gear'로 검색하면 뇌를 태엽 기계로 묘사한 그림이 엄청나게 많이 나온다(〈그림 6-1〉). 이런 그림이 이토록 많은 것부터가 뇌에 대한 사람들의 인식을 반영한다.

뇌를 기계처럼 인식하는 경향은 근대 유럽 철학의 아버지라 불리는 데카르트(1596~1650)의 시대로 거슬러 올라간다.[1] 데카르트는 몸과 마음을 분리하고, 이성적인 사고를 하는 마음과 달리 몸은 기계에 불과하다고 주장했다. 그 뒤 과학이 발전해서 마음을 몸의 일부인 뇌의 작용으로 이해하게 되자, 뇌와 마음을 기계처럼 보는 태도가 생겨났다.

몸이 기계라는 생각은 낯설고 불편하다. 뇌와 마음을 기계처럼 인식하는 태도는 여러 가지 현실적·윤리적 문제도 일으키고 있다.[2] 데카르트 시대의 유럽인들은 어떻게 몸이 기계라는 생각을 하게 된 걸까?

데카르트가 살던 무렵, 유럽에는 정교한 자동인형이 등장해 사람들의 관심을 끌었다. 그 시대에 만들어진 자동인형을 박물관에서 실제로 본 적이 있는데 현대를 사는 내가 보기에도 대단히 정교하고 신기했다. 이러니 16~17세기 사람들이 보기엔 어땠겠는가! 르네상스를 겪고, 신대륙을 발견했으며, 과학혁명으로 자신감에 차 있던 당대 유럽인들이라면 인체도 정교한 기계이며 조만간 사람과 똑같은 자동인형도 만들 수 있으리란 포부를 가졌을 법하다. 실제로 그들은 인체와 자연의 '메커니즘'에 대해 많은 것을 알아냈다.

그런데 고체 부품들로 만들어진 자동인형이 작동할 수 있는 방식은 협소하고 단순하다. 반면에 뇌 안팎에서는 분자, 세포, 조직, 신체, 환경 등 여러 층위의 네트워크들 간에 역동적이고도 복합적인 상호작용이 일어나고, 이는 복잡성의 양적 증가뿐 아니라 작동 방식의 질적 변화를 가져온다. 그래서 고체 기계에서 상상할 수 있는 복잡성을 단순히 외삽하는 방식으로는 뇌 작용의 질적인 차이를 이해하기 어렵다.[3] 흔히 보는 기계와 뇌는 어떻게 다를까?

유일한 지금: 시시각각 변하는 기능적 연결

뇌는 우리가 멍하니 있는 동안에도 활발히 동작한다. 가만히 쉬는 동안 뇌의 에너지 소모는, 뇌가 정신적인 작업을 열심히 할 때 에너지 소모량의 90~95퍼센트나 된다.[4] 이처럼 에너지 소모가 크다는 사실은 쉬는 동안의 뇌 활동이 대단히 중요하다는 점을 시사한다. 뇌는 수동적으로 외부 자극에 반응하는 것이 아니라 외부 상황을 적극적으로 예측하고 대비하며, 이미 일어난 일들을 학습한다.

쉬는 동안 뇌에서 일어나는 자발적인 활동은 뇌의 기능적 연결

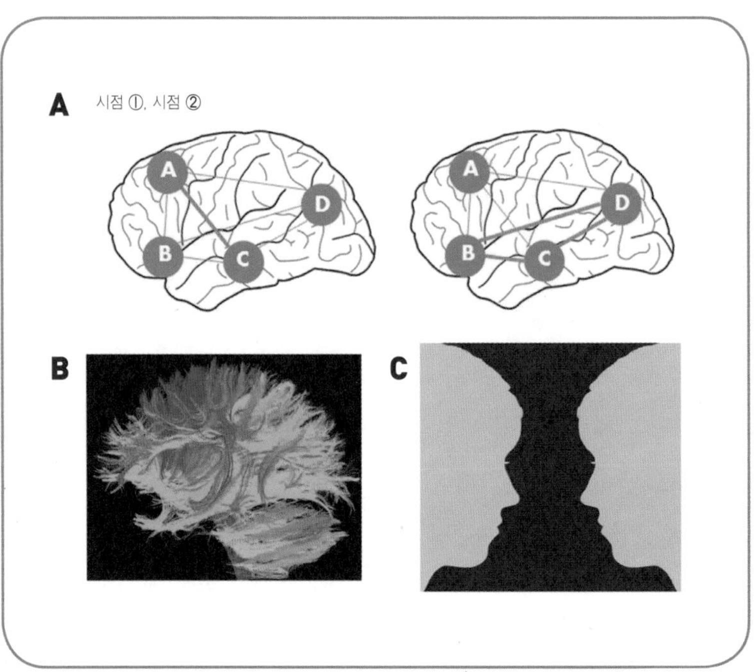

그림 6-2 A: 기능적 연결. B: 구조적 연결. C: 얼굴-꽃병 착시.

functional connectivity을 반영하는 것으로 보인다.[5] '기능적 연결'은 대체로 정적이라고 여겨지는 뇌의 '구조적 연결structural connectivity'과는 다르다. 〈그림 6-2〉 A에서 볼 수 있듯이, 네트워크의 구조가 고정되어 있더라도 '시점 ①'에는 네트워크의 부위 A와 C의 상호작용이 활발한 반면, '시점 ②'에는 네트워크의 부위 B, C, D의 상호작용이 더 활발할 수 있다. 이처럼 뇌의 활동과 상태에 따라 역동적으로 변하는 뇌 부위들 간의 상호작용을 '기능적 연결'이라고 부른다.

그때그때 달라지는 기능적 연결 때문에 뇌는 같은 자극을 접하고도 다른 반응을 하게 된다. 예컨대 마주보는 두 사람의 얼굴인지, 꽃병인지가 애매한 〈그림 6-2〉의 C가 주어질 때, 피험자가 꽃병을 보는지 얼굴을 보는지는 그림을 보기 전의 뇌 활동에 따라 달라진다고 한다. 외부의 환경 조건이 모두 같더라도, 내 상태가 다르면 내가 경험하는 '지금'이 달라지는 것이다.[6] 이는 동일한 자극에 대해서 언제나 같은 반응을 보이는 자동인형 기계와 다른 점이다.

뇌의 구조적 연결과 기능적 연결은 시시각각 변하고, 내가 경험하는 지금은 그런 뇌 상태에 따라 달라진다(「나이 들면 머리가 굳는다고? 아니 뇌는 변한다」 참고). 그러니 나의 지금은 다시없을 유일한 것이다. 나중에 같은 영화를 다시 보더라도, 나중에 같은 사람과 같은 장소를 다시 찾더라도, 그때의 경험은 지금의 경험과는 어딘가 다를 수밖에 없다.

풍성한 지금 ①: 나의 역사와 외부의 만남

배경 음악과 조명, 주변 사람들, 커피 향기, 선선한 기온 같은 정보는 오감을 통해 뇌에 전해져 온갖 느낌을 불러일으킨다. 인테리어나 건축 디자인이 사람들의 행동에 영향을 미치는 이유이다(「뇌는 몸의 주인일까?」 참고).

오감을 통해 전해지는 자극들은 과거의 경험을 일깨운다. 우리는 지난 수십 년간 무수히 많은 곳을 지나고, 많은 사람을 만나 많은 이야기를 나누고, 많은 것을 경험했다. 이 무수한 경험을 통해 시각, 청각, 촉각 등 감각과 경험적 사건, 지식, 감정 등 온갖 정보들이 연결된 패턴이 뇌 신경망 속에 만들어져간다(「기억의 형성, 변형, 회고」 참고). 우리가 이 모든 것을 항상 의식하고 살아가지는 않지만, 이중 많은 것들이

지금 경험하는 자극을 통해 깨어난다.[7][8]

예컨대 〈그림 6-3〉 A와 같은 패턴을 가진 사람이 귀여운 강아지와 산책하는 사람을 봤다고 하자. 그러면 오랫동안 잊고 있던, 이웃집 강아지와 놀았던 기억이 불현듯 떠오를 수 있다(〈그림 6-3〉 B). 또 의식적으로 지각하지는 못하더라도 꼬리 치기, 충성심, 애완동물 등의 정보가 평소보다는 떠올리기 쉬운, 행동에 영향을 미치기 쉬운 상태가 된다(그림 〈6-3〉 C). 이렇게 내 안에 있는지 나도 몰랐던 기억들이 지금이라는 순간을 매개로 깨어난다. 그래서 지금은, 세상을 만나는 순간인 동시에 나를 만나는 순간이다.

지금 오감을 통해 들어오는 자극과 패턴완성을 통해 활성화된 정보들은 한동안 머릿속을 맴돌며 머무른다. 그러면서 독특한 기능적 연결을 만들고 이어지는 행동과 감정과 생각에 영향을 미친다.[9][10]

풍성한 지금 ②: 나의 현재 상태와 외부의 만남

몸 상태도 뇌의 활동에 영향을 끼친다(「뇌는 몸의 주인일까?」 참고). 술이나 커피를 비롯한 음식물의 섭취는 뇌 활동에 영향을 주며, 술에 취하면 평소와 다른 말과 행동을 하곤 한다. 배가 고플 때와 부를 때, 졸려서 정신이 아득할 때와 정신을 차렸을 때 뇌의 기능적 연결은 다르며 그에 따라 우리의 행동도 달라진다.[11][12]

감정 상태도 뇌의 기능적 연결에 영향을 미친다. 예컨대 불쾌한 동영상으로 피험자들에게 스트레스를 주면, 노르에피네프린의 분비가 증가하면서 뇌 전반의 기능적 연결이 재편된다고 한다.[13] 이는 감정이 뇌의 전체적인 반응 양식을 조율한다는 점을 시사한다.

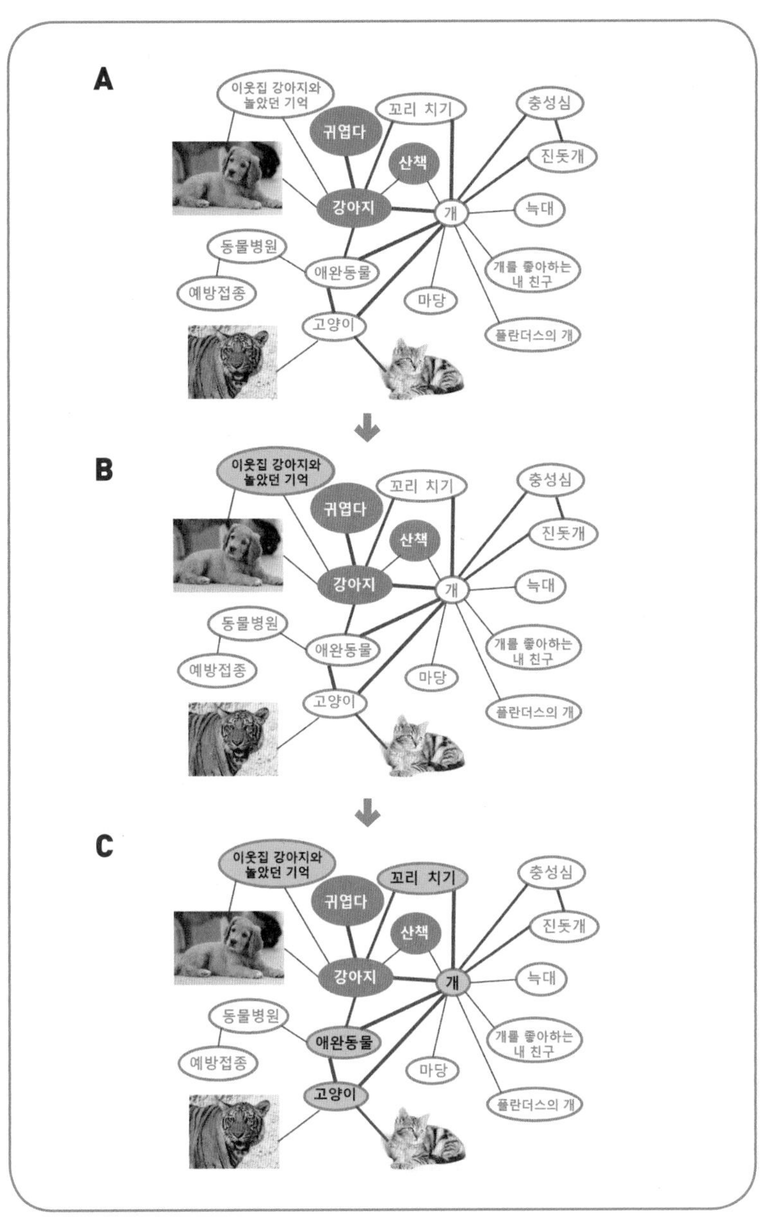

그림 6-3 패턴완성. 외부 자극이나 정신 활동으로 패턴의 일부(채색된 동그라미)만 활성화시켜도 패턴 전체가 활성화되는 과정을 패턴완성이라고 한다. 패턴완성은 기억 연상의 원리이다.

이처럼 지금 나의 오감을 통해 전해지는 자극, 패턴완성을 통해 활성화된 기억들, 얼마 전에 경험한 일들, 나의 감정, 나의 몸 상태 등이 동시다발로 작용해서 독특한 기능적 연결이 매 순간 생겨난다. 이 모든 것이 작용해서 생겨난 나의 지금은, 지금 나를 둘러싼 외부 환경 이상의 풍성한 순간이며, 다른 누구와도 다른 유일한 순간이다. 그래서 같은 시간, 같은 공간에 100명이 있다면, 거기에는 100개의 지금이 있는 셈이다.[14]

뇌의 기능적 연결이 내 의지가 아닌 많은 것의 영향을 받기에, 나의 지금은 '주어지는' 것이기도 하다. 주어지는 지금 덕분에 마음에 오래 품어온 어떤 것이, 내가 준비되고 적절한 상황과 마주쳤을 때, 해결하려고 의식적으로 애쓰지 않는데도 타다닥 풀리기도 한다. 예컨대 아르키메데스가 머리 싸매고 고민했던 왕관 문제는, 쉬려고 찾은 목욕탕에서 이미 수십 번은 보았을 물이 넘치는 장면을 보고 불현듯 해결되었다.

선택의 여지 ①: 의식의 작은 창

지금은 주어지는 것이지만 선택되는 것이기도 하다. 앞서 살펴봤듯 뇌 속에는 지금 나의 오감으로 전해지는 자극, 패턴완성을 통해 활성화된 기억들, 나의 감정과 몸 상태 등 여러 가지가 동시다발로 작용하고 있다. 하지만 이 모든 것이 동시에 말해지고, 행해지고, 의식적으로 지각될 수는 없다. 이 중에 극히 일부만이 말해질 수 있고, 행해질 수 있고, 의식적으로 다뤄질 수 있다.[15] 그래서 뇌의 지금은 동시다발로 일어난 많은 것들이 행동과 말과 의식을 점유하기 위해 경쟁하는, 온갖 힘의 각축장이기도 하다.

이처럼 의식이라는 창이 작은 덕분에 뇌의 기능적 연결이 내가 의도하지 않은 것들로 인해 주어지더라도, 의식적인 초점 이동을 통해 나의 지금을 선택할 수 있는 여지가 생긴다. 특히 어떤 생각과 감정에 초점을 두느냐는 지금의 경험을 크게 바꿀 수 있다. 다음 상황을 살펴보자.

최근에 힘든 상황에 처한 직장 동료가 있다. 안타까워서 한참 동안 동료의 이야기를 들어주었고 덕분에 그날 일이 밀렸지만 마음은 뿌듯했다. 그런데 다음 날부터 이 동료가 매일 나를 붙잡고 하소연을 하는 것이다. 동료의 상황은 안타깝지만 일이 밀려 야근을 하는 상황이 반복되니 부담스럽고 짜증도 난다. 거절을 잘 못하는 편이라 오늘은 기필코 바쁘다고 말하리라 굳게 다짐을 해봐도 결국은 붙들리고 만다. 오늘이 6일째인데 또 저기 동료가 오는 게 보인다…

참 오만 감정이 다 일어날 것이다(〈그림 6-4〉). 힘든 상황에 처한 동료를 보면 안쓰럽기도 하고 관계를 잘 유지하고 싶지만 부담스럽고 짜증도 날 것이다. 자꾸 오는 걸 보면 '내가 잘 들어줬나 보다' 싶어 은근히 뿌듯할지도 모르겠다. 한편 일이 자꾸 늦어지는 것은 초조하고, 제때 잘 끝내고 싶고, 이 와중에 꼬박꼬박 할 일을 다 한 자신이 대견하기도 할 것이다. 매번 거절을 못 하는 자신은 답답하고 한심하지만 5일이나 들어준 자신의 인내심과 따뜻함이 기특할지도 모른다.

힘든 상황에 처한 동료에 관해서는	일이 자꾸 늦어지는 사실에 대해서는	매번 거절하지 못하는 자기 자신에 대해서는
안쓰럽다	초조하다	답답하다
부담스럽다	불안하다	화난다
짜증이 난다	일을 제때 잘 끝내고 싶다	한심하다
동료가 잘되면 좋겠다	정시 퇴근하고 저녁 시간을 잘 보내고 싶다	5일이나 들어줬으니 참 따뜻하고 인내심 넘친다
동료와의 관계를 잘 유지하고 싶다	어쨌거나 기어코 해냈으니 책임감 있고 대단하다	
들어줘서 그나마 숨통이 좀 틔었나 보다		

그림 6-4

이처럼 한순간에도 여러 감정이 일어나지만, 대개는 몇 가지 감정만을 습관적으로 인식한다. 인식한 감정이 "짜증 난다"인 경우를 살펴보자(〈그림 6-5〉). 강아지와 관련된 기억들이 패턴완성을 통해 줄줄이 활성화됐던 것처럼, 뇌에서는 짜증이라는 감정 하나만 달랑 활성화되는 데서 멈추지 않는다. 이 사람의 경험 속에서 짜증과 연관된 감정들, 생각들까지 줄줄이 활성화된다. 그러다가 '동료가 밉고 화나고, 거절도 못 하는 나는 한심하고, 답답하기 짝이 없다'까지 가면 기분은 엉망이 될 것이다. 이런 기분으로 들어준들 잘 들릴 리가 없고, 용케 거절한들 부드럽게 될 리가 없다.

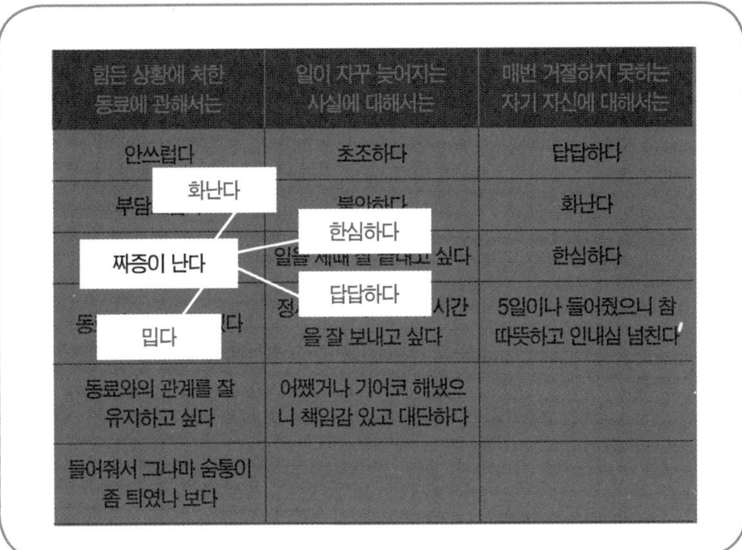

힘든 상황에 처한 동료에 관해서는	일이 자꾸 늦어지는 사실에 대해서는	매번 거절하지 못하는 자기 자신에 대해서는
안쓰럽다	초조하다	답답하다
부담	불안하다	화난다
짜증이 난다	일을 제때 잘 끝내고 싶다	한심하다
동 다	정 시간을 잘 보내고 싶다	5일이나 들어줬으니 참 따뜻하고 인내심 넘친다
동료와의 관계를 잘 유지하고 싶다	어쨌거나 기어코 해냈으니 책임감 있고 대단하다	
들어줘서 그나마 숨통이 좀 트였나 보다		

그림 6-5

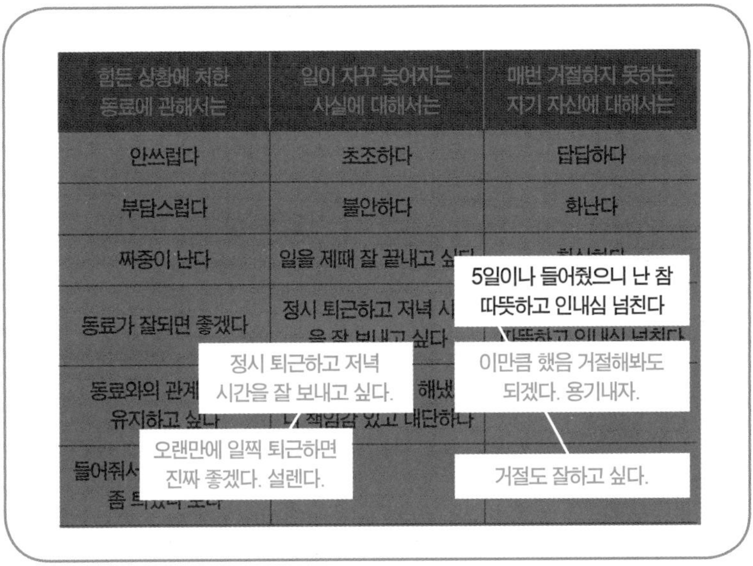 힘든 상황에 처한 동료에 관해서는	일이 자꾸 늦어지는 사실에 대해서는	매번 거절하지 못하는 자기 자신에 대해서는
안쓰럽다	초조하다	답답하다
부담스럽다	불안하다	화난다
짜증이 난다	일을 제때 잘 끝내고 싶다	
동료가 잘되면 좋겠다	정시 퇴근하고 저녁 시간을 잘 보내고 싶다	
동료와의 관계를 잘 유지하고 싶다	해냈으니 책임감 있고 대단하다	
들어줘서 좀 트였나 보다		

5일이나 들어줬으니 난 참 따뜻하고 인내심 넘친다

정시 퇴근하고 저녁 시간을 잘 보내고 싶다.

이만큼 했음 거절해봐도 되겠다. 용기내자.

오랜만에 일찍 퇴근하면 진짜 좋겠다. 설렌다.

거절도 잘하고 싶다.

그림 6-6

풍성한 지금에 비해 의식이 한 번에 다룰 수 있는 범위는 좁아서, 하나의 생각이나 감정을 선택하면 그 생각이나 감정과 약하게 얽힌 생각과 감정들은 떠올리기 힘들어진다. 그래서 짜증을 선택하고 나면 짜증과는 거리가 먼, 기분 좋은 생각과 감정들은 의식적으로 지각되기가 어렵다.

아이러니하게도 의식의 이런 특성은 풍성한 지금 속에서 내가 강조하고 싶은 측면에만 힘을 싣는 데 유용하게 쓰일 수 있다. 반대로 "5일이나 들어줬으니 난 참 따듯하고 인내심 넘치는 사람이다"에 초점을 둔 경우를 보자(〈그림 6-6〉). 이번에도 그 생각 하나만 달랑 활성화되는 데서 끝나지 않는다. 관련된 감정과 생각들이 연달아 활성화될 것이다. 아마도 '이만큼 했으면 충분하니 거절해보자. 거절도 좀 잘하고 싶다'처럼 긍정적인 방향으로 물꼬가 터지기 쉽다. 그러면 거절하기도 쉬워질 테고, 오랜만에 일찍 퇴근할 생각에 들뜰지도 모른다.

상황은 방금 전이나 지금이나 똑같다. 그런데 초점을 어디에 두느냐에 따라 내가 경험하는 지금이 달라졌다. 해야 하는 일, 자꾸 찾아오는 동료, 동료의 힘든 처지처럼 지금은 내가 의도치 않은 것으로 주어진다. 하지만 의식적인 초점 이동을 통해서 나의 지금을 선택할 수 있는 여지가 생긴다. 그래서 내 선택의 여지를 넓히려면 내 안에서 일어나는 생각과 감정들을 폭넓게 알아차리는 것이 유리하다. 앞의 예에서 동료, 일, 자신이라는 측면으로 나눈 것처럼 상황을 여러 측면에서 돌려보고 뒤집어보면 감정과 생각을 두루 찾아내기가 수월할 것이다.

선택의 여지 ②: 말

선택한 생각과 감정에 초점을 집중하는 유용한 수단은 말이다.[16] 내 말을 가장 열심히 듣는 사람은 나 자신이며, 말은 의식적으로 조절하기도 비교적 쉽기 때문이다. 지금 일어나는 온갖 생각과 감정 중에서 일부만이 말해질 수 있고, 이렇게 여러 뇌 부위를 활성화시키며 말해진 것은 말해지지 않은 것보다 강한 패턴완성을 일으키며 나의 지금을 바꿔간다.

그래서 말은 생각과 감정과 행동에 영향을 끼친다. 다음 실험을 살펴보자.[17] 한쪽 그룹의 사람들한테는 5만 원을 주고, '5만 원 중에 2만 원만 가지시겠습니까, 5만 원 가지고 도박을 해보시겠습니까'라고 묻는다. 다른 그룹의 사람들한테는 5만 원을 주고, '5만 원 중에 3만 원을 잃으시겠습니까, 5만 원 가지고 도박을 해보시겠습니까'라고 묻는다. 5만 원에서 3만 원을 빼면 2만 원이므로 두 질문은 사실 똑같다. 그런데 행동은 달라진다. '2만 원만 가지시겠습니까'라고 물으면 대부분의 사람들이 2만 원을 선택하지만, '3만 원을 잃으시겠습니까' 라고 물으면 잃는 것이 싫어서 도박을 선택한다. 말이 행동을 바꾼 것이다. 이처럼 말은 마음이나 행동과 밀접한 관련을 맺고 있어서 말의 패턴을 분석하면 3년 뒤에 정신분열증에 걸릴지 여부를 100퍼센트에 가까운 확률로 예측할 수 있다는 연구가 발표되기도 했다.[18]

완성되지 않은 매 순간

뇌의 지금은 데카르트 시절의 자동인형에서 상상할 수 있는 지금과 크게 다르다. 뇌는 의식적인 작업을 하지 않을 때도 활발히 움직이고 있으며, 지금 오감으로 전해지는 자극, 과거의 기억, 방금 전에 경험한 일들, 지금 나의 감정과 몸 상태 등 많은 것들이 동시다발로 작용해서 뇌의 지금이 주어진다. 그래서 지금은 대단히 풍성한 순간이다.

풍성한 지금의 많은 부분은 내 의지로 통제할 수 없는 것들에서 주어진다. 하지만 풍성한 지금 속 어디에 초점을 두느냐에 따라 내가 경험하는 지금이 달라진다. 의식의 창은 좁아서 풍성한 지금의 극히 일부만을 말하고, 행동하고, 의식적으로 지각할 수 있기 때문이다.

의식의 이런 특성이 나의 지금과 기계의 지금을 더욱 다르게 만든다. 기계에서 매 순간은 모든 것이 꽉 짜여 완결된 순간이다.[19] 어떤 순간이든, 모든 부품의 위치와 운동이 결정되어 있기 때문이다. 기계의 시간은 하나의 완결된 시점에서 다음 완결된 시점으로 흐른다. 그래서 자동인형의 지금 상태를 알면 다음 상태를 예측할 수 있다. 반면에 뇌에서는 초점을 어디에 두느냐에 따라, 이런 상태이거나 저런 상태가 된다. 기계에서 보듯이 완결된 상태들이 순서대로 차곡차곡 변해가는 것이 아니라, 초점 이동을 통해 신경망의 한 패턴에서 다른 패턴으로 확 건너뛰는 것이다.

과거에 만들어진 패턴들의 일부가 현재 주어지는 자극을 통해 활성화되고, 활성화된 패턴들 중의 하나로 초점이 이동해서 내가 경험하는 현재와, 그 현재가 가져올 미래가 변한다. 그러니 뇌의 지금은 과거, 현재, 미래가 모두 들어 있는 역동적인 순간이다. 역동성은 정지된 시간들의 사이에 있는 것이 아니라 이 순간 안에 들어 있었다. 이 역동적인 순간이 당신이 겪고 있는 지금이다.

글상자 6-1

뇌 부위의 위치를 나타내는 표현들

뇌 부위를 나타내는 배외측 전전두엽, 배측 줄무늬체, 복측 피개 같은 용어들은 볼 때마다 낯설다. 일부 용어들은 순수하게 외우는 수밖에 없지만, 자주 쓰이는 표현들은 알아두면 편하다(〈그림 6-7〉). 배측背側, dorsal은 등 쪽을 한자로 것이다. 등에서부터 머리 방향으로 쭉 따라 올라가면 머리 위쪽이므로 위쪽superior를 나타낼 때도 쓰인다. 반대로 복측腹側, ventral은 배 쪽을 한자로 쓴 것이다. 배에서부터 머리 방향으로 몸을 따라 올라가면 턱(머리 아래)이 되므로 아래쪽inferior을 나타낼 때도 쓰인다.

전측前側, anterior은 앞쪽을 한자로 쓴 것이며, 후측後側, posterior은 뒤쪽을 한자

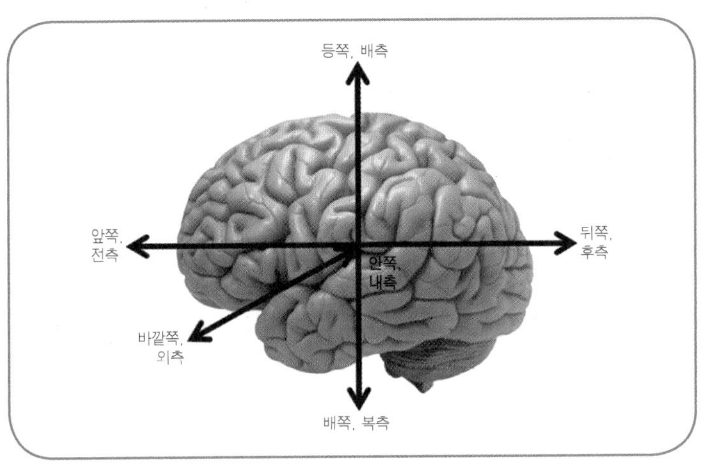

그림 6-7

로 쓴 것이다. 외측外側, lateral은 몸의 중심선에서 왼쪽 또는 오른쪽의 바깥쪽을 뜻하며, 내측內側, medial은 몸의 중심선 가까이 안쪽을 뜻한다. 그러므로 배외측 전전두 피질은, 등쪽이면서 바깥쪽 부분의 전전두피질이라는 뜻이 된다.

글상자 6-2

뇌영상 기술들

기능성 자기공명영상fMRI: 강한 자기장 안에서는 산소가 결핍된 헤모글로빈의 양을 측정할 수 있다.[20] 신경 활동이 활발한 뇌 영역에는 신경세포의 활동을 지원하기 위해서 혈류량이 증가하는데, 이 증가량이

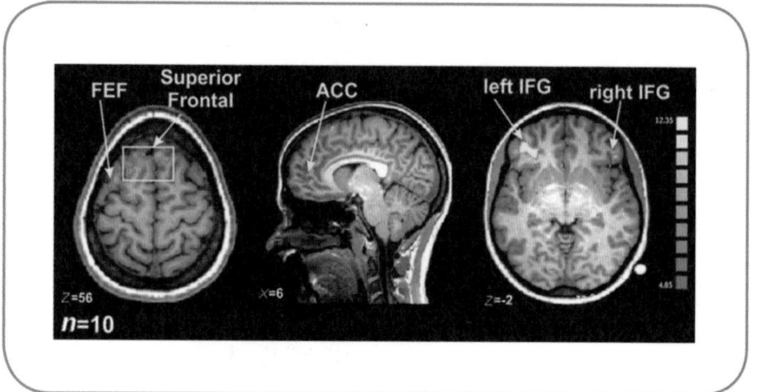

그림 6-8 기능성 자기공명영상의 예시.[21]

신경 활동에 의한 소모량을 능가한다. 그래서 신경 활동이 활발한 뇌 영역에서는 산소가 결핍된 헤모글로빈의 양이 감소하는데, fMRI는 이 변화의 크기를 측정한다. 혈액 속의 산소량blood-oxygen-level dependent, BOLD을 통해 신경활동을 간접적으로 측정하는 것이다(〈그림 6-8〉).

fMRI는 수백 밀리초에서 수 초 단위의 시간 해상도와 몇 세제곱밀리미터가량의 공간 해상도로 뇌의 활동을 관찰할 수 있다. 비침습적인 방법으로 살아 있는 사람의 뇌 활동을 적절한 시간 해상도와 공간 해상도로 촬영할 수 있는 방법이기 때문에 사람의 뇌를 연구할 때 자주 쓰인다.

확산텐서영상Diffusion Tensor imaging, DTI: 초점과 셔터 스피드를 조절해서 카메라 한 대로 야간 촬영도 하고 접사도 하는 것처럼, 자기공명영상 기기의 촬영 설정을 조절해서 뇌의 활동(기능성 자기공명영상) 대신 뇌의 구조를 볼 수도 있다.[20] 특히 확산텐서영상을 사용하면 서로 다른 뇌 부위들을 연결하는 부분인 백질white matter을 볼 수 있다(〈그림 6-9〉). 백질에

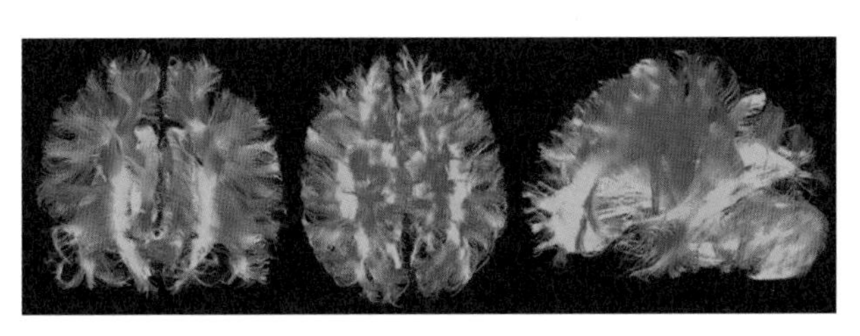

그림 6-9 확산텐서영상(DTI)의 예시.

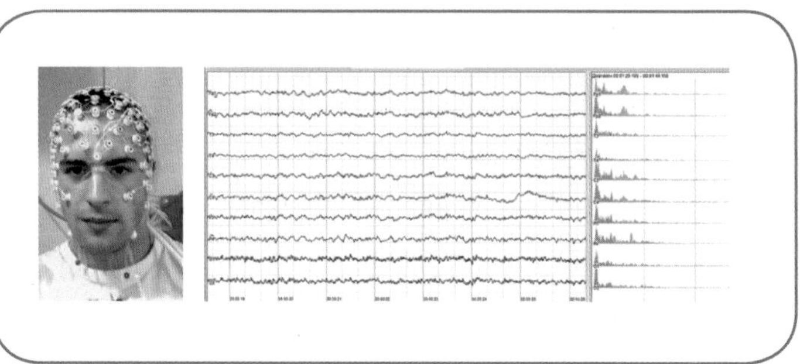

그림 6-10 왼쪽: EEG 촬영을 위해 준비한 모습. 오른쪽: 여러 전극에서 측정한 뇌파.

는 지방질의 절연체인 수초로 둘러싸인 긴 축색돌기axon들이 모여 있는데, 지방질인 수초가 희게 보여서 백白질이라고 불린다. 확산텐서영상은 축색돌기처럼 가늘고 긴 관에서는 관에 수직인 방향으로는 물 분자의 확산이 적고, 관을 따라가는 방향으로는 물 분자의 확산이 크다는 점을 이용한 영상 기법이다.

뇌전도Electroencephalography, EEG: 머리 표면의 여러 곳에 전극을 두어서 신경세포의 전기적 활동으로 인한 전기 신호(뇌파)를 측정하는 방법이다(〈그림 6-10〉).[20] 수면 연구에서 자주 쓰인다. fMRI보다 시간 해상도는 훨씬 더 빠르나(밀리초 수준), 공간 해상도가 나쁜 편이다(세제곱센티미터 수준). EEG와 비슷한 것으로 뇌자도Magnetoencephalography, MEG가 있다. 뇌의 전기적 활동으로 인한 자기 신호를 측정하는 방법인데 공간 해상도가 EEG보다 조금 더 낫다고 한다.[22]

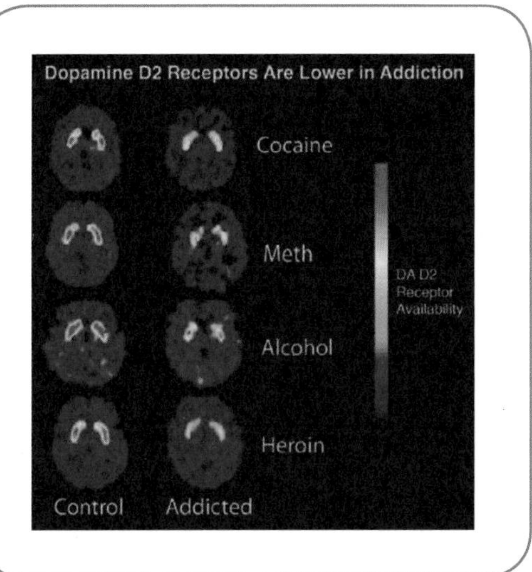

그림 6-11 PET 영상의 예시.

양전자 방출 단층촬영Positron emission tomography, PET: 위 방법들과는 달리 양전자를 방출하는 방사성 의약품을 투여하는 침습적인 방법이다.[20] 예컨대 도파민 D2 수용체와 결합하는 물질에 방사성 동위원소를 부착하고 피험자에게 투여한 뒤, 이 물질들이 수용체와 결합했을 무렵 양전자가 분출하는 감마선을 검출한다. 그러면 도파민 수용체와 결합한 방사성 동위원소의 위치를 추정해서 도파민 수용체들의 분포를 알 수 있다(〈그림 6-11〉). 약물에 중독된 사람들의 뇌에서는(오른쪽) 그렇지 않은 사람들의 뇌(왼쪽)보다 도파민 D2 수용체가 적다는 사실을 알 수 있다.

송민령의

뇌과학
연구소

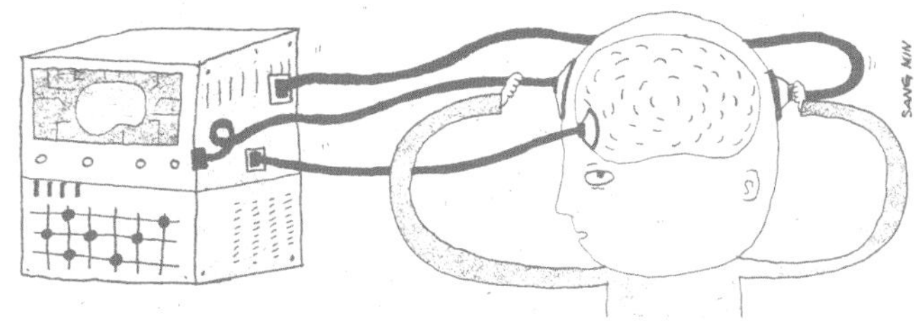

The Neuroscience Lab

인공신경망과 표상의 세계

7 뇌를 모방하는 인공신경망의 약진

"뇌는 하드웨어, 마음은 소프트웨어."

제법 익숙한 비유이다. 그런데 정말 그럴까? 이 비유는 인지과학이 컴퓨터와 뇌의 작동 방식이 유사하다고 여기던 시절에 생겨났다.[1] 인지과학cognitive science은 언어, 시각, 기억, 사고 등의 메커니즘을 연구하는 분야로, 최초의 컴퓨터인 에니악ENIAC이 등장했을 무렵 인공지능이라는 분야의 탄생과 함께 태동했다. 당시 새롭게 떠오른 컴퓨터의 영향이 지대했던 탓에, 인지과학 내에서는 마음을 컴퓨터처럼 보는 시각이 오랫동안 주류를 이루게 되었다. 문턱값을 넘는 세기의 입력이 들어왔을 때만 활동전위('인공신경망' 절에 용어를 설명했다)를 일으키는 신경세포의 "모 아니면 도" 같은 특성이 0과 1을 사용하는 컴퓨터와 비슷하다는 점도 이런 경향을 부채질했다.

마음이 컴퓨터처럼 동작한다면

마음이 컴퓨터처럼 동작한다면 어떤 특징을 가지게 될까? 〈그림 7-1〉 순서도flow chart는 X라는 변수의 값이 1보다 크면 여기에 3을 곱한 뒤에 Y라는 변수에 더하고, X의 값이 1보다 작으면 2를 곱한 뒤 Y에 더하는 과정을 보여준다. 이제 자바나 C 등 프로그래밍 언어로 오른쪽 순서도의 코드를 짜는 경우를 상상해보자.

먼저 숫자 형태의 변수 X, Y를 설정해야 한다. 그다음 변수들을 가지고 수행할 연산을 순서대로, 구체적이고 분명하게 명시해준다. 〈그림 7-1〉에서 X값에 3을 곱하는 단계 다음에 Y에 더하는 단계가 오는 것과 마찬가지이다. 따로 설정을 해주지 않는 한 이 순서가 바뀌거나 뒤집어지는 경우는 없다. 이처럼 컴퓨터는 순차적이고serial, 논리적인 특성을 지닌다.[2]

순차적인 계산을 하다가 특정한 경우(예컨대 순서도에서 X>1이 아닌 경우)에 다른 연산을 해야 한다면 이걸 일일이 지시('No' 화살표 부분)를 해줘야 한다.[2] 예컨대 'Y=1'이고 'X=100'인 경우를 생각해보자. 'X>1'이므로 3을 곱한 뒤 Y에 더해야 한다. 즉, 100×3+1=301이 Y값이 된다. 이번에는 'Y=1'이고 'X=-5'인 경우를 생각해보자. 'X>1'이 아니므로 2를 곱한 뒤 Y에 더해야 한다. 즉, '(-5)×2+1=-9'가 Y값이 된다. 이처럼 일일이 설정을 해줘야 하기 때문에 컴퓨터의 연산은 정확한 대신 생명체들보다 경직돼 있고, 조건문으로 설정이 되지 않은 상황을 만나면 대응하지 못한다.

어떤가? 내가 물건을 사고 일을 할 때 머릿속에서 일어나는 과정과 비슷한 것 같은가? 혹시 묘하게 불편하지 않은가? 알파고를 만든 구

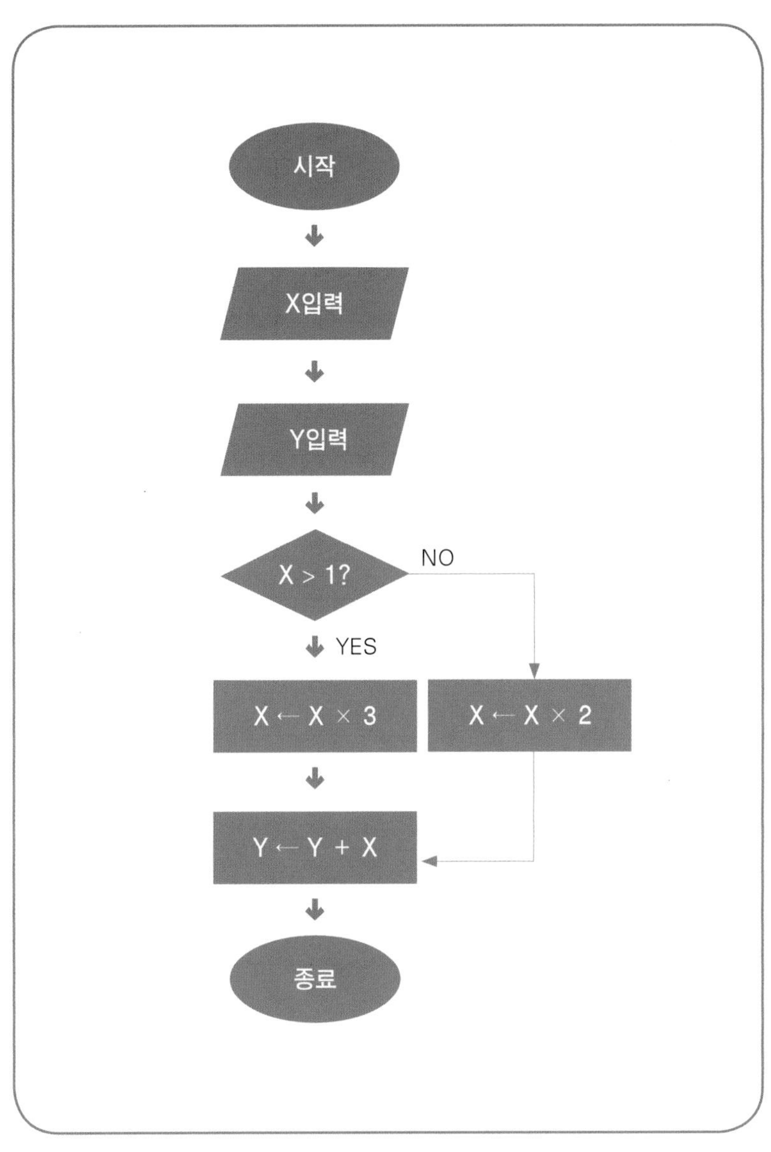

그림 7-1 순서도

글 딥마인드의 최고경영자CEO인 데미스 하사비스는 전산학computer science 학부를 전공한 다음에 인지신경과학cognitive neuroscience에서 박사과정을 밟고, 계산신경과학computational neuroscience 분과에서 연구원으로 활동했다. "아, 뭐라는 거야"라는 소리가 절로 나올 만한 저 학과 이름들에 인지과학과 인공신경망의 트렌드가 반영돼 있다. 컴퓨터를 통해서 의식을 이해하고 인공지능을 개발하던 시기에서, 뇌를 통해서 의식을 이해하고 인공지능을 개발하려는 시기로.

인공신경망

하사비스는 뇌 신경망neural network에서 일어나는 기억과 회상의 메커니즘을 연구한 뒤에 딥마인드를 설립했고, 이후로도 뇌 신경망에 대한 연구를 계속해왔다.[3][4] 왜? 뇌 신경망이 어떤 것이기에?

뇌 신경망에서 두 신경세포가 연접하여 신호를 주고받는 부위를 시냅스라고 부른다. '시냅스 전前 신경세포'는 신경전달물질을 시냅스에 분비해서 '시냅스 후後 신경세포'에 신호를 전달한다(〈그림 7-2〉). 시냅스 후 신경세포의 수상돌기dendrite를 따라 들어간 자극들은 세포체쪽에서 합쳐지는데, 합쳐진 자극의 총합이 문턱값을 넘으면 '활동전위'가 생겨난다.

활동전위action potential란 신경세포의 세포체쪽에서 시작해서 축색돌기 끝까지 이동하는('활동/action'하는) 전기 신호('전위/potential')인데, 이 전기 신호가 축색돌기 끝에 도달하면 신경전달물질이 시냅스로 분비된다. 들어온 자극 총합이 클수록 활동전위 빈도가 커지고, 더 많은 신경전달물질이 분비되므로, 다음 신경세포에 전달하는 신호가 강해진

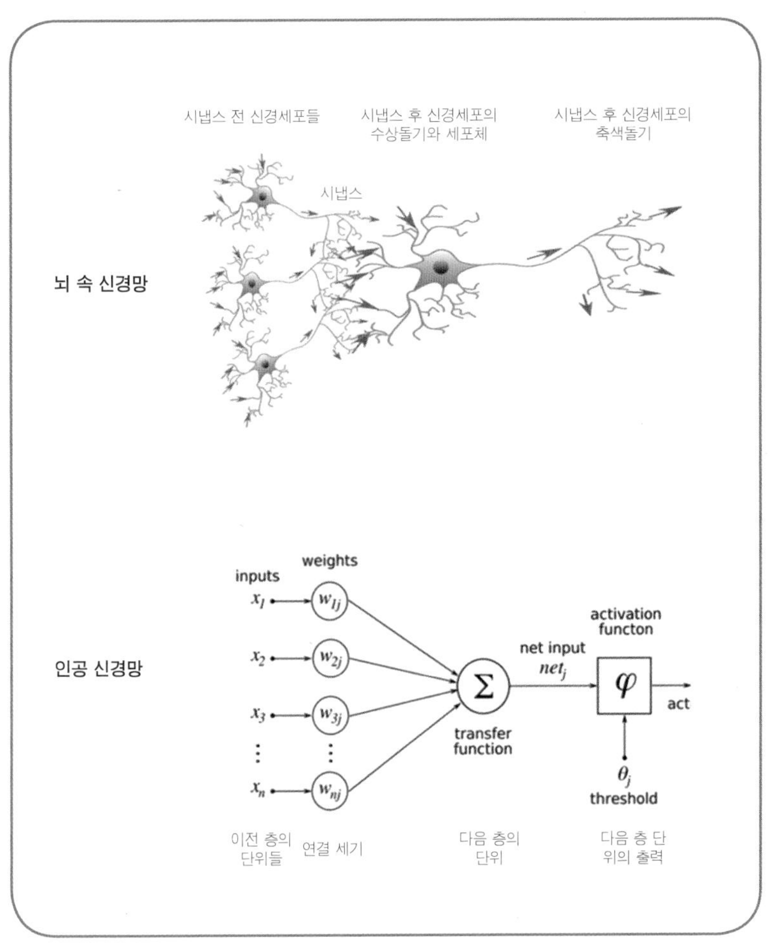

그림 7-2 인공신경망의 단위들은 뇌 속 신경망의 신경세포들과 유사한 방식으로 동작한다.

다. 이때 두 신경세포 간의 시냅스 효율이 좋으면 좋을수록, 시냅스 후 신경세포는 시냅스 전 신경세포에 더 민감하게 반응한다.

인공신경망artificial neural network은 〈그림 7-3〉처럼 개별 단위unit(그림에서 동그라미)들로 구성된 층layer으로 이루어져 있고, 각 단위는 같은 층이나 다른 층의 단위와 연결(그림에서 화살표)되어 있다.[2] 뇌 신경망과 유사하게, 인공신경망 다음 층의 단위(시냅스 후 신경세포에 해당)는 이전 층의 단위들(시냅스 전 신경세포에 해당)에서 오는 입력 총합의 크기만큼 출력을 내보낸다. 여기에서 단위들 간의 '연결 세기'는 '시냅스 효율'에 해당하며, 연결 세기가 강할수록 이전 단위에서 오는 입력에 더 큰 영향을 받는다. 이처럼 각 단위들이 신경세포를 모방한 방식으로 작동하고, 단위들 간의 연결 세기가 시냅스 효율과 유사한 방식으로 변하기 때문에 이를 인공'신경망'이라고 부른다.

신경망에서는 들어오는 입력이 동일하더라도 단위들 간 연결 세기가 다르면 출력이 다르다. 예컨대 〈그림 7-4〉의 신경망에서, 숨은층hidden layer의 단위 '밥'과 '스파게티'는 똑같은 입력을 받았지만 출력의 세기가 다르다. 이는 '밥'이 입력층input layer의 단위인 '마늘', '밀가루'와 연결된 세기가 약한 반면에, '스파게티'가 그것들과 연결된 세기는 강하기 때문이다.

따라서 단위들 간 연결 세기를 변화시키면, 같은 입력을 받고도 다른 출력을 내게 할 수 있다. 이것이 신경망에서 일어나는 학습의 핵심이다. 알파고가 여러 대국을 시뮬레이션하면서 학습할 때 변하는 가장 중요한 요소가 바로 이 연결 세기이다.

이제 이 신경망을 학습시키는 과정을 상상해보자. ① 입력층에 [쌀 0, 마늘 0.8, 밀가루 0.7] 또는 [쌀 1, 마늘 0, 밀가루 0.3] 등의 입력을 넣어주면, ② 연결 세기에 따라서 숨은층의 단위들이 출력을 낼 것이다. ③ 그러면 이 신호를 받은 출력층의 단위, '한식' 또는 '양식'이 숨은층 단위들과 연결되는 세기에 따라서 저마다 출력을 낼 것이다. ④

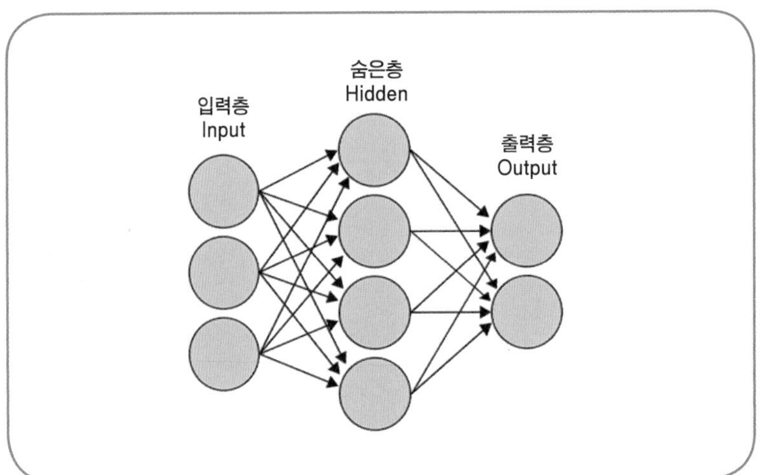

그림 7-3 인공신경망.

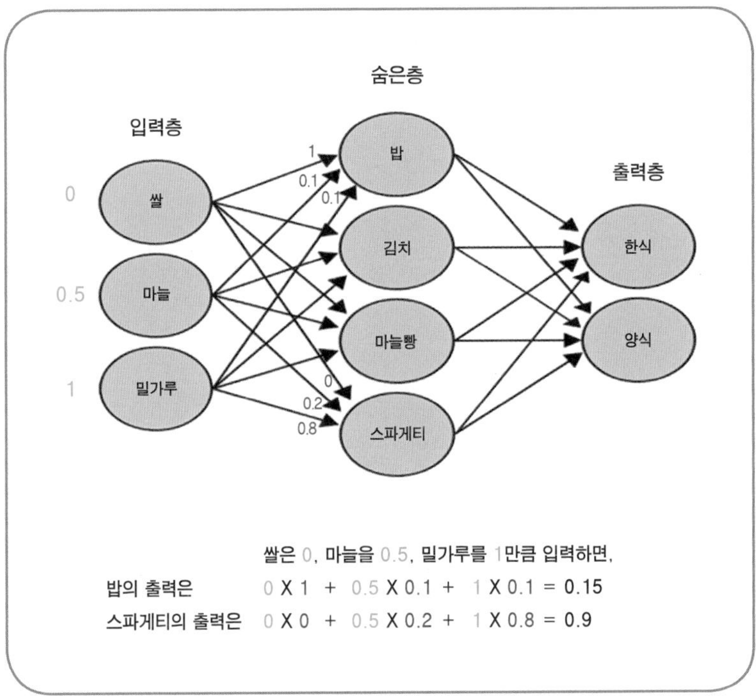

그림 7-4 밥의 출력은? 스파게티의 출력은?

이 출력 결과가 틀리면 다음에는 그 출력을 내지 않는 방향으로, 맞으면 다음에는 그 출력을 더 내기 쉬운 방향으로 연결 세기들을 조금씩 수정한다. 예를 들어 정답은 '한식'인데 '한식'의 출력이 0.7, '양식'의 출력이 0.5라고 나왔으면 '한식'의 출력에 기여한 연결 세기들은 강화하고, '양식'의 출력에 기여한 연결 세기들은 약화시킨다. 다양한 입력을 주며 ①~④를 반복하면서 학습이 이루어진다.

컴퓨터와는 달라도 너무 다른 신경망

어려운 내용은 얼추 끝났다. 정신을 가다듬고, 컴퓨터의 특징을 다시 떠올려보자. 컴퓨터는 코드의 첫 줄부터 마지막 줄까지 한 방향으로 진행한다. 뇌와 신경망은 그렇지 않다.

오른쪽에서 난 소리를 입력, 머리를 오른쪽으로 돌리겠다는 결정을 출력이라고 생각해보자. 오른쪽에서 난 소리를 듣고(입력), '이게 무슨 소리지?' 하며 오른쪽으로 고개를 돌려야겠다는 결정(출력)을 내리는 경우가 있을 수 있다. 반대로 오른쪽에서 나는 소리에 주의를 집중하기 위해 머리를 오른쪽으로 돌려야겠다는 결정(출력)을 내린 뒤에, 오른쪽에서 나는 소리(입력)를 들을 수도 있다.

인공신경망도 이처럼 입력층에서 출력층으로, 출력층에서 입력층으로 양방향으로 신호를 보낼 수 있다. 특히 출력에서 입력으로 가는 역전파backpropagation는 출력과 정답 사이의 오차error에 따라 신경망의 연결 세기를 조율하는 데 이용될 수 있다.[2] 출력 결과가 정답보다 강하면 해당 출력을 이끌어 낸 연결들을 약화시키고, 정답보다 약하면 해당 출력을 이끌어낸 연결들을 강화시키는 식이다. 앞서 다룬 '한식'과

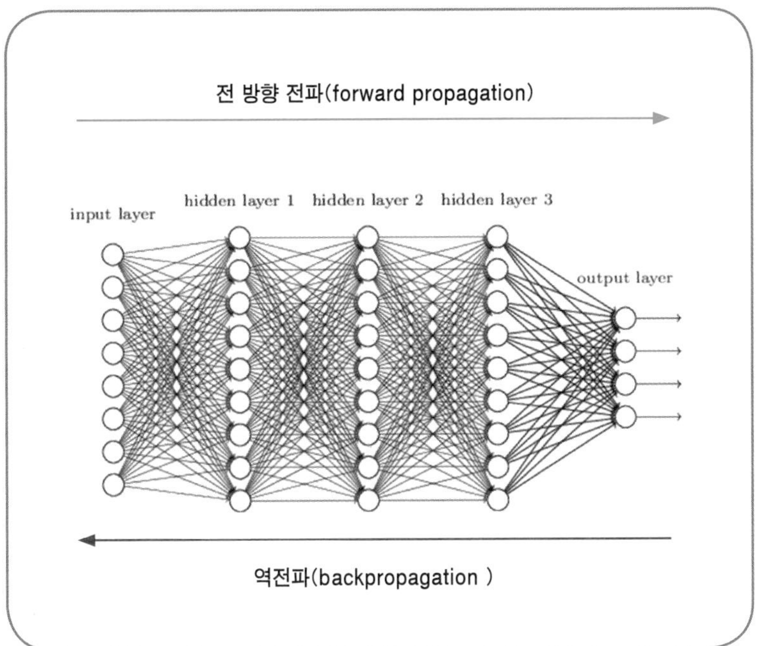

그림 7-5

'양식' 학습의 ④단계에서 하는 작업이 이것이다. 이때 출력과 정답 사이의 오차가 크면 연결들의 세기를 많이 변화시키고, 오차가 작으면 조금만 변화시킨다. 참 상식적인 해결책이 아닌가! 이런 방식을 오차의 크기에 따라서 학습한다는 측면에서 볼 때는 오차 기반 학습error-driven learning이라고 부르고, '이게 정답이야'라고 알려준다는 측면에서 볼 때는 감독 학습supervised learning이라고 부르며, 오답은 줄이고 정답은 더 자주 내도록 강화한다는 측면에서 볼 때는 강화학습reinforcement learning이라고 부른다.

이 상식적인 해결책이 지닌 효과는 어마무시하다. 컴퓨터처럼 조건문으로 일일이 이래라저래라 지시하지 않아도, 오차에 따라 어찌어찌 연결 세기를 조절하다 보면 정답을 출력하는 적절한 연결 세기들로 변하기 때문이다. 즉, 문제를 해결하는 능력을 스스로 터득하는 쪽에 가깝다. 다양한 입력 데이터를 왕창 넣고 돌리면서 출력이 맞는지 틀린지만 알려주면, 신경망이 정답과 출력 사이의 오차만큼 연결 세기들을 수정해가며 학습한다니… 끝내주지 않는가!

물론 이렇게까지 단순하지는 않다. 해결하려는 문제에 따라서 필요한 신경망의 구조architecture가 크게 달라지기도 한다. 〈그림 7-6〉처럼 여러 개의 숨은층을 넣어야 하기도 하고, 병렬로 숨은층을 배치해야 하기도 한다. 그 밖에도 여러 알고리즘이 필요하고 수많은 매개변수parameter들의 값을 조정해야 한다. 그럼에도 역전파 알고리즘이 가져온 효용성은 엄청나서 혹독한 비난을 받고 10여 년 이상 위축되어 있던 신경망 연구를 부활시켰다.

인공신경망에는 몇 가지 약점이 있다. 첫째, 설사 신경망이 정답을 도출했더라도, 도대체 어떤 논리로 문제를 해결했는지 개발자조차 알기 어렵다. 신경망이 문제를 해결했을 때 개발자가 알 수 있는 것은 신경망의 구조와 연결 세기들뿐이다. 각각의 연결 세기와 단위가 무엇을 의미하는지는 다양한 입력에 따른 출력을 보면서 추론하는 수밖에 없는데 이게 간단하지 않다.

더욱이 장기판에서 말 하나하나의 규칙을 아는 것과 장기를 두는 것이 다르듯이, 각각의 연결 세기와 단위의 의미를 아는 것과 여러 연결 세기와 단위들이 모인 신경망의 의미를 아는 것은 다른 문제이다. 이러니 개발자인 하사비스조차 알파고가 왜 그런 수를 두었는지 잘

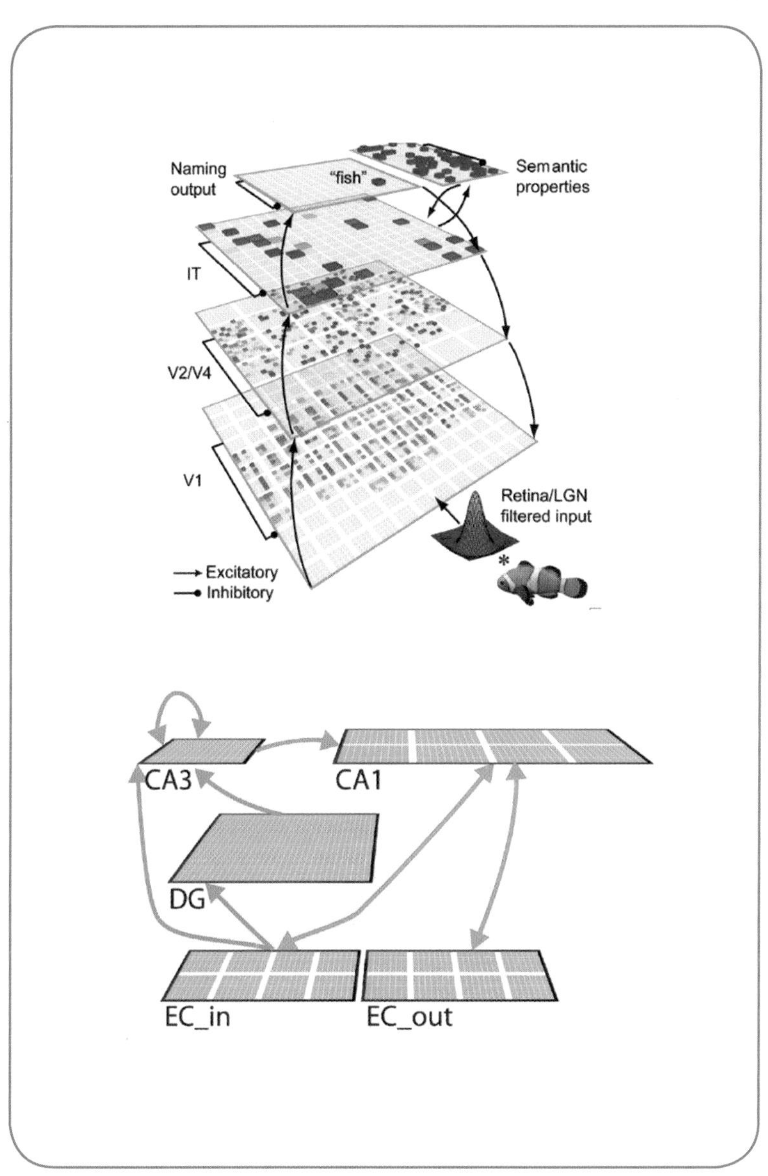

그림 7-6 위: 시각 메커니즘을 연구하기 위한 신경망.[5] 아래: 해마의 기억 메커니즘을 연구하기 위한 신경망.[6] 각 층에 배열된 작은 회색 사각형들은 여러 개의 단위가 4×4, 8×8, 7×7 등으로 모인 것이다.

모르겠다고 할 때가 생긴다. 이는 분명하게 명시된 변수들을 가지고, 명확한 논리에 따라, 순서대로 연산하는 전통적 컴퓨터와 대비되는 특징이다.

또한 인공신경망에는 빠른 연산 능력과 큰 저장 용량이 필요하다. 예컨대 400개, 200개, 100개 단위를 가진 층 세 개로 이루어진 '작은' 신경망도 학습을 시키려면 매번 400×200+200×100=10만 개의 연결 세기를 업데이트해야 한다. 그런데 물체 인식, 자연어 처리와 같은, "인공지능이라면 이 정도는 해줘야" 한다고 여겨지는 기능을 구현하는 데 필요한 층의 수는 3 정도가 아니다. 2015년 마이크로소프트는 사진 속의 물체를 인식할 수 있는 인공지능을 만들기 위해 무려 152층의 신경망을 사용했다.[7] 깊어도 아주 깊은deep 신경망이 필요한 것이다. 더욱이 물체 인식 정도의 기능을 학습시키려면 크고 복잡한 신경망에 수백만 개의 데이터를 입력하는 과정을 여러 번 반복해야 한다.

심화학습의 탄생

이처럼 엄청난 규모의 계산 부담은 2000년대 후반, 대용량의 정보를 빠르게 처리하는 그래픽 처리 장치인 GPUGraphics Processing Unit가 등장하면서 해결되기 시작했다.[8] GPU는 전통적인 중앙처리장치인 CPU처럼 한 줄로 쭉 세워놓고 하나씩 순서대로 작업하는 것이 아니라, 병렬적으로(여러 줄에 나눠 세워놓고 그 여러 줄을 동시에) 빠르게 처리한다. 게다가 소셜 네트워크 서비스SNS로 인한 빅데이터의 출현과, 디지털 측정 장비의 발전 덕분에 인공신경망 학습에 사용될 수 있는 디지털 데이터가 급증했다. 빠른 연산 능력과 대량의 디지털 데이터라는 여건이 갖춰지면서 인공신경망은 '심화학습deep learning'이라는 이름으로 새롭게 탄생했다.

앞에서 비교했듯이 인공신경망(혹은 심화학습)은 기존 컴퓨터와 질적으로 다르다. 알파고가 프로 바둑기사를 이긴 것이 대단한 이유는, 바둑은 경우의 수가 너무 많아서 전통적인 컴퓨터처럼 모든 경우의 수를 계산한 다음 최선의 수를 고르는 전략이 불가능하기 때문이다. 바둑에서 가능한 위치들의 수는 10의 171제곱으로, 우주에 존재하는 원자의 숫자보다도 많다고 한다.[9]

1997년 세계 체스 챔피언을 이긴 딥블루는 전통적인 컴퓨터처럼 경기했다. 반면 알파고는 무수한 횟수의 경기를 하는 동안 앞서 설명한 강화학습을 통해 인공신경망의 연결 세기들을 다듬어간다.[10] 이 과정에서 상대방이 어디에 둘지, 어떤 판에서 어디에 뒀을 때 승률이 높아지는지 '감각'을 다져갔다. 이 '감각' 덕분에 모든 경우의 수가 아닌, 그럴 법한 경우들만 골라내어 계산하고도 훌륭한 수를 둘 수 있게 되는 것이다.

혹시 알파고가 미리 학습한 경기 데이터를 저장해두었다가 사용한 건 아닐까? 이것 역시 기존의 컴퓨터와 신경망의 차이를 제대로 이해하지 못해서 생겨난 오해이다. 알파고는 강화학습을 통해 바둑을 잘 두는 연결 세기들을 가진 신경망을 갖게 되었을 뿐, 과거의 경기 데이터를 저장하고 있지는 않다. 따라서 저장된 데이터보다는 학습된 능력(감각, 또는 직관)이라는 표현이 더 정확하다.

알파고의 이런 작동 방식은 인간의 직관과 유사해 보인다. 한 영역에서 오래 전문성을 쌓은 대가들은 예리한 판단을 신속하게 내리면서도 자신이 왜 그런 선택을 내렸는지 논리적으로 설명하지 못한다. 그래야 한다고 직관적으로 느낄 뿐이다. 이것은 뇌 속에서 일어나는 대부분의 활동을 의식적으로 지각할 수 없기 때문이다. 마치 우리 대부분은 '걸어가기'의 전문가지만, 걸어가는 동안 허벅지 근육 몇 개를 어떤 타이밍에 얼마나 세게 수축해야 하는지 의식적으로 알지 못하는 것과 마찬가지이다. 반면 알파고는 다져진 감각으로 내린 선택들의 성공률을 조목조목 추산할 수 있다.

알파고가 워낙 경기를 잘했던 탓에, 알파고의 작동이 잘못 의인화되기도 했다. 그중 하나가 '실수'이다. 정답을 알고 있는데도 엉뚱한 행동을 했을 때 우리는 '실수했다'라고 한다. 예컨대 "좌회전해주세요"라는 말을 하려고 했는데 입으로는 "우회전해주세요"라고 말하는 것이 실수이다. 이런 실수는 '좌회전'과 깊이 연관된 '우회전'이라는 단어가 '좌회전'을 말하려고 준비하는 동안 덩달아 활성화되었다가 튀어나갈 때 생긴다. 그러나 하드웨어 오작동이나 통신 오류가 아닌 바에야, 알파고가 계산해낸 수와 다른 수를 둘 가능성은 없어 보인다.

또 사람은 허둥거리다가 봐야 할 것을 미처 보지 못해서 실수하기도 한다. 하지만 알파고는 전략상 따져보기로 결정한 만큼만 따져보고 계산 결과를 내므로 허둥거리다가 실수를 한다는 것도 있을 수 없다. 알파고는 하던 대로 했는데, 사람이 보기에는 "저 실력에 어찌 저런 엉뚱한 수를…"이라고 할 만큼 뜻밖의 수를 두니까 '실수'처럼 보일 뿐이다.

뇌과학과 인공지능 연구의 협력과 발전

인공신경망의 구조에서 드러나듯이, 인공신경망은 뇌과학으로 밝혀진 많은 내용을 참고했다. 뇌과학 또한 인공신경망 연구에서 많이 배우고 있다. 예컨대 신경망이 제대로 동작하려면 다음 층의 단위를 활성화시키는 것뿐 아니라, 단위들끼리 경쟁하고 억제시키는 것도 대단히 중요하다. 인공신경망 연구에서 이뤄진 발견에 따라, 최근 뇌과학에서는 다른 신경세포를 활성화시키는 신경세포뿐 아니라 억제성 신경세포에도 관심을 기울이고 있다.[11]

뇌과학과 인공지능 연구의 상호 협력은 앞으로도 계속될 전망이다. 미국에서 추진하는 '브레인 이니셔티브BRAIN initiative'의 목표는 최첨단 기술을 총동원해서 뇌 신경망의 세부 연결 구조와 작동 방식을 낱낱이 파악하는 것이다. 휴먼 게놈 프로젝트에 비견할 만한 규모인 이 프로젝트에는 뇌 신경망에 대한 최신 지식을 동원해서 더 나은 인공지능을 만드는 것The Machine Intelligence from Cortical Networks program, MICrONS도 포함되어 있다.[12]

브레인 이니셔티브가 끝나고 나면 우리는 뇌와 마음의 지도를 갖게 될까? 새천년을 맞이하던 2000년경, 우리는 휴먼 게놈 프로젝트를 '뉴밀레니엄 최고의 발견'이라 부르며 들떠 있었다. 인간의 설계도blue print인 인간 유전체 정보가 분석되고 나면, 온갖 분야에서 엄청난 혁신과 변화가 일어나리라고 기대하고 있었다. 인간 유전체 정보가 가져올 변화를 염려하고 두려워하는 이들도 많았다.

그런데 결과는 예상과 너무도 달랐다.[13] 인간 유전체 정보를 인간의 설계도라 부르기에는 유전자 발현이 환경의 영향을 너무 많이 받았다. 유전체에서 단백질 정보를 담고 있는 부분도 극히 일부에 불과했다. 결국 휴먼 게놈 프로젝트 이후, 환경과 유전자 발현의 관계를 연구하는 후성유전학epigenetics 분야가 떠올랐다. 휴먼 게놈 프로젝트를 통해 우리가 알아낸 것보다 더 많은 것을 모르고 있음을 깨닫게 된 것이다.

물론 성과가 없지는 않았다. 휴먼 게놈 프로젝트를 위해서 개발되었던 기술이 후성유전학, 유전공학, 진화학, 의학 발전을 이끌었고, 일부 성과는 암 치료에 활용되기도 했다.

그리고 사회를 바꾸었다. 애당초 유전체를 설계도에 은유한 것은, 개개인의 차이가 타고난 속성(유전자)에서 비롯한다고 보았기 때문이다. 어찌 보면 이것은 순수하고 절대적인 속성(이데아)을 상정하는 서양 문화와도 관련이 깊다. 이처럼 속성을 상정하기 때문에 대상을 탐구할 때는 어떤 속성(유전자)을 가졌는지 알아보기 위해 대상을 쪼개거나 분류하게 된다(개체 분절적 성향). 또 속성은 변하지 않는 순수한 것이기에, 그런 속성을 지닌 대상도 쉽게 변하지 않으리라 간주하게 된다(서양 문화권에서 시간 개념의 부재). 할리우드 영화에서 악인은 배려의 여지없이 철저한 악인이고, 처음부터 끝까지 시종일관 악인인 것처럼.

그런데 환경이 유전자에 지대한 영향을 끼친다는 사실이 밝혀지면서 환경과 독립적으로 존재하는 속성(이데아)을 상정하는 해묵은 습관이 변하기 시작했다. 한때 개인에게 과도한 자유와 책임을 부과하는 자유주의를 만들어냈던 문화에서, 심지어 자아와 자유의지란 환상에 불과한 게 아니냐는 논의가 일어나고 있다. 또 환경의 영향을 간과한 채 범죄자나 정신질환을 가진 개인(썩은 사과)을 격리·처벌하는 방식에서, 개인을 그런 지경에 이르게 한 환경(썩은 사과를 양산하는 상자, 시스템)을 개선하려는 쪽으로 옮겨가고 있다.[14] 이래서 인간에 대한 이해가 소중하다. 우리는 세상을 보는 대로, 세상을 만들어간다.

아마 브레인 이니셔티브도 휴먼 게놈 프로젝트와 비슷하게 되지 않을까? 브레인 이니셔티브도 우리에게 뭔가를 알려주고, 또 우리가 무엇을 모르고 있는가를 알려줄 것이다. 과거에 컴퓨터와 인간을 비교하며 인간을 오해하고 또 이해했듯이, 인공지능과 인간을 비교하며 인간을 오해하고 또 이해하게 될 것이다. 그리고 그렇게 바뀐 인간에 대한 이해에 따라 우리 사회의 면면을 또다시 바꾸어가며 지금으로써는 상상할 수 없는 새로운 프로젝트를 시작하게 될 것이다.

8 인공신경망의 표상 학습

〈그림 8-1〉을 보고 고양이와 관련된 항목에 빨간색으로, 개와 관련된 항목에 노란색으로 표시해보자. 개나 고양이를 길러본 적이 없는 나의 경우는 〈그림 8-2〉와 같다. 개나 고양이를 기르는 사람, 개보다는 고양이를 더 좋아하는 사람, 개에게 물린 적이 있는 사람 등 사람에 따라 빨간 표시와 노란 표시의 패턴은 달라질 것이다. 표시한 패턴은 개와 고양이가 나에게 어떤 의미를 가지는지, 즉 개와 고양이에 대한 나의 표상representation이 어떤지를 반영한다.

표상은 살아가는 동안 축적한 정보의 패턴이며, 시각, 청각, 촉각 등의 감각과 감정, 경험적 에피소드, 지식 등 다양한 정보로 이루어진 내적 모델이다.[1] 비슷한 환경적·문화적 맥락에 있는 사람들은 대체로 유사한 표상을 공유한다. 그러나 사람마다 경험이 다르기 때문에 '개'

	고양이를 좋아하는 내 친구		친척집에서 강아지와 놀았던 기억		야옹
목걸이	털	집사	청소	아파트	사료
요크셔테리어	음악	애완동물	예방주사	진도	여름
충성심	놀다	미용실	캣타워	나비	늑대
산책	무섭다	꼬리치기	생선	장난감	귀찮다
따뜻하다	귀엽다	가방	멍멍	마당	빗소리
러시안블루	책	사진	자동차	병원	여행

그림 8-1

	고양이를 좋아하는 내 친구		친척집에서 강아지와 놀았던 기억		야옹
목걸이	털	집사	청소	아파트	사료
요크셔테리어	음악	애완동물	예방주사	진도	여름
충성심	놀다	미용실	캣타워	나비	늑대
산책	무섭다	꼬리치기	생선	장난감	귀찮다
따뜻하다	귀엽다	가방	멍멍	마당	빗소리
러시안블루	책	사진	자동차	병원	여행

그림 8-2

나 '고양이'처럼 대단히 일반적인 경우조차, 사람마다 표상의 구체적인 내용이 다를 수밖에 없다. 표상은 무엇에 쓰이는가?

인공지능과 표상 학습

사람이 시킨 일을 척척 수행하려면, 입력된 데이터를 인공지능이 '이해'할 수 있어야 한다.[2] 예컨대 개에게는 개 사료를, 고양이에게는 고양이 사료를 주는 것처럼 간단한 작업을 수행하려면 입력된 사진 속에 개 또는 고양이가 있음을 이해할 수 있어야 한다. 우리에게는 너무나도 쉬운 이 작업은 오랜 세월 인공지능 분야의 난제였다.

〈그림 8-3〉을 보자. 동물들의 모양과 자세, 배경색과의 차이, 각 픽셀의 내용은 사진마다 크게 다르다. 그러므로 개인지 고양이인지 구분할 수 있으려면, 개들에게는 공통되지만 고양이들에게서는 나타나지 않는 특징feature을 추출해낼 수 있어야 한다. 다수의 입력에서 특징을 추출해 개나 고양이 같은 범주에 대한 표상을 학습하는 과정을 표상 학습representation learning 또는 특징 학습feature learning이라고 부른다.[2]

과거에는 사람이 개와 고양이의 구별에 유용할 법한 특징들을 일일이 설정해주는 방식으로 인공지능 컴퓨터에게 표상 학습을 시켰다(〈그림 8-4〉). 컴퓨터는 사람이 설정한 특징들을 어떻게 조합해야 개와 고양이를 구별할 수 있는지만 학습했다. 여러 종류의 특징과 학습 알고리즘이 고안되었지만, 이런 방식으로는 컴퓨터가 사람만큼 정확하게 개와 고양이를 구별하는 것은 요원해 보였다.

반면 오늘날의 심층 인공신경망deep neural network은 개와 고양이의 사진을 무수히 입력받는 동안 단위들 간의 연결 세기를 스스로 조절하면

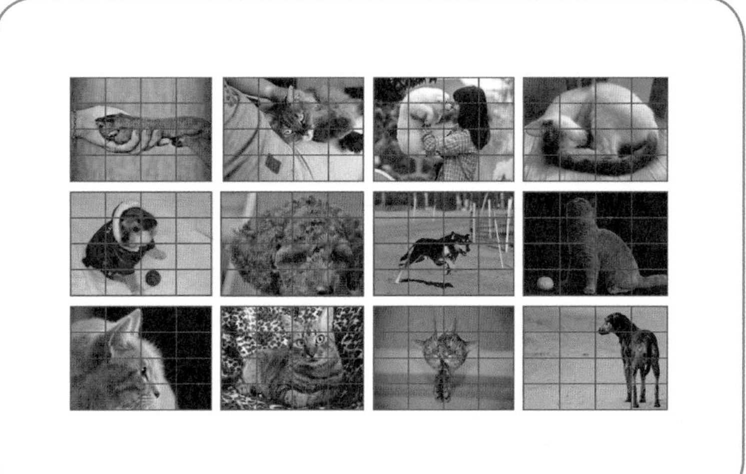

그림 8-3

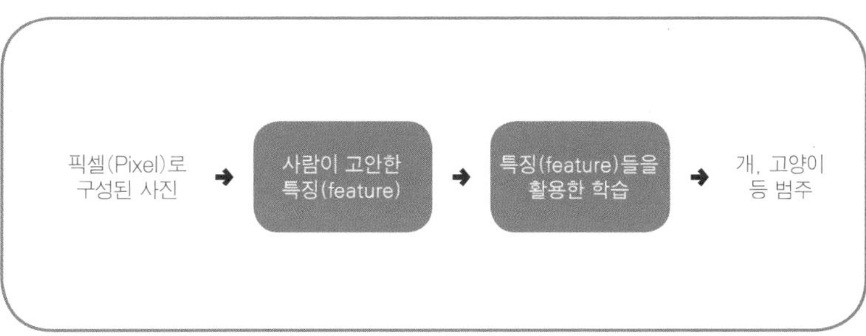
픽셀(Pixel)로
구성된 사진
사람이 고안한
특징(feature)
특징(feature)들을
활용한 학습
개, 고양이
등 범주

그림 8-4

서 표상 학습을 한다. 「뇌를 모방하는 인공신경망의 약진」에서 다룬 감독 학습supervised learning처럼 신경망의 출력 결과가 맞는지 틀린지 사람이 피드백을 해줄 수도 있지만 피드백을 전혀 제공하지 않는 비감독 학습unsupervised learning만으로도 놀라운 수준의 학습이 일어난다.

인공신경망의 표상 학습 ①: 헵 규칙

인공신경망의 표상 학습에서는 단위들 간의 인과관계가 연결 세기를 바꾸는 데 중요한 역할을 한다(「뇌를 모방하는 인공신경망의 약진」 참고). 〈그림 8-5〉 A의 신경망에서 단위 A와 B를 생각해보자. 단위 A가 출력을 내지도 않았는데 단위 B가 출력을 내거나, 단위 A가 출력을 냈는데도 단위 B가 아무 반응을 보이지 않는다면 두 단위들 사이에는 인과관계가 없다고 할 수 있다. 그러나 단위 A가 출력을 낸 후에 단위 B가 출력을 낸다면 A의 출력이 B의 출력을 유발했다고 볼 수 있다. 이처럼 두 단위 사이에 인과관계가 있을 때만 이 둘 사이의 연결을 강화하고, 그렇지 않을 때는 연결을 약화시키는 방식을 헵 규칙Hebbian rule이라고 한다.[3]

이제 〈그림 8-5〉 B처럼 출력층의 단위들이 입력층의 모든 단위와 약하지만 무작위적인 세기로 연결된 인공신경망을 생각해보자.[3] 그리고 C처럼 줄 두 개로 구성된 입력들을 무작위적인 순서로 넣는 경우를 생각해보자.

입력층의 단위들과 무작위적으로 연결된 출력층 단위들은 여러 입력을 받는 동안 이렇든 저렇든 출력을 내놓는다. 출력층 단위 중에는 〈그림 8-6〉 A와 같은 입력이 들어왔을 때 출력을 일으킨 단위(빨간 화

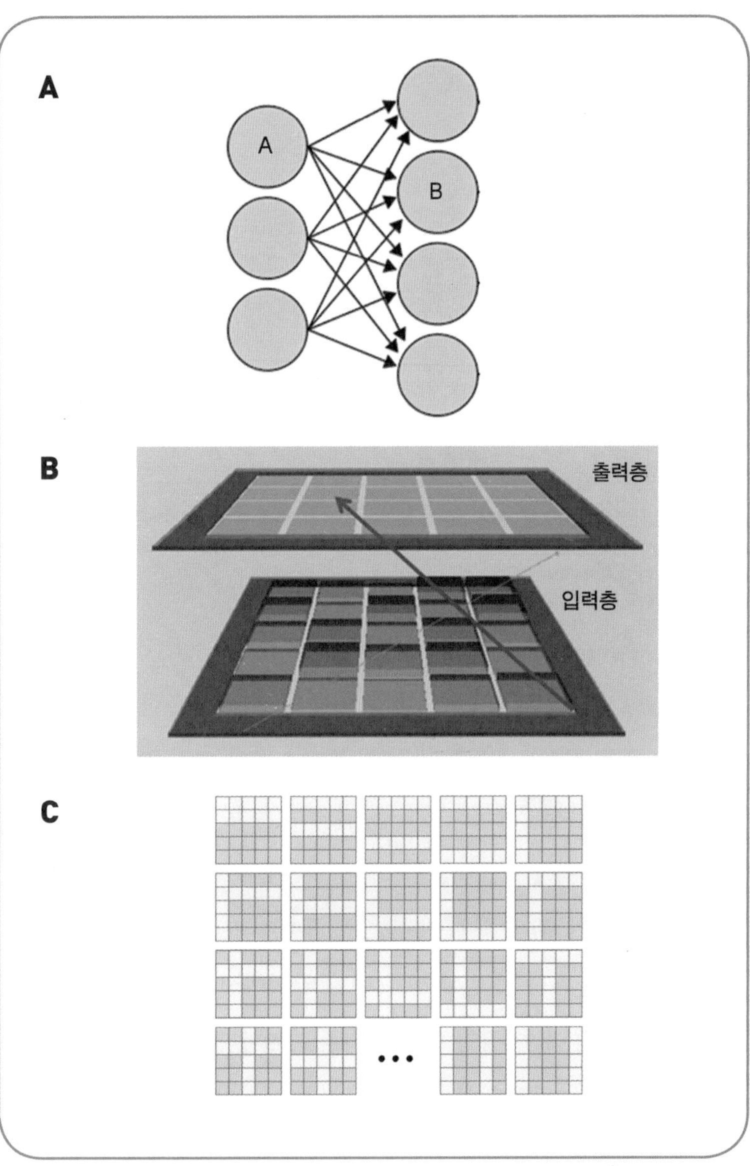

그림 8-5 A: 인공신경망. B: 학습을 시작하기 전 출력 단위와 입력 단위의 연결. 입력 단위의 붉질을수록 화살표로 표시된 화살표로 표시된 출력 단위와의 연결 세기가 강함을 나타낸다. C: 줄 두 개로 구성된 입력들.

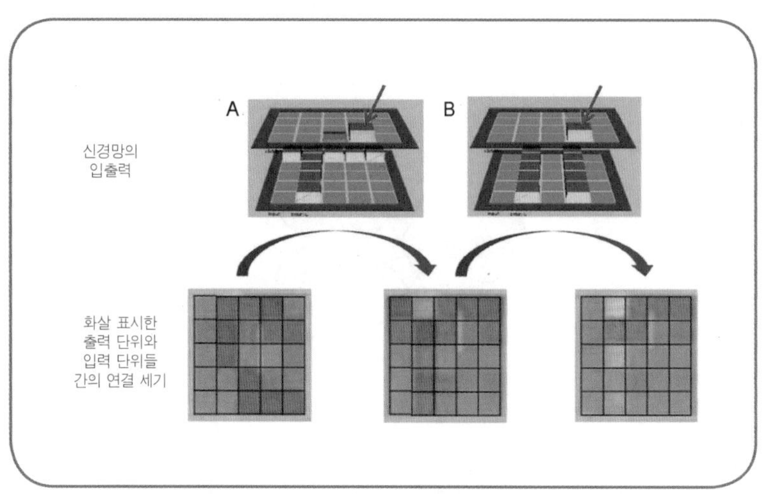

그림 8-6 헵 규칙에 따라 신경망이 특징을 표상하는 과정. 출력 단위와 입력 단위들 간의 세기가 강할수록 노랗게 표시된다. 화살표로 표시된 출력 단위는 두 번의 입력에서 공통되는 부분인 두 번째 세로줄을 표상하게 되었다.

살표)가 있을 수 있다. 그러면 헵 규칙에 의해서 이 출력 단위는 입력된 줄 두 개를 구성하는 입력 단위들과 더 강한 연결 세기를 가지게 될 것이다. 이 신경망에 〈그림 8-6〉 B와 같은 두 번째 입력이 가해졌는데, 우연찮게 이 출력 단위가 또 활성화되었다고 하자. 이 출력 단위와 입력층 단위들 간의 연결 세기는 헵 규칙에 따라 수정될 것이고, 그 결과 이 출력 단위는 첫 번째와 두 번째 입력에서 공통되는 특징인 두 번째 세로줄과 특별히 강한 연결 세기를 가지게 된다.

이런 과정이 반복되면서 이 출력 단위는 두 번째 세로줄과 강하게 연결되고 나머지 입력 단위들과는 약하게 연결된다. 이때 이 출력 단위는 두 번째 세로줄이라는 '특징feature'을 '표상represent한다'라고 말한다.

특징은 입력 단위들의 특정한 조합 방식을 뜻한다. 앞서 보여준 입력들만 사용하는 한, 신경망을 아무리 오래 학습시켜도 대각선 모양의 특징을 표상하는 출력 단위는 생기지 않는데, 이는 입력 데이터에 대각선 모양의 조합 방식이 없기 때문이다. 입력된 데이터에서 자주 나타나는 조합 방식의 특징이기 때문에, 특징은 다르지만 어딘지 비슷한 대상들에서 공통 속성을 찾아 범주화하는 데 필수적인 요소가 된다. 또한 특징은 여러 개별 입력에서 공통된 부분이므로, 특징이 표상된 출력층은 입력층보다 한 단계 더 추상화된다.

인공신경망의 표상 학습 ②: 경쟁

그런데 이런 과정을 반복하다 보면 서로 다른 출력 단위들이 동일한 특징을 중복해서 표상하는 경우가 생긴다. 〈그림 8-7〉 A는 학습이 끝났을 때 출력층의 각 단위가 입력 단위들과 어떤 세기로 연결되었는지를 보여준다.* 같은 색 동그라미로 표시된 출력 단위들은 같은 특징을 표상하고 있음을 알 수 있다. 이런 중복의 정도가 지나치면, 다수의 출력 단위가 빈도가 높은 소수의 특징을 표상하는 데 집중되는 반면, 빈도가 낮은 특징을 표상하는 출력 단위는 하나도 없는 상황이 빚어질 수 있다.[3]

신경망에서는 출력 단위들 간의 경쟁을 통해서 이런 현상을 방지한

* 이 동영상은 학습이 진행됨에 따라 출력 단위들이 입력을 구성하는 가로줄 또는 세로줄을 표상하는 과정을 보여준다. 동영상에서 신경망 위에 있는 표는 각 출력 단위와 입력 단위들 간의 연결 세기를 나타낸다. https://youtu.be/5X8WT3Tav4s

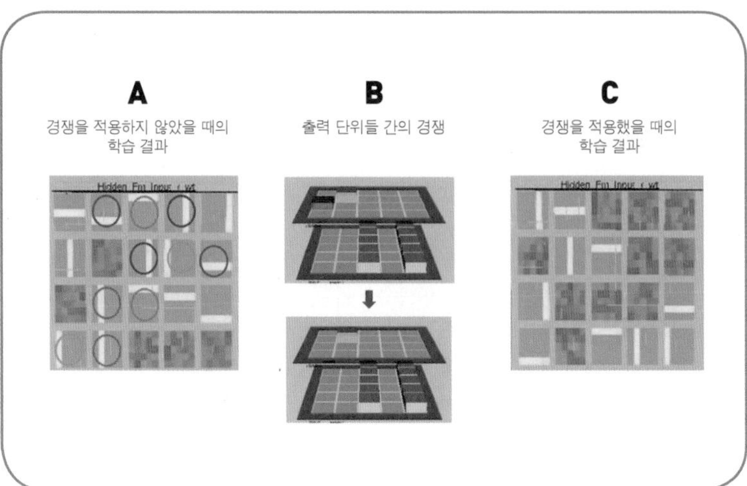

그림 8-7 인공신경망에 경쟁이 필요한 이유.

다. 강한 출력을 내는 단위만 남기고 나머지 출력 단위들은 강제로 꺼버리는 것이다(〈그림 8-7〉 B). 그런 뒤에 헵 규칙을 적용하면 강한 출력을 낸 출력 단위들은 헵 규칙에 따라 연결이 강화되는 반면, 약한 출력을 낸 출력 단위들은 헵 규칙에 따라 연결이 약해진다.

이런 과정을 반복하다 보면, 동일한 특징을 여러 출력 단위가 중복 표상하는 경우가 줄어들고, 신경망이 표상할 수 있는 특징의 레퍼토리가 다양해진다. 〈그림 8-7〉 C는 〈그림 8-7〉 A보다 강한 경쟁을 적용했을 경우의 학습 결과인데, 동일한 특징이 중복 표상되는 경우가 줄어들고, 여분으로 남는 출력 단위들은 늘어났음을 알 수 있다. 여분의 출력 단위들은 나중에 색다른 입력을 접했을 때, 이 입력의 특징들을 표상하는 데 쓰일 수 있다. 이처럼 단위들 간의 경쟁은 신경망의 단위들이 소수의 특징을 표상하는 데 집중되지 않고, 다양한 특징을 표상할 수 있게 한다.

스스로 표상 학습하는 인공신경망

이런 신경망이 깊게[deep] 쌓인 신경망에서는 신경망의 층을 하나 지날 때마다 자주 나타나는 요소들의 조합(특징)이 추출되며 표상하는 내용이 점점 더 추상화된다(〈그림 8-8〉). 그러다가 마침내, '개라는 범

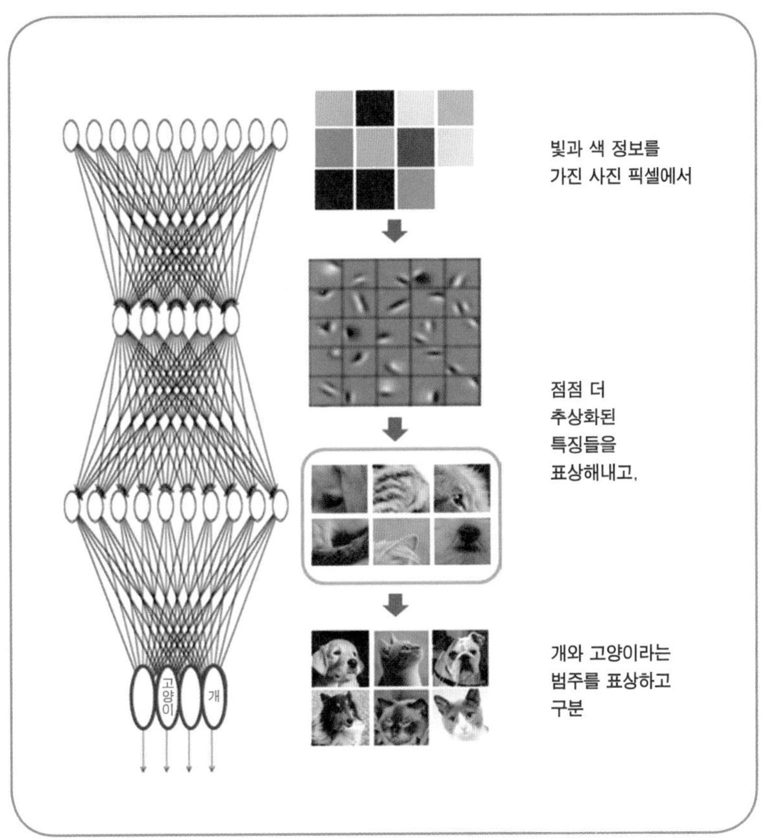

그림 8-8 과거의 인공지능과 달리 인공신경망은 입력에서 특징들을 스스로 찾아낸다.

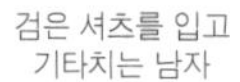
검은 셔츠를 입고
기타치는 남자

오렌지색 안전조끼를 입고
길에서 일하는 건설 노동자

레고 장난감을 가지고
놀고 있는 두 소녀

그림 8-9 사진을 이해하고 설명하는 인공지능.

주에 속하는 동물들의 외양'처럼 상당히 추상화된 특징을 표상하고, 개와 고양이를 구분할 수 있게 된다.[4]

사람의 뇌처럼 시각, 청각, 촉각 등 다양한 감각 정보를 받아들이는 훨씬 더 큰 신경망이라면, 〈그림 8-8〉의 주황색 상자에 해당하는 부분에, 〈그림 8-1〉의 각 칸과 비슷한 특징들이 표상될 수도 있을 것이다. 이렇게 '개의 모습', '꼬리 흔들기', '멍멍' 등의 특징들이 조합된 데이터를 여러 번 입력받다 보면 좀 더 추상화된 개념인 '개'를 표상할 수도 있게 된다. 비로소 개가 무엇인가를 표상하고 이해하게 된 것이다.

이처럼 정답에 대한 피드백 없이 입력만 제공하더라도 인공신경망은 헵 규칙과 경쟁을 통해 자기 조직하며 표상 학습을 할 수 있다. 사진 속 물체를 인식하는 인공신경망의 능력은 이미 인간의 수준을 넘어섰다. 이제 인공신경망은 유튜브와 같은 빅데이터를 학습하면서 청소, 고양이같은 개념(표상)을 스스로 습득할 수 있으며,* 〈그림 8-9〉처럼 사진의 내용을 언어로도 기술할 수 있는 수준에 이르렀다.[6] 인공지능이 외부 세계를 '이해'할 수 있게 된 것이다.

표준모형과 내적 표상

이제 사람의 표상 학습을 살펴보자. 다양한 개와 고양이가 있지만, 사람들은 개와 고양이를 쉽게 구분할 수 있고, 개와 고양이의 특징을 잘 설명할 수 있다. 개들은 다양하지만, 내가 개를 설명하는 내용과 다른 사람들이 개를 설명하는 내용은 대체로 비슷하다. 이러니 개의 표준모형이라고 할 만한 것이 있고, 다른 개들은 이 표준에서 약간 변이된 것이라고 생각하기 쉽다.

이런 생각은 과거에 인공지능을 설계하던 방식에 그대로 반영되었다. 과거에는 개와 고양이를 구별하는 데 유용할 법한 특징들을 사람이 일일이 설정해주고, 인공지능은 이 특징들을 어떻게 조합해야 개와 고양이를 구별할 수 있는지를 학습하는 식으로 설계되었다(〈그림 8-10〉 왼쪽 과정). 개를 구별하는 데 유용할 법한 특징을 사람이 설정해주었다는 것은 개와 고양이라는 표준모형을 상정했을 때만 가능하다. 하지만 이런 방식으로 만들어진 인공지능은 개와 고양이를 구분하는 것 같은 단순한 작업조차 제대로 해내지 못했다.

---

* 「뇌를 모방하는 인공신경망의 약진」과 이번 글에 설명된 인공신경망은 대단히 단순화된 것으로, 알파고나 물체 인식에 쓰이는 신경망과는 다르다. 이들 신경망의 각 층은 서로 부분적으로 중첩되는 기둥들로 구성되곤 하므로 이들 신경망의 한 층은 사실상 한 층이 아니다. 이런 구조의 신경망을 합성곱 신경망convolutional neural network이라고 하는데 시각 피질의 구조에서 착안한 것이라 한다. 이 방법을 활용하면 심층 인공신경망의 막대한 계산 부담을 줄일 수 있고, 과적합over-fitting 문제의 완화에도 도움이 된다고 한다.[5]

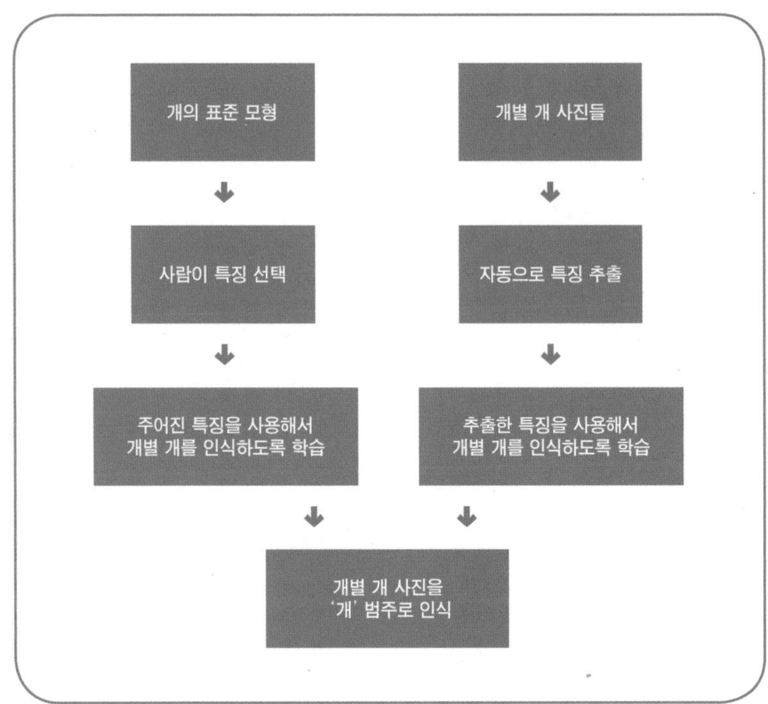

그림 8-10

인공지능이 개와 고양이를 구분할 수 있게 된 것은 이 순서를 거꾸로 뒤집고 난 뒤부터이다(〈그림 8-10〉 오른쪽 과정). 앞서 살펴봤듯이 인공신경망은 개를 무수히 경험하는 동안 개들의 특징(개에서 자주 나타나는 입력 요소들의 조합 방식)을 스스로 추출해낸다. 특징 추출을 한 단계 거칠 때마다 조금 더 추상화된 특징을 찾아내며, 이런 과정을 반복한 끝에 대단히 추상화된 특징인 '개'라는 내적 표상을 스스로 형성해낸다. 이런 순서로 학습하는 오늘날의 인공지능은 사람보다 식별 능력이 뛰어나다. 경험과 동떨어진 객관적인 표준모형이 외부 어딘가에 존재하는 게 아니라, 경험을 통해서 개라는 표상이 내면에 구축되어야 했던 것이다.

사람도 과거의 인공지능이 아닌, 오늘날의 인공지능과 유사한 방식으로 표상을 학습한다. 즉, 무수한 경험을 통해서 자기만의 내적 표상(내적 모형)을 구축하고, 이 모형을 사용해서 세상을 인식하고(「표상의 쓸모」 참고), 경험에 따라 수정도 하면서 살아가는 것이다. 이처럼 사람들은 객관적인 세상이 아닌, 저마다의 경험을 통해 외부 세계를 내면화해 만든 표상의 세계에서 살아간다.

사람들이 외부 세계를 내면화해 만든 내적 표상의 세계를 살아간다는 사실은[1][7] 특별한 경험 이후 행동이 달라졌을 때 확연히 드러난다. 예컨대 알파고와 이세돌의 경기 이후 많은 이들이 인공지능에 관심을 가지고 투자를 늘리는 등 이전과 다른 행동을 하게 되었다. 이는 대결이 펼쳐진 며칠 만에 인공지능 기술(외부 세계)이 크게 발전했기 때문이 아니라, 대결을 보는 동안 인공지능에 대한 사람들의 인식(표상)이 달라졌기 때문이다.

저마다 다른 표상

각자의 경험이 다르기에 내적 표상의 내용도 사람마다 다를 수밖에 없다. 예컨대 한쪽 인공신경망에는 하얀 백조의 사진만을 입력하고 다른 쪽 인공신경망에는 하얀 백조와 까만 백조의 사진을 입력하면, 두 인공신경망은 백조를 다르게 표상할 것이다. 실제로 백조[白鳥]라는 이름은, 사람들이 호주에서 까만 백조를 보기 전까지는 흰 백조밖에 보지 못했기 때문에 생겨났다.

이처럼 극단적인 경우가 아니어도, 개개인의 고유한 인생은 고유한 표상을 빚어낸다. 〈그림 8-2〉에서, 개나 고양이처럼 대단히 흔한 표상(체크 표시의 패턴)조차 사람마다 달랐던 것은 개와 고양이에 대한 개개인의 경험이 다르기 때문이다. 흔한 물리적 대상의 표상조차 이렇게 다르니, 옳고 그름, 도덕, 상식, 가치처럼 추상적인 내용에 대한 표상은 사람마다 크게 다를 것이다. 그러니 같은 영화를 보고도 사람마다 다르게 반응한다.

이토록 표상이 다름에도 대체로 상식이 통하고 소통이 이뤄지는 것은, 호모 사피엔스라는 동물 종의 생물학적 공통성과 사회문화적인 맥락의 공통성 덕분이다. 다른 나라에서 컬쳐 쇼크를 경험할 때면, 내 상식이 통했던 건 내 상식이 지당하기 때문이 아니라 내가 나와 비슷한 사회문화적 맥락을 가진 사람들 속에 있었기 때문임을 깨닫게 된다. 오죽했으면 칼 융처럼 문화가 집단 '무의식'이라고까지 하는 사람이 있었겠는가.

외부 입력이 주어질 때마다 인공신경망의 연결 세기들이 수정되듯, 사람들의 내적 표상도 고정된 것이 아니라 계속해서 변해간다. 삶과 세상에 대해 내가 어제 가지고 있던 표상은, 오늘 나의 경험으로 바뀔 수 있다. 버벅거리던 초보 운전자가 오늘은 운전이 조금 더 편하다고 느낄 수도 있고, 어제 옳다고 생각했던 일을 오늘은 그르다고 생각할 수도 있다. 공부를 하면서 어제 낯설었던 것을 오늘 더 알게 될 수도 있고, 어제까지 잘 듣던 음악이 오늘은 어쩐지 시끄럽게 여겨질 수도 있다. 그렇게 흐르고 흘러 10년 전과는 다른 음악을 듣고, 10년 전과는 다른 행동을 하며 살아들 간다.

☆☆☆

사람들은 객관적인 외부 세계에서 살아간다기보다는, 외부 세계를 내면화해 만든 내적 표상의 세계에서 살아간다. 경험이 고유하기에, 온 인생에 걸쳐 변화하는 뇌 신경망도, 뇌 신경망이 담아내는 표상의 세계도 고유하다. 이런 관점에서 보면 한 사람 한 사람이 대등하고도 고유한 하나의 세계이다. 나도 하나의 신경망, 당신도 하나의 신경망, 나도 하나의 세계, 당신도 하나의 세계인 것이다.[8] 놀랍지 않은가? 우리 모두는 지구에 살고 있지만, 한편으로는 75억 개의 서로 다른 표상의 세계에서 살고 있다.

글상자 8-1

왜 논리적으로 말해도 대화가 안 통할까?

내가 나와 다른 정치적·종교적 주장에 설득되는 일이 거의 없듯이, 나와 다른 정치적, 종교적 견해를 가진 사람을 설득하는 데 성공하는 경우도 거의 없다. 우리는 논리적이고 합리적이면 대화가 '통해야 한다'라고 믿지만 현실에서는 그렇지 않은 것이다. 왜 이럴까?

논리의 대전제인 세상에 대한 표상이 사람마다 다르기 때문이다. 논리의 결정체라고도 볼 수 있는 수학을 생각해보자. 우리는 삼각형의 세 각의 합이 180도라고 배웠다. 논리적으로 깔끔하게 유도할 수 있는 결론이다. 하지만 이 결론은 평면을 전제로 하는 유클리드 기하학에서나 통용된다. 곡면을 전제로 하는 비유클리드 기하학에서는 삼각형의 세 각의 합은 180도가 아니다. 지구본에 정삼각형을 그리는 경우를 상상해보자. 삼각형의 세 각의 합은 180도를 초과한다. 반대로 말안장처럼 움푹 파인 면에 삼각형을 그리면 세 각의 합은 180도에 못 미친다.

이처럼 세상에 대한 나의 표상과 세상에 대한 너의 표상이 다르면, 나의 세상에서 논리적인 결론은 너의 세상에서는 논리적이지 않다. 그런데 나와 너의 경험이 다르기 때문에 세상에 대한 나와 너의 표상은 같을 때보다 다를 때가 더 많다. 그러니 너의 세상을 이해한 뒤에야, 비로소 너에게 논리적인 이야기를 할 수 있다. 이래서 경청과 공감이 최고의 설득 기술이라고 하는 모양이다.

9 표상의 쓸모

표상은 인식을 보조한다

우리는 내 눈에 비친 게 실제 세상이라고 생각한다. 정말 그럴까? 〈그림 9-1〉에서 A칸은 B칸보다 밝아 보인다. 하지만 A와 B는 같은 색이다. 오른손과 왼손 집게손가락으로 A와 B 양쪽을 가리면 A와 B가 같은 색임을 알 수 있다. A가 B보다 밝아 보이는 것은, A는 그림자 속에 있고 B는 밝은 빛 아래 있다는 정보에 맞추어 뇌가 색깔을 다르게 인식했기 때문이다. 이처럼 우리는 세상을 있는 그대로 인식하는 게 아니라, 내적 모델인 표상을 투영해서 외부 세계를 인식한다.

외부 세계에 대한 정보는 모호하거나 불충분할 때가 많다. 내적 모델인 표상은 이를 메꿔 인식을 편향시킨다. 실제로 감각 정보는 뇌에 들어올 때 시상thalamus이라고 하는 부위를 거치는데, 놀랍게도 눈에서 시상으로 들어가는 정보의 양은, 시각피질에서 시상으로 전해지는 정

그림 9-1 잘 알려진 착시의 사례.

보의 1/6에 지나지 않는다고 한다.[1] 우리가 개와 고양이를 구분할 수 있는 것도, 술 취한 친구가 개떡같이 말해도 찰떡같이 알아듣는 것도, 모두 내적 표상 덕분이다.

언어와 표상 ①: 사고의 재료

언어는 표상과 긴밀한 관계를 맺고 있다. 표상에 기호를 붙이고 그 기호를 널리 공용하는 것이 언어이다. 언어의 습득 과정은 표상의 습득 과정과 많은 면에서 유사하다. 신경망은 수많은 개별 입력을 범주화·일반화하는 과정을 통해 표상을 학습한다(「인공신경망의 표상 학습」 참고). 마찬가지로 언어도 오감으로 들어오는 다양한 정보를 종합해 일반화·추상화·상징화한 뒤에야 습득할 수 있다.[2]

아기들은 "엄마", "아빠", "강아지"라고 어른들이 말로 지칭해주는 경험을 통해 일반화·추상화·상징화 과정을 지난다. 하지만 말을 들을 수 없는 청각장애 아이들은 이 과정에 진입하기가 어렵다.[2] 자녀가 청각장애를 가졌음을 부모가 몰랐거나, 자녀가 청각장애를 가졌다는 사실이 드러나는 게 싫어서 '정상인'들의 언어인 입말만 억지로 가르치는 경우가 있기 때문이다. 그러다 보면 아이들이 일반화·추상화·상징화 과정에 진입하기가 어렵고, 언어 습득도 한참 늦어지곤 한다.* 이 아이들이 뒤늦게 언어를 배울 때면, "의자"라는 단어가 특정한 의자 한 개를 지칭하는 게 아니라 의자의 속성(의자성)을 가지는 여러 사물을 통칭하는 것임을 먼저 깨우쳐야 한다. 소파, 스툴, 듀오백, 식탁 의자, 벤치 등 다양한 형태의 사물이 모두 "의자"임을 깨닫는 과정은 의외로 쉽지 않다. 수많은 의자와 의자가 아닌 여러 사물에 대한 경험을 일반화·추상화해서 "의자성"이라는 표상을 형성하고, 의자성을 가지는 사물들을 "의자"라는 기호로 표시한다는 규칙을 이해해야 하기 때문이다. 그래서 청각장애 아이들이 명사 하나를 깨닫기까지는 상당한 시간이 걸린다.

이처럼 언어 습득과 내적 표상의 형성이 함께 일어나기 때문에, 언어를 습득하지 못한 아이들은 감각 경험이 주는 개별 현상 세계에 머무른다.[2] 실제로 이 아이들은 어제, 1년 전이라는 개념이 없다고 한

* 부모가 청각장애를 지닌 덕분에 '청각'의 결여를 보완해줄 '시각' 정보인 수화를 어려서부터 습득한 아이들은 사정이 다르다고 한다. 이 아이들은 수화를 통해서 일반화·추상화·상징화 과정을 이미 거쳤기 때문에 수화 형태의 언어조차 배우지 못한 청각장애 아이들에 비해 훨씬 더 빨리 글자와 입말을 배운다. 올리버 색스의 책 『목소리를 보았네』에 따르면 수화가 모국어인 사람들은 입말을 하는 사람들과 사고방식도 다르다고 한다. 수화가 모국어인 사람들에게 보이는 세상은 어떤 모습일까?

다. 또 사고의 재료인 표상이 빈한하여 정신적으로 결핍된 삶을 살아간다. 올리버 색스는 청각장애인들을 다룬 자신의 책 『목소리를 보았네』에서, 언어가 소통이라는 사회적 기능뿐 아니라 사고의 재료라는 지적인 기능도 수행한다고 지적했다.

언어와 표상 ②: 표상과 언어에 따라 외부 세계를 바꾼다

인공신경망은 대상을 두리뭉실하게 분산해서 표상한다(「내 탓인가, 뇌 탓인가」 참고).[3] 이 때문에 서로 다른 대상에 대한 표상이 완전히 분리되지 않을 때가 많다. 의자와 책상처럼 서로 관련된 표상들은 경계가 느슨하게 겹쳐 있는 경우가 많고, 같은 신경세포를 공유하기도 한다(〈그림 9-2〉).

신경망의 표상이 두리뭉실하고 중첩되는 것과 달리, '의자'와 '책

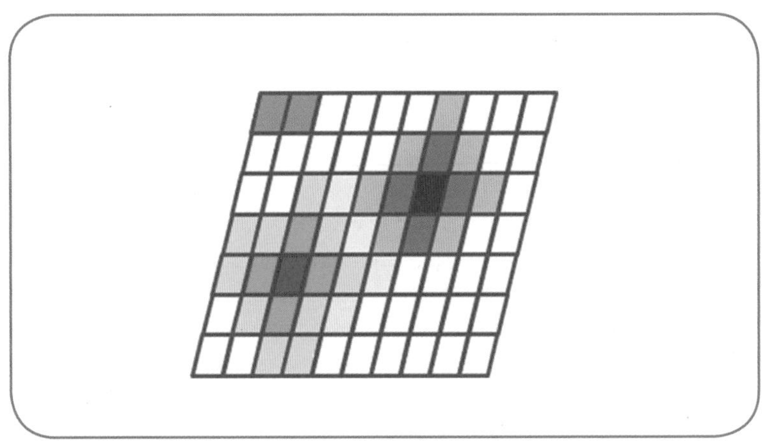

그림 9-2 빨간색 출력 단위는 의자를 표상하고 파란색 출력 단위는 '책상'을 표상한다. 왼쪽 상단의 보라색 출력 단위들은 '의자'와 '책상'을 둘 다 표상한다.

상'이라는 단어는 훨씬 더 분명한 경계와 의미를 갖고 있다. 언어의 분절적인 특성은 내적 표상을 정밀하게 다듬고, 비슷하지만 다른 표상들을 세분화하고, 마음속 시뮬레이션을 위한 도구로 활용하는 데 유리하다. 대학에서 어려운 전문 용어를 배우고 이 전문 용어를 사용해서 공부하던 때를 떠올려보면, 언어가 표상의 습득, 제련, 사용에서 얼마나 중요한지를 실감할 수 있다.

『목소리를 보았네』에서 올리버 색스는 수화를 배우는 청각장애 아동들이 단어에 폭발적인 관심을 보이며 지적 능력이 눈부시게 깨어나는 과정을 보여주었다.[2] 아이들은 외부 세계를 내면에 표상하고, 이 표상을 활용해 외부 세계를 변화시키면서 세상과 더 깊이 관계 맺기 시작했다. 이 아이들처럼 인간도 언어를 사용해서 화폐, 법률, 국가, 도덕 등 온갖 표상을 상상해내고 공유해왔다. 그리고 공유된 표상을 제도, 풍속, 문화의 형태로 현실에 구현함으로써 문명을 이룩했다.[4]

경계선이 없는 자연과 경계를 가진 언어

언어와 표상은 유용한 도구이지만 혼란을 초래하기도 한다. 표상은 경험을 일반화해서 구축한 내면의 모델이고 표상의 경계를 명확하게 한 것이 언어인데, 언어를 사용하는 사고에 익숙한 우리가 종종 거꾸로 생각하기 때문이다. 우리는 현상에 따라 내적 표상을 수정하기보다는, 단어에 대한 내적 표상을 기준으로 외부 현상을 판단하곤 한다. 과거에 인공지능을 설계할 때, 개와 고양이를 구분 짓는 특징을 사람이 직접 설정해주고, 컴퓨터가 이 특징들을 활용하도록 했던 것도 이런 사고 습관을 반영한다(「인공신경망의 표상 학습」 참고). 이런 사고 습

그림 9-3 여성 종목 참가를 금지당했던 듀티 찬드.

관은 개와 고양이를 구분하지 못했던 과거의 인공지능처럼 문제에 봉착하곤 한다.

〈그림 9-3〉의 사진 속 인물은 남성일까 여성일까? 아무리 뜯어봐도 여성인 이 단거리 주자는 2014년 남성 호르몬인 테스토스테론 수치가 높다는 이유로 여성 종목에 참여가 금지되었다.[5] 이 사건은 남성과 여성을 어떻게 정의하고 구분할 것이냐는 논란을 일으켰다.

많은 사람이 극히 예외적인 경우를 제외하고는 남성과 여성을 이분법적으로 분류할 수 있다고 여긴다. 그런데 최근의 연구에 따르면 남성성과 여성성은 스펙트럼에 가깝다.[6] 자녀를 몇 명이나 낳은, 아무리 뜯어봐도 정상적인 남성(또는 여성)이 미분화된 여성(또는 남성) 생식기를 가졌음이 뒤늦게 밝혀지는 경우는 의외로 드물지 않다. 성염색체가 XX이면 여성, XY이면 남성이라고 알려져 있지만, 100명 중 한 명이라는 높은 비율로 덜 전형적인 생식기 발달이 일어난다고 추정된다.

임신 중에 자녀의 세포가 모체로 들어가는, 또는 모체의 세포가 자녀의 몸 안으로 들어가는 일은 심지어 흔하게 일어난다.[6] 자녀의 세포는 어머니 몸속의 다양한 장기에 통합되어 수십 년간 체류하곤 한다. 자녀가 아들인 경우, 아들의 몸 안에 여성인 어머니의 XX 성염색체가, 여성인 어머니의 몸 안에 아들의 XY 성염색체가 섞여 있게 되는 것이다. 이처럼 스스로 그러할 뿐인 자연自然에는 남녀의 경계선이 존재하지 않는다. 인간이 내적 표상에 따라 언어의 경계를 긋고는 그것을 객관이라고 착각했을 뿐이다.

표상은 헛된 것일까?

자연에 경계선이 없다면, 표상은 유용하지만 헛된 것일까? 문제는 표상 자체가 아니라 표상들이 당구공처럼 주변과 분리되어 독립적으로 존재한다고 여기는 습관에 있다. 다음 이야기를 보자.

> 강에 살던 물고기 한 마리가 낚시꾼들이 "이야~ 물 참 좋다!"라고 말하는 것을 듣게 되었다. 이 물고기는 물이 뭔지는 몰라도 그렇게 좋다니 꼭 한번 봐야겠다고 마음먹었다. 친구들과 작별 인사를 하고 길을 떠난 물고기는 갖은 고생 (뜻하지 않게 '물 밖', '구사일생' 같은 걸 경험하지 않았을까?) 끝에 마침내 물이 무엇인지 깨닫고 고향에 돌아왔다. 친구들은 기대에 차서 물이 뭐냐고, 물이란 게 그렇게 좋더냐고 물었다. 당신이 이 물고기라면 평생을 물속에서만 살았던 친구들에게 물이 뭐라고 설명할 것인가?

표상은 독립적으로 존재하는 게 아니라 관계에서 생겨난다. 인공 신경망에도 개 사진만 보여주면 개가 개인 줄을 모르게 된다. 고양이도 보고 나비도 보아야, 고양이와 구별되고 나비와도 구별되는 개라는 표상이 생겨난다. 옳음을 생각하지 않고는 그름을 생각할 수 없고, 여성성을 재정의하는 순간 남성성도 재정의된다. 표상의 경계를 긋는 순간 안팎이 생겨나고, 하나의 표상을 정의하는 순간 인접한 표상들의 속성도 덩달아 바뀔 수밖에 없다.

그러므로 표상은 상대적이다. 잘난 사람도 못난 사람 덕분에 잘나게 되는 것이지, 주변에 자기보다 잘난 사람들만 있으면 못난 사람이 되고 만다. 잘남과 못남이라는 속성이 사람에게 고정되어 있는 게 아니라 비교 대상에 따라 달라지는 것이다. 이처럼 나의 '이럼'은 너의 '그럼' 덕분에 생겨난다.

표상은 기준점에 따라 달라진다. 지구를 기준으로 보면 천동설이 맞고, 태양을 기준으로 보면 지동설이 맞다. 주류 집단의 남녀 표상에 따라 트랜스젠더transgender(몸과 마음의 성 정체성이 다른 사람)들의 남녀 표상을 '정상화'하는 전환 '치료'를 강제하는 것은 트랜스젠더들에게는 폭력이 된다. 실제로 미국에서는 한 트랜스젠더가 전환 치료를 거부하다가 자살했고, 이 사건이 트랜스젠더의 인권에 대한 문제의식을 고취하면서 오바마의 동성결혼 합법화에 힘을 실어주었다.[7]

또 표상은 맥락에 의존한다. 카메라/필름 회사 코닥은 한때 필름과 필름 카메라의 대명사와도 같았다.[8] 그러나 디지털 카메라의 부상이라는 시대적 흐름에 부응하지 않고 필름 카메라만을 고수하다가, 2013년 125년이라는 화려한 역사를 뒤로한 채 사라졌다. 코닥은 시대의 흐름에 발맞추지 못한 회사의 대표적인 사례로 자주 인용된다. 그런데 필름 회사 코닥이 뜻을 지킨 것은 어리석은 고집이라고 하면서, 갈릴레오가 목숨을 걸고 지동설을 고수한 것은 소신이라고들 한다.[8] 목숨까지 걸었던 갈릴레오는 칭찬하고 코닥은 지나치다고 평가하는 것은 적절함이 정도의 중간이 아니라, 용법의 중용에 있기 때문이다. 지나침의 여부는 한 치의 모자람이나 넘침도 허용하지 않는 완전무결한 중간을 기준으로 결정되는 것이 아니라, 상황에 맞는 행동이었는지에 따라 결정된다.

맥락과 관계에 따라 달라지기에, 모든 표상은 수단인 동시에 약점이 된다. "암탉이 울면 집안이 망한다"라며 여성을 얕보고 남성들의 리그에서 배척하던 시절, 여성을 얕보던 바로 그 이유 때문에 '사내대장부'들은 자존심이 상해서라도 '아녀자'의 일에 낄 수 없었다. 마나님들은 곳간 열쇠를 꼭 쥐고 있다가 죽을 때면 며느리에게 넘겼다.

표상의 용법

표상의 이런 속성을 알면 하나의 표상을 바꾸기 위해 여러 다른 표상과 맥락을 활용하는 전략을 훈련할 수 있다. 동서고금 최고의 병법서라는 손자병법은 병법을 논한다면서 정치, 법률, 경제 등 온갖 영역을 다채롭게 구사한다. 오늘날의 정치와 마케팅도 어떤 표상을 어떤 맥락(프레임)에서 어떤 표상과 연관 지어 인식하게 만드느냐 하는 표상들의 전쟁이다.[9] 그래서 다양한 표상과 그 용례를 배워두는 것은 내가 가진 패를 늘리는 것과 비슷하다.

이런 점에서 보면 나와 다른 타인의 표상은 갈등의 원인이 되기도 하지만, 내가 가진 표상의 레퍼토리를 확장해주는 보물창고이기도 하다. 콜럼버스의 달걀처럼 할 줄 몰라서가 아니라 할 수 있다는 발상을 못 해서 못 하는 경우가 많기 때문이다. 아이들도 어른들이 찬물 마시는 것도 따라 하면서 점점 더 많은 일들을 할 수 있게 된다. 좀 더 자라면 이해와 공감을 보태 타인의 표상을 정교하게 벤치마킹할 수도 있고, 반면교사처럼 타인의 표상을 뒤집어 습득할 줄도 알게 된다.

표상이 객관이라는 관점[正]에서, 모든 표상이 헛되다는 관점[反]에서, 표상은 관계와 맥락에 맞게 사용하기 나름이라는 관점[合]까지. 어떤가? 낱낱의 표상이 독립적으로 존재하며 따로따로 동작한다고 여길 때보다, 또 모든 표상이 환상이라고 여길 때보다, 훨씬 더 역동적이고 신나지 않은가?

10 자아는 허상일까?

많은 사람이 '나'의 범위를 내 몸이라고 생각하며 "사람은 잘 변하지 않는다"라고 말한다. 정말 그럴까?

'나' 역시 수많은 내적 표상들 중 하나이며 이 표상은 의외로 대단히 쉽게 바뀐다.[1] 고무손 착시rubber hand illusion 실험을 다룬 동영상*을 보자. 착시 실험에서는 피험자의 손을 피험자가 볼 수 없는 곳에 두고, 손 모양의 고무장갑을 보이는 곳에 둔다. 실험자가 고무장갑과 감춘 진짜 손에서 같은 위치를 2분 동안 동시에 붓질한 뒤 고무 손가락을 꺾으면 피험자는 마치 자신의 진짜 손가락이 꺾이는 듯한 착각에 빠진다. 단 2분 만에 뇌가 '나'로 인식하는 부분이 바뀐 것이다. 어째서 이런 일이 발생하는 걸까?

---

* 유튜브에서 다니엘 마르코스Daniel Pérez Marcos가 게시한 〈The rubber hand illusion〉이라는 동영상을 찾아보자. https://www.youtube.com/watch?v=IKyctCYtsh8

운동을 계획하는 뇌가 만든 '나'라는 내적 표상

뇌는 생존에 필요한 보상을 얻고 위협을 피하는 운동을 만들어내기 위해서 존재한다. 우렁쉥이는 살기 좋은 장소를 물색하는 유생 시기에는 신경계를 가지지만, 한곳에 터를 잡은 이후에는 문자 그대로 '뇌를 소화해'버리는데, 이는 뇌가 '움직이는 생물'의 전유물임을 보여준다.[2] 뇌는 감각기관에서 얻은 정보를 사용해서 보상과 위험을 예측하고, 혹시 수행할지도 모르는 동작을 끊임없이 예측하며 알맞은 신체 운동을 일으킨다.[1]

따라서 감각기관은 외부 세계를 사실 그대로 받아들이기보다는 운동에 필요한 정보를 얻기에 적합하도록 진화했다. 우리가 보는 세계는 우리와는 다른 생태적 위치를 점유하며, 우리와 다른 진화적 역사를 겪은 물고기, 잠자리, 독수리, 박쥐나 개가 보는 세계와는 다르다. 우리의 시각 체계는 십중팔구 잠자리나 독수리의 생존에는 적합하지 않을 것이다.

그런데 외부 정보를 처리하는 속도는 감각기관에 따라 다르다.[3] 시각 정보는 청각 정보보다 느리게 처리되며, 촉각은 시각보다 더 느리다. 각기 다른 시간대에 들어온 각기 다른 정보를 통합해서 '나'에게 일어난 일로 인식하기 위해서는 '나'라는 통합된 내적 표상이 있는 것이 편리하다. 고무손 착시에서 고무손을 '나'의 일부로 인식하게 된 것은, 붓질을 보는 시각과 붓질을 느끼는 촉각이 뇌에서 통합되었기 때문이다.

또 도구에 대한 내적 표상을 활용해서 이런저런 시뮬레이션을 해보며 도구의 사용 방법을 계획하듯이, '나'가 어떤 행동을 할 것인지 계획하고 '나'의 행동을 반성하고 수정하려면, '나'라는 내적 표상이 필요하다.[2] 실제로 '나'에 대한 내적 표상을 구성하는 중요한 요소인 기억은 미래를 계획하고 상상하는 데 결정적인 역할을 수행한다(「뇌를 모방하는 인공신경망의 약진」 참고). 경험을 기억하는 데 핵심적인 뇌 부위인 해마hippocampus가 손상된 환자들은 과거의 경험을 기억하지 못할 뿐 아니라 미래의 일을 상상하는 것도 어려워한다.[3][4] 이들은 "내일 뭐 할 거예요?"와 같은 질문에 쉽게 답하지 못한다.

뇌의 여러 부위는 컴퓨터처럼 순차적으로 작동하기보다는 동시다발로 작동하므로 한순간에 온갖 생각과 감정이 일어나게 된다(「뇌를 모방하는 인공신경망의 약진」 참고). "내가 어떤 사람인가"라는 내적 표상은 욕구와 사고를 어떻게 조율하고 통합해서, 어떻게 행동할 것인가를 결정하는 데 영향을 끼친다.[5][6] 실제로 자기가 소중히 여기는 가치(예컨대 친구, 가족, 또는 열정을 바치는 일)를 구체적으로 서술하는 과정self-affirmation(자기가치 확인)을 제때 실행하면, 작심삼일이 되기 쉬운 운동이나 학업 등 여러 방면에서 성공적이고 지속적인 행동 수정이 일어난다고 한다.[7]

일관되고 통합된 인격은 집단 생활에도 유용했을 것이다. 복잡하고 정교한 협력이 가능하려면, "내가 어떤 사람인가"뿐만 아니라, "쟤는 어떤 사람인가, 쟤랑 어떤 종류의 일을 어떤 식으로 함께할 것인가"도 대단히 중요하다. 일관된 인격은 '나'와 '너'에 대한 내적 표상을 만들고, '나'와 '너'에 대한 시뮬레이션을 가능케 함으로써 정교한 협력을 기획·수정할 수 있게 해준다. 나아가 '우리'와 '너희'에 대한 내적 표상은 '우리'라는 집단과 '우리'라는 집단의 구성원인 '나'가 어떤 존재이며, 어떻게 '너희'를 대할지에 영향을 미칠 것이다.

'나'라는 내적 표상의 유연함

「인공신경망의 표상 학습」과 「표상의 쓸모」에서, 우리가 고양이처럼 물리적인 대상과 도덕처럼 무형적인 대상에 대한 표상을 경험을 통해 학습한다는 사실을 배웠다. 자연에는 구분선이 없어 스스로 그러할 뿐인데 사람들이 내적 표상에 따라 구분 짓는 것이며, 표상은 고정된 것이 아니라 경험에 따라 바뀐다는 점을 보았다. '나', '너', '우리', '너희'도 내적 표상이다. 그렇다면 자아, 즉 '나'라는 내적 표상도 여타의 내적 표상과 마찬가지인 걸까?

고무손 착시 실험처럼 특별한 경우가 아니어도, 뇌가 인식하는 내 몸의 범위는 도구를 사용할 때마다 조금씩 변한다. 원숭이가 손으로 무언가를 잡을 때 활성화되는 운동피질motor cortex과 전운동피질premotor cortex

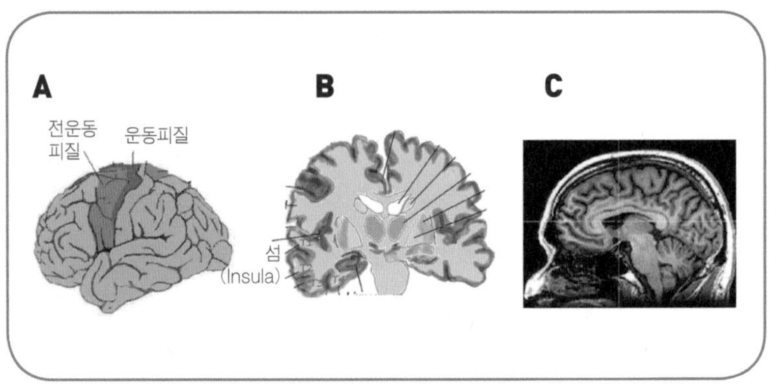

그림 10-1 A: 운동피질과 전운동피질의 위치. B: 섬insula의 위치. 전측 섬은 섬의 앞쪽anterior 부분을 뜻한다. C: 전측대상회의 위치

의 신경세포들은 원숭이가 집게로 물건을 잡을 때도 활성화된다(〈그림 10-1〉). 이 신경세포들은 손을 벌려야 물건을 잡을 수 있도록 디자인된 특수한 집게를 사용할 때도 마찬가지로 활성화되었다.[8] 사람의 경우에도 손을 사용할 때나 도구를 사용할 때 전운동피질의 활동이 다르지 않았다.[9]

뇌가 인식하는 내 몸의 범위는 의외로 빠르게 변한다. 피험자들에게 손이 닿는 거리에 있는 물건을 집게로 잡는 훈련을 10~15분 정도 시킨 뒤 맨손으로 물건을 잡아보라고 하면, 사람들은 훈련하기 전보다 느리게 팔을 뻗는다.[10] 도구를 사용하면서 자기 팔이 실제보다 길다고 느끼게 되었기 때문이다. 이처럼 '나'의 중요한 요소인 '내 몸'에 대한 내적 표상은 의외로 대단히 쉽게 바뀐다.

뇌는 나와 타인의 몸을 혼동하기도 한다. 전운동피질의 거울 신경세포들은 내가 직접 동작을 취할 때와 타인이 그 동작을 취하는 것을 볼 때, 똑같은 활동패턴을 보인다.[1][11] 이렇게 다른 사람의 동작에 반응하는 뇌 활동은 정작 나의 동작을 방해할 수 있다. 피험자에게 일정한 박자에 따라서 팔을 위아래로 움직이라고 하고, 실험자가 피험자 앞에서 팔을 ① 위아래로 움직이거나 ② 좌우로 움직이는 실험을 상상해보자. 피험자들은 자기와 같은 동작을 취하고 있는 사람을 볼 때(1번), 다른 동작을 취하는 사람을 볼 때(2번)보다 안정적인 동작을 보였다.

타인의 감정을 공감할 때도 비슷한 일이 일어난다. 전측 섬[anterior insula]과 등쪽 전측 대상회[dorsal anterior cingulate cortex, dACC]의 활동은 고통의 감정적 측면과 관련되어 있다(〈그림 10-1〉 B와 C). 이들 영역은 다른 사람이 고통

받는 표정을 보거나 다른 사람이 아픔을 겪는 영상을 볼 때, 내가 아픔을 느낄 때와 유사한 반응을 보인다. 우리는 타인의 감정을 내 감정처럼 느낄 뿐 아니라, 내 감정을 타인의 감정처럼 느끼기도 한다.[12] 자신에게 용납하기 힘든 생각이나 감정이 있을 때, 사람들은 자신이 아닌 타인이 그 생각과 감정을 갖고 있다고 지각하곤 하는데 이를 투사projection라고 한다.

분명하다고 여겼던 내 안팎의 경계는 이토록 모호하고, 나에 대한 표상은 의외로 쉽게 바뀐다. '나'의 모호한 경계는 도구를 사용하는 데 도움을 주기도 하고, 타인의 동작을 모방 학습하는 데도 유리하며, 공감을 통해 사회생활을 풍요롭고 부드럽게 만들어주기도 한다. 그런가 하면, 고무손 착시나 투사의 경우처럼 혼란과 분쟁을 일으키기도 한다. 운동을 보조하도록 진화한 뇌는 나는 물론이고, 타인과 우리, 너희에 대한 표상도 포함하고 있었다.

자아는 허상일까?

바다는 바람이 없을 때는 잔잔하지만, 바람이 불면 파도가 생겨난다. 바람의 세기, 표면 장력, 먼저 일어난 파도 등에 따라 파도의 모양과 위치는 달라진다. 바다에서 일어난 파도의 어디까지를 파도라고 말할 수 있을지 경계도 분명하지 않다.

하지만 그렇다고 해서 흰 물보라를 일으키며 밀려드는 파도라는 현상을 허상이라고 할 수 있을까? 마찬가지로 내 안팎의 경계가 분명하지 않다고 해서 자아가 허상이라고 할 수 있을까? 고작 2분간의 붓질로 착각이 일어난다고 해서, 내 손이 내 손이라는 지금의 내 지각을 허상이라 할 수 있을까?

'나'라는 내적 표상은 마치 파도와 같다. 깊은 수면 단계에서는 뇌세포들의 활동이 동기화된다. 이것이 진폭이 크고, 주파수가 낮은 뇌파EEG(뇌전도) 신호로 나타난다(「뇌는 몸의 주인일까?」 참고). 이런 상황에서는 의식이 발현될 수 없다.[3] 사고로 인해서 뇌의 에너지 대사량이 크게 감소했을 때도 의식이 없는coma 상태가 생겨난다. 이처럼 '나'라는 내적 표상과, 이를 가능케 하는 의식은 몇 가지 조건이 갖추어졌을 때 일어나는 '현상'이다.

"자아가 허상일까?"라는 물음이 주는 충격은 애초에 자아의 실체를 상정했기 때문에 생겨났다. 이는 아름다움을 가정하지 않고는 추함을 논할 수 없는 것과 마찬가지이다. 서구에서는 분명하게 경계 지을 수 있고, 주변과 독립해서 존재하는 자아의 실체를 오래도록 믿어왔다. 이는 현상의 경험을 통해 내적 표상을 구축했다고 여기는 대신에, 현상계의 소음에서 독립된, 순수하고도 절대적인 속성인 이데아를 상정하는 서구 세계관과 관련된 것으로 보인다.

주변과 독립해서 존재하는 자아에 대한 믿음은 '자유의지'라는 표현에서도 드러난다. '자유의지'에서 '자유'는 외부 영향에서 독립적independent이라는 의미도 있다. 하지만 진화의 과정 동안 인간이 보여준 뛰어난 적응성fitness은, 인간이 주변의 영향을 받아 스스로 변화하는 데 대단히 탁월하다는 사실을 암시한다.

자아의 실체를 깊이 믿었기에, 자아의 특성이 '실체'의 조건에 맞지 않는다는 발견은 "자아는 허상일까?"라는 충격을 일으켰다. 이는 인간이 생명의 나무의 한 가지에 불과하다는 다윈의 진화론과, 의식 이상으로 무의식이 중요하다는 프로이트의 발견이 서구인들에게 엄청난 충격이었던 것과 마찬가지이다.[13] 애초에 서구 문화에 깊이 뿌리내린 인간중심주의와 그 당시 만연한 합리주의가 아니었다면 다윈의 진화론과 프로이트의 발견이 그렇게 충격적이지는 않았을 것이다.

자아의 작용

특정한 조건이 갖추어질 때 일어나는 파도처럼, 자아는 실체도 허상도 아닌 현상일 뿐이다. 그리고 절벽을 깎아내는 파도처럼, 자아도 분명한 작용을 일으킨다. 앞서 설명한 자기가치 확인self-affirmation은 "무엇이 나에게 진짜 중요한가"를 중심으로 상황 인식과 자기 이미지를 재편하는 과정이다.[6][7] 자기가치 확인은 책임을 회피하거나 부정적 현실에서 도피함으로써 '나'라는 내적 표상을 보호하려는 자아의 방어적인 작용을, 나에게 소중한 가치를 향해 움직이는 적극적인 작용으로 전환시킨다. 이처럼 '현상'인 자아는 자신을 보호하는 작용을 할 뿐 아니라 자신을 변모시킬 수도 있다.[14]

나아가 '자아'는 뇌의 물리적인 작동 방식까지 바꿀 수 있다. 사람을 비롯한 유인원에게 특정 뇌 영역(또는 특정 신경세포)의 활동을 실시간으로 보여주고, 이 영역의 활동을 증가시킬 때마다 음식이나 돈 등 보상을 주며 훈련시킨다.[15][16] 그러면 곧 이 영역(또는 특정 신경세포)의 활동을 바꿔내는 방법을 어떻게든 학습해낸다. 실시간 기능성 자기공명영상real-time fMRI으로 특정 뇌 영역의 활동을 보여주는 것도 신경피드백의 하나이다. 예컨대 만성 통증 환자들에게 통증의 인식과 관련된 뇌 부위인 앞쪽 전측 대상회의 활동 크기를 실시간으로 보여주

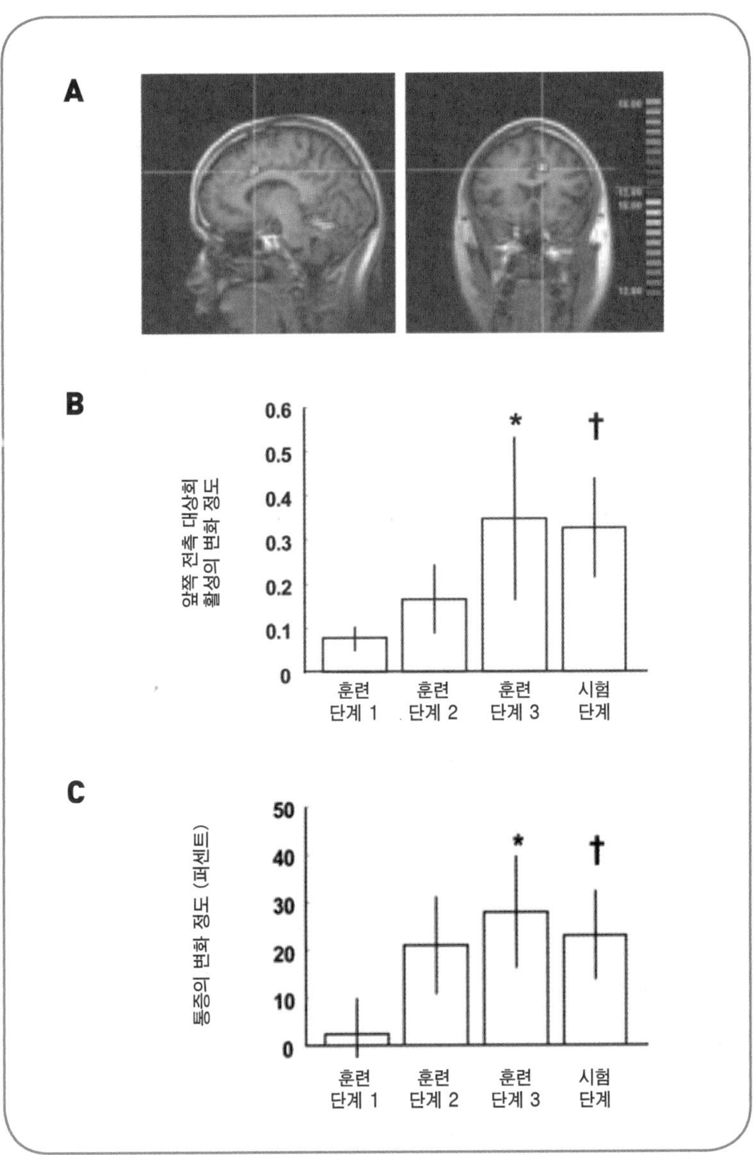

그림 10-2 만성 통증 환자들에게 통증의 경험과 관련된 뇌 부위인 앞쪽 전측 대상회(A)의 활동 정도를 실시간으로 보여주며 어떻게든 줄여보라고 하였다. 훈련이 진행되면서 앞쪽 전측 대상회의 활동이 감소하고(B), 피험자들이 느끼는 통증의 크기도 줄어들었다(C).[17] Copyright (2000) National Academy of Sciences, U.S.A.

면서 이 부위의 활동 크기를 줄이도록 훈련시킬 수 있다. 그러면 앞쪽 전측 대상회의 활동이 약해짐에 따라 통증도 줄어든다고 한다.(〈그림 10-2〉)[16][17]

특정한 조건 속에서 출현한 어떤 현상이 자기만의 내적 질서를 보존하려는 경향을 갖는 동시에 자신과 주변을 바꿔나가는 작용을 하는 상황은 곳곳에서 일어난다.[18][19] 예컨대 식물과 동물은 파도처럼 자연 조건이 갖추어졌을 때 일어나는 현상이지만, 자기만의 내적 질서(항상성)을 보존하려는 경향을 가진다. 파도, 식물, 동물의 경계는 모호하지만, 절벽을 때리고, 그늘을 드리우고, 환경을 바꾸는 분명한 작용을 한다. 파도의 모양이 시시각각 변해가듯이, 식물과 동물의 물리적 구성과 구조도 매일 조금씩 바뀌어간다. 경계가 분명한 실체가 없어도 작용을 하는 현상은 허상이 아니다.

☆☆☆

인공신경망의 표상 학습을 통해 우리가 어떻게 세계와 자아에 대한 내적 표상을 형성하는지, 표상은 어떤 특징을 가지고 있고 표상을 어떻게 사용할 수 있을지 살펴보았다. 또 표상 가운데 하나인 자아에 대해 살펴보았다.

사람들은 나, 너, 우리를 비롯해 세계의 여러 측면을 내면화해 만든 내적 표상의 세계를 살아간다.[3] 각자의 인생이 고유하기에, 그 인생을 통해 구축된 표상의 세계도 고유하다. 표상인 '나'는 나만의 고유한 경험을 통해 나만의 세계 속을 살아가며 나의 이야기를 엮어간다.

사람들이 직간접적인 영향을 주고받는 동안 저마다의 이야기, 저마다의 세계가 만났다가 흩어지며 변해간다. 내 안에 다른 이들에 대한 표상이 포함되어 있기에 나의 이야기는 또한 모두의 이야기가 된다. 이런 측면에서 보면, '나'는 내 몸을 넘어 '내'가 살아가면서 마주친 모든 것과 그들에 대한 나의 생각까지 포함한다. 한 사람 한 사람이 하나의 세계이다.[20]

글상자 10-1

내 몸의 경계

본문에서 '자아'라는 내적 표상과 외부의 경계는 모호하다는 사실을 보았다. 눈에 보이지도, 손에 잡히지도 않는 마음이니까 그럴 수도 있을 것 같다. 그래도 물리적인 신체와 외부의 경계는 분명하지 않을까?

사람 몸에 사는 미생물의 수는 인체를 이루는 총 세포 수의 10배에 달한다고 한다.[21] 내 몸에 나의 세포보다 남의 세포가 더 많은 셈이다. 미생물들은 내 몸의 구석구석에서 나의 세포들과 섞여서 살아가며, 나의 특성에도 영향을 끼친다. 예컨대 신체 어디에 어떤 종류의 미생물이 있느냐에 따라, 살이 쉽게 찌는 체질일 수도 있고 아무리 먹어도 찌지 않는 체질일 수도 있다고 한다. 이쯤 되면 미생물을 내 몸의 안이라고 봐야 할지, 밖이라고 봐야 할지가 애매하다.

이러니 내 몸 안에 들어온 타자들을 공격해서 나를 지키도록 만들어진 면역계조차 나와 타자를 헷갈리곤 한다. 「표상의 쓸모」에서 자녀의 세포가 모체의 몸 안에서 수십 년이나 머무르기도 한다고 했는데, 이는 모체의 면역계가 자녀의 세포를 타자로 인식하지 않았음을 뜻한다. 반대로 면역계가 내 몸의 세포를 타자로 오인하고 공격하기도 한다. 예컨대 류머티스 관절염은 면역세포가 내 몸의 세포를 공격해서 생기는 자가면역질환이다.

세포 수준에서 자아와 타자를 구분하기가 어렵다면 분자 수준에서는 어떨까? 나의 유전체를 가진 세포들을 구성하는 분자는 내 것이라고 할 수 있을까? 죽고 난 뒤 자기의 시신을 어떻게 하고 싶은지 친구들과 이야기한 적이 있다. 누군가는 기증하기를 원했고, 누군가는 죽고 난 뒤의 신체에 아무 관심이 없었으며, 또 누군가는 자신의 몸을 우주로 보내고 싶어 했다. 나는 살아 있는 동안 모든 것을 다하고, 죽을 때는 먼지 하나 남기지 않고 사라지고 싶다고 말했다. 그러자 한 친구가 반문했다. 그게 어떻게 가능하냐고. 깜짝 놀랐다. 내 몸을 이루는 분자는 당연히 내 것이라고 생각했는데 내 몸 안의 분자 하나조차도 죽을 때 내 마음대로 할 수 없었다. 몸 안팎을 흐르는 분자는 2년이면 전부 다른 분자로 교체된다고 하니, 내 몸이란 고작해야 빌린 분자들의 집합체였다.

글상자 10-2

나에 대한 표상과 세상에 대한 표상

「표상의 쓸모」에서 표상은 독립적으로 존재하는 것이 아니라 관계를 통해 생겨난다고 이야기했다. 표상은 관계를 통해 생겨나기에 상대적이며, 기준점과 맥락에 따라 달라진다. 이번 장에서는 '자아'도 그런 표상들 가운데 하나임을 알게 되었다. 그렇다면 '자아'라는 표상도 세상이라는 표상과의 관계에서 생겨난 상대적인 것일까?

그럴지도 모르겠다. 각자의 정치적·종교적 입장은 세상에 대한 각자의 표상과 밀접한 관련을 맺고 있다. 많은 사람이 자신의 정치관이나 종교관이 공격받을 때면, 거의 인신공격을 받는다고 느끼는데, 이는 자아에 대한 표상이 세상에 대한 표상과의 관계에서 생겨나기 때문일지도 모르겠다. 실제로 정치적·종교적 논쟁은 자신의 정체성을 생각할 때 활성화되는 뇌 영역을 활성화시킨다고 한다.[22]

11 자유의지는 존재하는가?

이런 실험을 상상해보자. 피험자들에게 스스로 원할 때마다 손목을 움직이라고 하고, 뇌전도EEG를 활용해서 피험자들의 뇌 활동을 관찰했다. 그 결과 손목을 자발적으로 움직인 시간보다 최대 1초 전에 준비 전위가 관찰되었다. 그렇다면 피험자들은 자신의 의지로 손목을 움직였다고 착각할 뿐, 실제로는 뇌 속에서 이미 결정된 선택을 따랐던 걸까? 자유의지란 환상에 불과한 걸까?

이는 리벳의 유명한 실험이다. 리벳의 실험은 뇌에 대한 환원적인 인식과, 물질의 운동은 예측 가능하다는 뉴턴역학식 세계관과 맞물리며 자유의지 논란에 불을 붙였다.[1][2]

자유의지를 따른다고 믿어온 인간의 행동이 환경의 영향을 많이 받는다는 사실도 충격을 주었다.[3] 한 실험에 따르면, 와인 가게에 독일 음악을 틀어두면 독일 와인이, 프랑스 음악을 틀어두면 프랑스 음악이 더 잘 팔렸다고 한다. 피험자들은 자신의 선택이 배경음악에 영향을 받았음을 알지 못했으며, 실험 결과를 듣고 난 후에도 그럴 리가 없다며 부정했다.[4]

자유의지에 의문을 품을 만한 근거는 더 있다. 경두개 자기 자극Transcranial Magnetic Stimulation, TMS을 활용해서 왼손을 드는 것과 관련된 뇌 부위를 피험자 몰래 활성화시키면, 피험자는 왼손을 들어올린다. 실험자가 시치미를 뚝 떼고 갑자기 왜 왼손을 들었냐고 물어보면, 피험자는 그냥 들고 싶어서 들었다는 둥, 가렵다는 둥 다른 이유를 댄다. 자신의 의지가 아닌 외부 조작으로 몸이 움직인 경우에도 자신의 의지로 그랬다고 '해석'하는 것이다.[5]

자유의지는 존재하는가 ①: 결정론

리벳의 실험과 이후의 유사한 실험들에서 관측된 것은 자발적인 뇌 활동spontaneous brain activity일 가능성이 크다.[6] 뇌는 쉬는 동안에도 컴퓨터 대기모드처럼, 가만히 있는 게 아니라 끊임없이 외부 상황을 예측하고 이미 일어난 일을 학습한다. 따라서 자발적인 뇌 활동은 무작위적인 소음이라기보다는, 주위 환경, 몸 상태, 감정 상태, 염두에 두고 있는 일들, 방금 전에 일어난 일들, 관련된 과거 경험 등과 관련되어 있다(「풍성하고 변화무쌍한 지금」 참고). 리벳의 실험처럼 원할 때 손목을 움직이라고 지시된 맥락에 있다면, 피험자의 뇌에서는 손목을 움직이는 것과 관련된 자발적인 뇌 활동이 일어날 확률이 높다.

신경세포 네트워크인 뇌에서는 컴퓨터처럼 순차적으로 계산이 이뤄지는 대신, 여러 활동이 동시다발적으로 일어난다. 이 모든 활동이

의식적으로 지각되거나, 말해지거나, 행해질 수는 없기에 경쟁에서 이긴 활동만이 말이나 행동이나 의식적인 생각으로 드러난다.[7][8] 그래서 어떤 선택을 하기 전의 뇌 활동은 당연히 선택 시점의 뇌 활동과 상관관계가 있지만, 인과관계가 있다고 보기는 어렵다.

마음은 물질의 작용 때문에 생겨나지만, 뉴턴역학으로 날아가는 공의 궤적을 예측하듯이 미리 예측할 수 있는 것은 아니다(「사랑은 화학작용일 뿐일까?」 참고). 생체의 단백질 분자들은 브라운 운동(미소입자들의 무작위적인 운동)을 하며 끊임없이 움직인다.[9] 더욱이 개개인은 날씨처럼 우연이라고밖에 할 수 없는 사건들 속에서 살아가며 이 사건들은 내 뇌를 구성하는 물질, 뇌에 입력되는 정보, 뇌의 활동 방식 등에 영향을 미친다. 그러므로 뇌와 마음은 미리 결정된 대로 움직이는 기계와는 다르다.

자유의지는 존재하는가 ②: 의지

그런데 뇌의 활동이 예측 불가능하더라도 그것을 '의지'로 볼 수 있냐는 문제가 남는다. 실험자가 피험자의 뇌를 몰래 자극해서 피험자가 왼손을 들게 되었는데도 피험자는 "갑자기 들고 싶어져서 들었다"라는 해석을 지어내고, 와인 가게에 틀어둔 배경 음악의 영향을 받아 와인을 골랐으면서도 자신이 영향받았음을 모른다면, 이것을 자유의지라고 할 수 있을까?

환경과 독립해서 작용하는 '의식'이 존재하고, 의식이 모든 뇌 활동과 행동을 결정한다고 생각하면 앞의 두 사례는 충격적이다.[10] 하지만 의식은 특정한 조건이 갖추어졌을 때 일어나는 '현상'일 뿐이며,

뇌 속에서 일어난 여러 활동을 조율하고 '자아'라는 내적 표상에 걸맞은 이야기를 지어내는 '작용'을 한다고 보면 별문제가 되지 않는다(「자아는 허상일까?」 참고).

잔잔하던 수면에 바람이라는 조건이 갖추어지면 파도라는 현상이 생겨나는 것처럼, 의식은 몇 가지 조건이 갖추어졌을 때 일어나는 '현상'이다.[5] 그래서 조건이 갖추어지지 않으면 일어나지 않는다. 예컨대 깊은 수면 단계처럼 뇌세포들의 활동이 동기화된 상황에서는 의식이 발현될 수 없다. 사고로 뇌 속 에너지 대사량이 크게 감소했을 때에도 의식이 없는coma 상태가 생겨난다.

현상에 불과한 파도가 해안선을 깎아내는 작용을 일으키듯이, 의식이라는 현상도 뇌와 행동을 바꾸는 작용을 일으킨다. 특히 의식의 창이 작다는 점은 와인 가게 배경 음악의 경우처럼 가짜 이야기를 지어내게도 하지만, 선택의 여지를 주기도 한다(「풍성하고 변화무쌍한 지금」 참고).

'흔들다리 효과'를 생각해보자. 흔들다리처럼 높은 곳이 무서워서 심장이 두근거릴 때 하필 눈앞에 괜찮은 이성이 있으면, '내가 이 사람을 좋아해서 심장이 두근거리나 보다'하고 착각할 수 있다. 이처럼 신체 반응의 원인을 엉뚱한 것으로 추정하는 것을 '흔들다리 효과'라고 한다. 그런데 높은 곳에 있다고 해서 반드시 흔들다리 효과가 발생하는 것은 아니다. 심장이 두근거리는 상황과 눈앞의 이성에게 초점을 두면 '꺅~ 나 이 사람 좋아하나 봐!'가 되지만, 까마득한 아래에 초점을 두면 '높은 곳은 끔찍해!'가 된다. 한편, 심장이 두근거리는 상황과 흔들다리 효과에 대한 지식에 초점을 두면 '두근거리지만 좋아하는 건 아니야'가 된다. 복잡한 세상에서 의식의 창이 어디를 비추느냐에 따라 다른 경험, 다른 이야기가 만들어지고, 무엇이 나의 행동과 마음에 더 큰 영향을 미치는지가 달라지는 것이다.

동물이 환경에 잘 적응하기 위해서는 환경의 영향을 받아 행동을 수정해야만 하고, 환경에 잘 적응할 수만 있다면 환경이 주는 영향의 내역을 일일이 알 필요는 없다. 하지만 의식을 통해서 나에게 더 유리해 보이는 외부 상황의 측면, 생각, 감정을 선택할 수 있는 여지가 생겨난다. 와인 가게 배경 음악의 경우도, 피험자가 배경 음악의 효과를 의식하고 나면 배경 음악은 이전과 같은 영향을 미치지 못한다. 나는 내 안에서 일어나는 많은 일을 모르지만, 의식 덕분에 어느 정도의 주도권(또는 의지)를 가지고 있다.

자유의지를 만든 인식틀의 신기한 모순

이처럼 자유의지는 인간과 환경을 분리하는 개체분절적인 시각, 원인이 되는 속성을 찾아들어가는 환원적인 태도와 얽혀 있다. 개체분절적이고 환원적인 인식틀이 없었다면 애당초 자유의지처럼 모호하고 증명하기 힘든 개념을 그렇게까지 신봉하지도 않았을 것이고, 리벳의 실험과 환경의 무의식적인 영향이 그렇게까지 충격적이지도 않았을 것이다.

개체분절적이고 환원적인 접근은 복잡한 현상을 이해하고 지식을 증진하는 데 도움이 되지만, 접근 대상을 대상화해버린다. 그래서 자유의지를 오래 신봉해온 것 치고는 놀랍게도, "본성이냐, 양육이냐"라는 다른 오래된 논쟁에서는 자유의지가 쏙 빠져 있곤 한다.

'본성 대 양육' 논쟁에서는 체중, 지능, 내향성·외향성 등의 특징들이 타고나는 것인지, 환경의 영향을 받아 길러지는 것인지, 유전과 환경이 모두 영향을 미친다면 무엇이 얼마나 중요한지를 묻는다. 하지만 유전과 환경 외에 주체도, 주체와 주체에게 영향을 미치는 환경을 바꾸어간다. 운동을 얼마나 자주 하느냐에 따라서 몸이 달라지고, 타인을 공감하려고 얼마나 자주 노력하느냐에 따라서 사회적 태도가 달라지며, 어떤 사람이 조직에 들어오느냐에 따라 조직의 분위기가 달라진다는 점을 우리는 잘 안다.

자유의지를 중시하면서도 '본성 대 양육' 논쟁에서는 빼버리는 이 신기한 모순은 인생을 완전히 독립적인 두 단계로 나누어, 첫 단계에서는 본성과 양육을 통해 만들어지고, 두 번째 단계에서는 완성된 인격대로만 살아가되 자유의지는 가진다고 가정했을 때만 가능하다. 하지만 인생은 그렇게 구분되어 있지 않고, 사람은 평생토록 변해가며(「나이 들면 머리가 굳는다고? 아니 뇌는 변한다」 참고), 만들어진 대로 사는 것이 '자유'의지인지도 의문스럽다.

관계와 변화를 중시하는 동아시아의 인식틀에서는 본성이나 자유의지가 그렇게까지 중요하지 않다. 인간이 가능성을 가진 존재라고 보고 심신 수양을 강조했으며, 자유의지처럼 추상적인 개념이 존재하는지보다는 '그래서 지금 어떻게 할 거냐' 같은 현실적인 고민을 더 중요하게 다루었다.[11]~[13] 자유의지를 둘러싼 떠들썩한 논란은, 범지구적으로 중요한 문제가 아니라 개체분절적이고 환원적인 시각을 가진 일부 문화권에 한정된 고민이었던 것이다.

자유의지 논란의 다양한 모습

자유의지 논란은 자유의지에 대한 믿음에 근거해서 구축된 서구 사회의 제도와 곳곳에서 충돌했다. 개인에게 자신을 위해 사고하고 행동할 만한 능력capacity이 있다는 믿음은 개인에게 사회적 자유와 책임을 부과하는 전제 조건이었다. 그런데 뇌의 특징을 분석해 능력의 유무를 추론할 가능성이 엿보이자 자유와 책임에 대한 논란이 곳곳에서 벌어졌다.[14]

예컨대 "내 뇌가 시켰어요!"라고 주장하는 사람들이 등장했다. 사람을 죽이는 등 범죄를 저지르고는 뇌에 문제가 있어서 자신의 의지로 살인 행동을 조절할 수 없었다고 주장하는 것이다. 미국에서는 살해 의도의 유무가 형량을 결정하는 중요한 요인인데, 정신적 문제가 있으면 자유의지로 저지른 범죄가 아니라고 보고 형량을 줄여주는 경우도 있기 때문이다(글상자 11-1).

"마음은 뇌에 있다. 뇌 영역별로 담당하는 마음의 기능이 있다. 그러므로 어떤 뇌 영역이 손상되면, 이 영역이 담당하는 마음의 기능은 제대로 작동하지 않는다"라고 추론했을 때는 충분히 가능한 결론이다. 영화 〈마이너리티 리포트〉처럼 반사회적인 행동과 관련된 뇌의 특징을 파악해서 장래의 범죄를 예측하는 방법, 범죄자가 출소할 때 다시 범죄를 저지를지 여부를 예측하는 방법도 연구되고 있다.[15]~[17]

고령화 사회에 진입하면서 알츠하이머 환자들에게 자유의지가 있느냐는 논란도 불거졌다. 알츠하이머 환자들이 사기를 당해서 자산을 탕진하거나, 자신의 건강을 위해 꼭 필요한 치료를 거부하거나, 엉뚱한 사람에게 전 재산을 상속하는 식의 분쟁이 잦아지자, 알츠하이

며 환자의 자기결정권은 반드시 짚고 넘어야 할 중요한 주제가 되었다.[18][19]

중독 환자에게 자유의지가 있느냐는 논란도 생겨났다. 중독은 뇌 속의 단백질 발현을 비롯한 구조적인 변화를 일으키는데, 이 변화가 중독 환자들이 생업과 인간관계를 포기하면서까지 약물을 찾을 수밖에 없도록 만드는 게 아니냐는 주장이다. 약물 중독을 도덕적 타락이 아닌 뇌 질환으로 볼 경우, 약물 중독자를 감옥에 가두기보다는 신경가소성을 활용해서 치료하는 식으로 접근하게 된다.[5]

뇌의 특징 때문에 행동이 결정된다는 인식은, 뇌의 특징을 약물 등으로 조작해서 행동을 바꾸려는 시도로도 이어졌다. 예컨대 뇌 속의 옥시토신 수치를 높여 도덕 알약moral pill으로 사용하려는 연구가 있었다. 실험적으로 옥시토신 수치를 높인 피험자들에게서 타인에 대한 신뢰와 애정이 증가한다는 사실이 발견되었기 때문이다.[20]*

현실의 곳곳에서 다양한 모습으로 진행되는 이 논란들은 모두 자유의지라는 공통된 주제를 향한다. 높은 재범률, 포화 상태에 이른 감옥, 유럽 전체의 재소자들보다 더 많은 수의 약물 사범이 존재하는 미국의 상황도,[5] 자유의지를 부정하는 한이 있더라도 과학 지식을 활용하고픈 유혹을 부채질하고 있다. 하지만 자유의지가 없다면 어떻게 개인에게 자율과 그에 따른 책임을 부여할 수 있을까? 자유의지가 없으

---

* 옥시토신이 내 집단의 사람들에 대한 친밀도를 높이는 대신, 다른 집단의 사람들에게는 더 공격적으로 반응하게 만든다는 단점이 밝혀지자 이 논란은 주춤해졌다. 옥시토신 외에 선택적 세로토닌 재흡수 억제제SSRI 등 다른 약물을 사용하려는 시도도 있다. 하지만 약물이 어떤 성격 특성을 강화하든, 하나의 맥락에서 유리한 특징은 다른 맥락에서는 불리할 수밖에 없다(「개성을 통해 다양성을 살려내는 딥러닝의 시대로」 참고). 더욱이 무엇이 도덕적인지를 누가 어떻게 결정할 것인가도 쉽지 않은 문제이다.[21]

면 법과 제도는 불가능해지는 게 아닐까?

자유의지와 무관한 인과

자유의지가 있든 없든 운동은 언제나 어떤 결과를 일으키고, 그 결과는 권선징악이 아닌 자연법칙을 따른다. 의지가 없는 유리컵도 딱딱한 지면으로 떨어지면 깨지고, 무인도에 혼자 있어도 밤늦게 라면을 먹으면 살이 찐다.

결과는 주변 사람들의 가치 기준에 따라서도 달라진다. 남편과 사별한 부인이 자결을 시도하면 요즘 사람들은 기함할 테지만, 조선 시대라면 열녀문을 내렸을지도 모른다. 특정 정당의 입장을 대변하는 주장은 그 정당을 지지하는 사람들에게는 환영받겠지만 그 정당과 대립하는 사람들로부터는 공격받을 것이다.[21]

자본주의와 민주주의를 채택한 현대 국가라면 대체로 비슷한 가치 체계를 따를 것 같지만 의외로 다르다. 비슷한 점이 많다고들 하는 한국과 일본을 비교해볼까? 지하철 자살이 잦아지자 한국에서는 스크린도어를 설치했다. 비슷하게 자살률이 높은 일본에서는 유가족에게 고액의 손해배상을 청구한다.[22] 한쪽에서는 자살을 예방하기 위해 함께 비용을 분담하는 식으로 대응했고, 다른 쪽에서는 자살을 민폐로 보고 배상을 요구하는 식으로 대응한 것이다. 가장 기본적인 가치인 생명과 가족에 대한 태도조차 비슷하다는 두 나라가 이렇게 다르다.

행동에 뒤따르는 결과는 사람들의 태도와 행동을 바꾼다. 결과에 영향을 미치는 자연법칙을 바꿀 수는 없지만, 어떤 가치를 존중하는 사회인가는 논의를 통해 바꿔갈 수 있다. 그러니 합의에 따라 선택된 가치를 공유하고, 호모 사피엔스에 주로 작용하는 자연법칙에 따라, 공유된 가치를 구현할 수만 있다면 자유의지가 있느냐 없느냐는 별로 중요하지 않다. 진짜로 중요한 것은 자유의지의 유무가 아니라, 인간을 위해서 존재하는 인간들의 모임인 사회가 정말로 인간을 존중하느냐, 나와 내 친구와 이름 모를 누군가가 어떤 사회에서 살기를 바라느냐이기 때문이다.

과학: 인간을 위한 인간의 문화적인 활동

이처럼 자유의지는 꼭 필요한 개념이 아니다. 유럽과 미국의 역사적·문화적인 맥락에서 생겨나, 유럽과 미국의 사회 제도적인 측면에서 문제가 된 개념이었다. 자유의지에 관련된 과학 연구들도 이런 맥락에서 수행된 것이었다. 사실 자유의지에 대한 연구뿐 아니라 과학 자체가 서양의 역사적·문화적 맥락과 세계관에 따라 발전해왔다. 그래서인지 이학 박사 학위를 뜻하는 'PhD'도 'Doctor in Philosophy(철학 박사)'의 약자이다.

흔히 과학은 절대적인 진리나 객관적인 사실을 표방한다고 여겨지지만, 과학 지식도 과학자라는 전문가 집단이 엄밀한 연구 과정과 상호 검증을 통해 대체로 합의한 이야기일 뿐이다. 전문가들끼리도 말이 조금씩 다르며, 사회적인 맥락이 바뀌고 새로운 정보가 더해지면 질문과 답이 변할 수 있는 이야기.[23][24] 그래서 과학철학자인 장하석 교수는 "과학은 인간이 인간을 위해서 인간적으로 하는 문화적 활동이다(인본주의적 과학)"라고 한 바 있다.[25]

과학과 사회의 상호발전

그렇기 때문에 과학은 인간에 대한 인간의 이해, 세상에 대한 인간의 이해, 인간과 세상에 영향을 미치는 수단을 통해 서구 사회와 상호작용하며 발전해왔다. 예컨대 뇌영상 기술로 거짓말을 탐지하고, 마음을 읽는 기술에 대한 연구는 9·11 사태 이후 국가 안보에 대한 관심이 높아졌을 무렵부터 본격적으로 진행되었다.

과학은 인간에게 영향을 미치는 수단을 제공함으로써 기존의 가치와 충돌하기도 했다. 앞서 말한 마음을 읽는 기술은 사생활 보호에 대한 가치와 충돌한다. 마음은 개인의 가장 사적인 영역이기 때문이다.[2]

과학으로 인간을 이해하게 되면서 기존 가치의 구현 방식이 달라지기도 했다. 미국에서는 청소년에게 높은 수준의 자유를 허용하는 대신, 중죄를 저지르면 성인과 마찬가지로 사형이나 종신형을 언도해왔다. 그런데 감정을 조절하고 행동을 통제하는 데 중요한 역할을 하는 뇌 부위인 전전두엽이 20대 중반을 지나야 성숙된다는 사실이 밝혀지면서, 10대와 20대 초반에 대한 처벌의 강도와 자율의 범위를 줄이기 시작했다.[26]

이런 과정은 다양한 영역의 더 많은 사람을 논의에 끌어들이며 진정한 의미의 융합을 일으킨다(글상자 11-2). 학문 분야란 대학 학과나 전공 서적에 있는 게 아니라 현장의 사람들에게 있고, 다양한 분야의 사람들이 교류하면서 융합이 일어나기 때문이다. 필요와 관심에 따른 자발적인 융합은 중앙집권 체제처럼 질서 정연하지는 않지만 역동적이고 생명력이 넘친다. 굳이 수요를 파악하고 적임자를 찾아서 자원을 할당하지 않아도, 환경만 허락한다면 필요한 곳에서 필요한 능력을 가진 관심 있는 사람들이 모여 필요한 융합이 일어난다.

자신의 필요와 문제의식에 따라 연구를 수행하고 기술을 개발하며, 그렇게 얻어진 과학기술을 논의와 시행착오를 거쳐 정착시키고, 그 과정에서 학문이 창조되거나 융합된다. 정말 부럽지 않은가. 수입된 학문인 과학은 이렇게 서구 사회와의 상호작용 속에서 태어나고 발전해왔다.

자신의 문제를 스스로 창조하는 역량

중요하다고들 하는 자유의지 문제는 이처럼 서구의 맥락과 인식틀에서 생겨난 '그들'의 문제였다. 이러니 '선진국'에서 중요시하는 문제를 따라가다 보면 다른 맥락과 다른 인식틀을 가진 우리로서는 영문을 모르기 쉽다. 문제는 실제 사실이 아니라 누군가의 인식을 거쳐 만들어진 것이기 때문이다.

그러니 남이 만든 문제를 따라가기만 할 게 아니라, 자신의 문제를 스스로 창조할 수 있어야 한다(글상자 11-3). 다행히 아프리카, 아시아, 남아메리카 등 다양한 문화권의 경제 수준과 과학이 발전하고 있다. 서양 음악에 재즈와 힙합이 더해지며 풍성해졌듯이, 다양한 맥락에서 생겨난 다양한 문제를 다루게 될 때, 과학도 더욱 풍성해질 것이다.[24]

스스로 질문하는 내공을 갖추려면 과학과 인문학의 융합이 필요하다. 요즘에는 〈과학하고 앉아있네〉 같은 대중 과학 프로그램이 인기를 끌고, 과학기술인 단체인 'ESC'가 주최한 '초파리 실험실 체험' 프로그램에 많은 사람이 신이 나서 찾아온다. 몇 년 전부터 시작된 인문학 붐이 과학 붐의 토대가 되었다고 생각한다. 인문학 책을 읽고, 독서 모임을 하고, 강연을 찾아다니던 사람들의 마음에는 스스로 생각하는 힘과, 마음이 이끄는 주제를 찾아 공부하고 질문하는 내공이 자랐을 것이기 때문이다. 지금의 과학은 인문학과 분리되어 있지만, 이런 내공을 쌓은 사람들이 과학을 다시 생각할 무렵엔 변하기 시작할 것이다.

지식에 끌려 다니지 말고 지식을 딛고 서기를. 그래서 남들이 만들어둔 문제를 빠르게 추격해서 푸는 단계에서, 자신의 문제를 스스로 창조하는 수준에까지 이르기를.

글상자 11-1

정신이상 항변

정상적인 판단 능력이 없음을 근거로 자기 행동에 책임이 없다고 주장하는 것을 '정신이상 항변insanity defense'이라고 한다. 정신이상 항변의 역사는 오래되었는데 (아마도) 최초의 정신이상 항변은 그리스신화에 나온다. 그리스신화에서 헤라클레스는 헤라의 주술에 빠져 정신 착란이 된 상태에서 아내와 자식을 죽이고 만다. 극악한 범죄였으나 정신 착란 상태였음이 인정되어(정신이상 항변) 12과업을 수행함으로써 속죄할 기회를 얻었다. 조선시대에도 심증(정신분열증)을 겪는 사람들은 부역을 면제하고 감형해주었다. 지금도 심신 미약 상태(예를 들어 만취 상태)에서 저지른 범죄는 감형해주기도 한다.

글상자 11-2

뇌과학과 법이 융합하는 현장

본문에서 나온 "내 뇌가 시켰어요!"라는 주장은 제법 그럴싸하게 들린다. 하지만 뇌가 손상되었다고 해서 관련된 정신적인 능력이 반드시 사라지는 것은 아니다(「내 탓인가, 뇌 탓인가」 참고). 의사 결정과 미래 예측, 충동 조절에서 중요한 역할을 하는 전전두엽이 손상된 살인범의 사례를 생각해보자. 전전두엽의 동일한 부위에 생긴 비슷한 수준의 손상이 언제나 합리적인 사고와 충동 제어를 불가능하게 만들지는 않는다. 뇌는 다른 부위들을 동원해서 손상된 기능을 보완하는 경우가 많기 때문이다. 사건 시점의 뇌 상태와 재판을 위해 뇌를 촬영한 시점의 뇌 상태가 다를 수도 있다.[15]

하지만 과학의 언어와 법정의 언어가 다른 탓에 저 그럴싸한 주장이 일으킨 혼란이 가중되었다. 천동설, 분자생물학의 중심 원리central dogma of molecular biology 등 수많은 법칙들이 뒤집히며 발전해온 과학은 100퍼센트 확실하다는 단언을 하지 않는다. 과학자 집단 안에도 서로 다른 의견이 공존한다. 하지만 '유죄냐, 무죄냐', '살인 의도가 있었냐, 없었냐', '형량이 얼마냐'처럼 명확한 결정을 내려야 하는 법정의 언어는 과학보다 단정적이다.[27]

여기에 '과학은 사실fact'이라는 대중의 오해가 가세하면 과학자의 법정 증언이 단정적으로 편향되어 해석될 수 있다. 특히 뇌 손상을 보여주는 뇌영상 이미지가 함께 제시되면, 배심원들의 판단은 크게 흔들린다고 한다.[28] 뇌영상 자료는 손상 부위를 표시하는 색을 인위적으로 조절해서 약한 손상도 심각해 보이게 만들 수 있어서 더욱 문제가 되었다.

이쯤 되자 배심원 제도를 채택한 미국은 발등에 불이 떨어졌다. 문제를 해결하기 위해 법조인, 의사, 철학자, 뇌과학자 등 다양한 전공자들이 모인 세미나가 곳곳에서 열렸으며, 신경법학neurolaw이라는 학과가 대학에 신설되었다. 모의재판을 통해 배심원과 판사들이 뇌과학 증거를 어떻게 활용하는지 조사하기도 했다.[15][29] 그리고 이 과정에서 얻어진 상호 이해에 근거해 법조인을 위한 뇌과학 안내 자료와, 법정에 설 뇌과학자들을 위한 안내 자료가 제작되었다.[30]

또 미국 내외에서 뇌영상 자료가 법정에 제출될 때면 학술지에 칼럼이 실리고[31] 팟캐스트와 미디어에서 토론이 벌어졌다. 과학적으로 엄밀하지 않은 뇌영상 자료들은 법정 증거로서 거부되곤 했으며, 뇌영상 자료가 오용된 경우에는 여러 곳에서 비판이 제기되었다.[32] 이처럼 발빠른 대응 덕분에 몇 년 뒤에는 뇌영상이 우려한 것만큼 오용되거나 악용되지 않는다는 논문이 발표되었다.[33]

글상자 11-3

'그들의' 문제에 숨어 있는 함정

과학은 서양의 문화적 맥락에서 탄생한 문화적 활동이기에 과학의 시선은 이데아를 상정하고 절대적 진리를 추구해온 서양의 오랜 세계관과 무관하지 않다. 주체와 객체 사이를 단절하고, 객관을 주관의 우위에 둔 것부터 그렇다. 하지만 관찰하고 실험하는 동안 주체와 객체 사이에서 오가는 정보는 결국 관계의 산물이다.

예컨대 장미의 붉은 꽃잎은 사람이 볼 때는 붉지만 쥐가 볼 때는 붉지 않다. 똑같은 장미꽃을 두고 다른 색을 보는 것은, 장미꽃잎의 성질과 보는 이의 눈의 성질이 함께 작용한 결과이다. '정의'라는 단어를 보면 인문계열 전공자는 'Justice'를, 이공계열 전공자는 'Definition'을 먼저 떠올릴 가능성이 크다. 보는 이의 역사와 사전 정보가 다르기 때문이다. 잘난 사람도 더 잘난 사람들 틈에 가면 못난 사람이 된다. 상대적인 관계가 달라지기 때문이다. 햇빛 아래에서 붉던 장미꽃은 푸른 빛 아래서 다른 색으로 보인다. 맥락이 다르기 때문이다. 이처럼 객체의 성질뿐 아니라 주체의 성질과 역사, 객체와 주체의 관계, 맥락이 인식의 차이를 만든다.

호모 사피엔스라는 생물학적 성질을 공유하는 주체들이, 서구 문화(혹은 서구화된 문화)라는 비슷한 맥락에서, 지구와 지구에서 보이는 우주라는 동일한 객체를 연구하다 보면, 객관으로 여겨질 만큼 널리 공유되는 주관이 생겨날 수 있다. 비슷한 존재들이 비슷한 대상을 보다 보니 공통된 주관이 생겨났는데, 이것을 객관으로 여기게 된 것이다.

객관의 부정은 자칫 객체까지 부정하는 허무주의로 이어지기 쉽다. 하지만 객체의 성질뿐 아니라 주체의 성질, 대상과 주체의 관계, 맥락을 모두 고려하면 객체를 부정할 필요가 없다. 오히려 주체와 객체가 평등해지고, 서로 다른 주관을 이해하고 소통할 길이 열린다. 객체인 자연(때로는 환자)을 대상화하지 않고도 대할 수 있게 된다. 그러나 '객관이냐 주관이냐'라는 그들의 문제를 붙드는 순간, 관계와 맥락, 주체의 성질을 배제한 그들의 인식틀frame에 걸려들고 만다.

송민령의

뇌과학
연구소

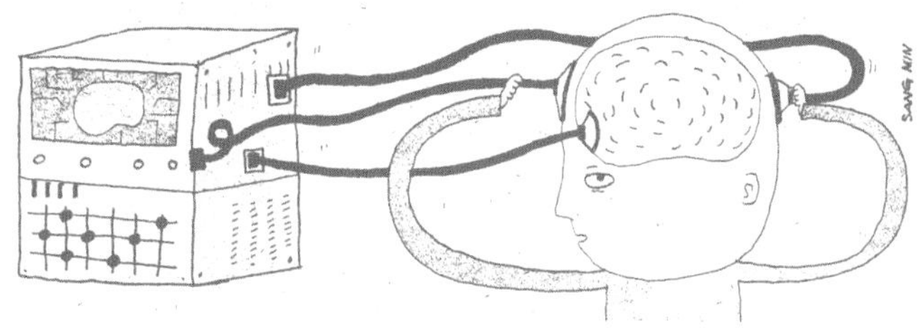

The Neuroscience Lab

뇌는 네트워크다

12 내 탓인가, 뇌 탓인가

'뇌는 네트워크다'라는 말을 자주 듣는다. 너무 많이 들어서 식상한 말인데도 막상 이 말의 의미가 분명하지 않다. 뇌가 네트워크이면 어떤 특징들을 갖기에, 네트워크, 네트워크 하는 걸까? 뇌가 네트워크임을 염두에 두지 않으면 무슨 문제라도 생길까? 뇌가 네트워크이기 때문에 생겨나는 특징들, 뇌가 네트워크라는 점을 과소평가하고 환원적으로만 접근했을 발생하는 오해에 대해 알아보자.

할머니 세포

심리학, 언어학, 또는 뇌과학에 관심이 있는 사람이라면 '브로카 영역'과 '베르니케 영역'이라는 뇌 부위를 들어보았을 것이다(〈그림 12-1〉). 브로카 영역이 손상되면 말을 하기가 어려워진다. 한편 베르니케 영역이 손상되면 단어의 의미를 이해하거나 통합하지 못해서, 타인의

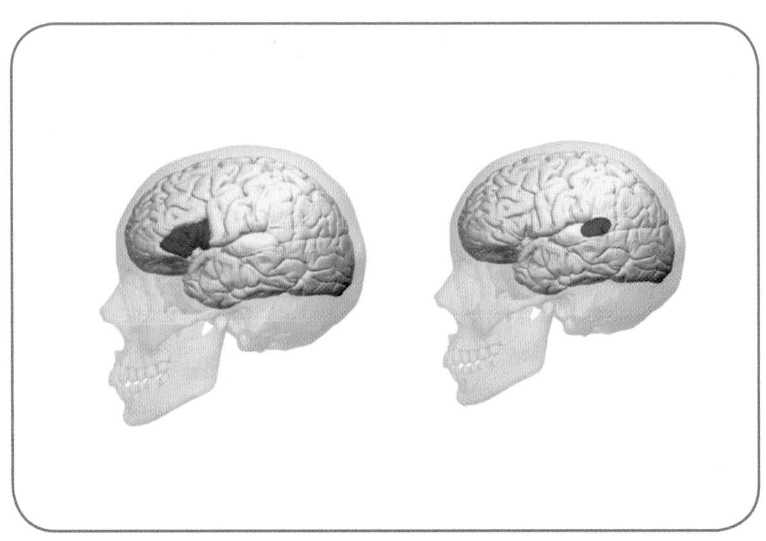

그림 12-1 왼쪽: 브로카 영역. 오른쪽: 베르니케 영역.

말을 알아듣지도 못하고 의미를 가진 문장을 만들어내지도 못한다.[1] 이런 사실을 접하면 "뇌 영역별로 담당하는 마음의 기능이 있고, 어떤 뇌 영역이 손상되면, 이 영역이 담당하는 마음의 기능이 제대로 작동하지 않겠구나"라는 추론을 할 수 있다.

마음을 기능별로 구획module하고 특정한 뇌 영역과 일대일로 연결하는 환원적인 방식은 대상, 특히 기계를 이해할 때 유용하다. 자동차를 생각해보자. 엔진은 바퀴를 굴리는 힘을 내고, 냉각기는 엔진을 식혀주며, 연료통은 엔진에 필요한 연료를 공급하고, 바퀴는 굴러가면서 자동차가 앞으로 움직이게 만든다. 이렇게 각 부위의 기능을 모두 이해하고 나면 자동차의 원리에 대해 제법 많은 것을 알 수 있다.

그러니 좀 더 파고들어가 보자. 베르니케 영역은 단어의 의미를 이해하고 통합하는 기능을 한다고 했다. 마음을 이해하기 위해 기능별로 구획한 것처럼, 베르니케 영역의 기능도 하위 기능들로 나눠볼 수 있을 것이다. 앞에서 사용한 추론 방식을 따르면, 아마도 이 하위 기능들은 베르니케 영역의 세부 영역과 연결 지을 수 있을 것이다. 이렇게 하위 기능으로 세분화하는 과정을 반복하다 보면, 마침내는 '할머니'처럼 특정한 단어를 이해하는 데 필요한 신경세포Grandmother cell도 발견할 수 있을지 모른다.[2]

정말 그럴까? 뇌 속에는 '할머니'를 나타내는 신경세포가 있어서, 이 신경세포를 잃어버리고 나면 평생 동안 '할머니'라는 단어를 이해할 수 없게 될까? 뭔가 이상하다는 느낌이 들기 시작한다.

환원적인 인식과 뇌영상에 대한 오해

뇌영상 연구들은 뇌에 대한 환원적인 인식을 강화하는 측면이 있다. 뇌영상 연구들은 어떤 정신적인 작업을 할 때의 뇌 활동과, 이 작업을 하지 않을 때의 뇌 활동의 차이를 색깔로 표시하곤 한다. 예컨대 피험자들에게 웃는 표정 위에 '슬픈sad'이라고 적은 사진을 보여주고 글자를 읽게 하면, 슬픈 표정 위에 '슬픈sad'이라고 적어두었을 때보다 반응이 느려진다. 이는 표정이 주는 정보와 글자가 주는 정보가 상충conflict하기 때문이다. 상충하는 정보를 뇌가 어떻게 처리하는지 연구할 때는, 표정과 글자가 상충할 때의 뇌 활동과 표정과 글자가 일치할 때 뇌 활동의 차이를 〈그림 12-2〉처럼 색깔로 표시하곤 한다.

이는 색깔로 표시된 뇌 영역이 상충하는 정보의 처리와 일대일의

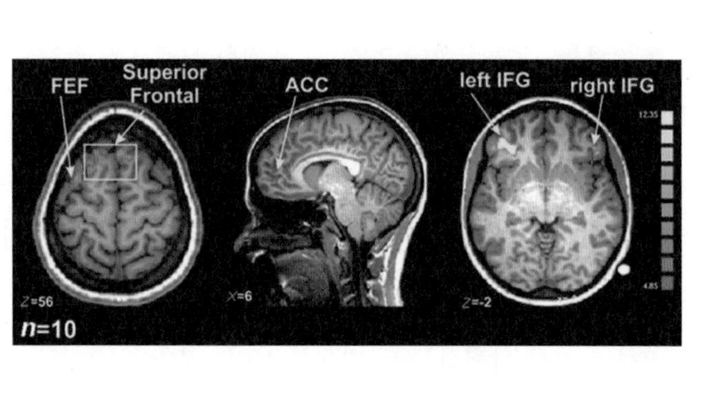

그림 12-2 기능성 자기공명영상. 오른쪽의 긴 막대는 뇌 활동 차이의 정도를 어떤 색으로 나타냈는지를 표시하는 색채 눈금자이다. fMRI 결과를 보고할 때는 이처럼 색채 눈금자를 함께 제시해야 한다. 통계적으로 무의미하고 사소한 차이도 색깔을 조작해서 큰 차이인 것처럼 보이게 할 수 있기 때문이다.[3]

관계를 갖는다거나, 표시된 뇌 영역이 상충하는 정보를 단독으로 처리한다는 뜻은 아니다. 하지만 실험의 세부 사항이나 전문 지식을 갖지 못한 사람들은 그런 오해를 하기 쉬웠다. 이 오해에 따르면 특정한 뇌 영역이 손상되면 더 이상 관련된 기능을 수행하는 것은 불가능해진다. '할머니' 세포가 사라지면 더 이상 '할머니'라는 단어를 이해할 수 없게 되는 것이다.

이런 오해는 법적인 책임 공방으로 이어지기도 했다(「자유의지는 존재하는가?」 참고). 예컨대 감정 조절에서 중요한 역할을 하는 전전두엽prefrontal cortex이 손상된 사람이, 살인을 저지르고는 '내 의지로 한 게 아니라 내 뇌가 했어요'라고 주장하곤 했다.[4][5] 분산된 네트워크에서 정보가 어떻게 표상되는지 살펴본 뒤에 이 주장이 얼마나 타당한지 되짚어보기로 하자.

환원적인 뇌 인식의 변화

'뇌영상 연구는 특정 부위와 특정 뇌기능을 일대일로 연결한다'라는 오해에 따르면, 뇌영상 연구는 기술만 최첨단으로 바뀌었을 뿐 19세기에 유행했던 가짜 과학인 골상학phrenology과 본질적으로 동일하다. 골상학에서는 마음을 기능별로 구획module할 수 있고, 각각의 기능은 뇌의 특정 부위에서 수행된다고 가정한다. 또 각각의 기능이 성격에서 차지하는 비율은 각 기능에 관련된 뇌 부위의 크기에 따라 결정되며,

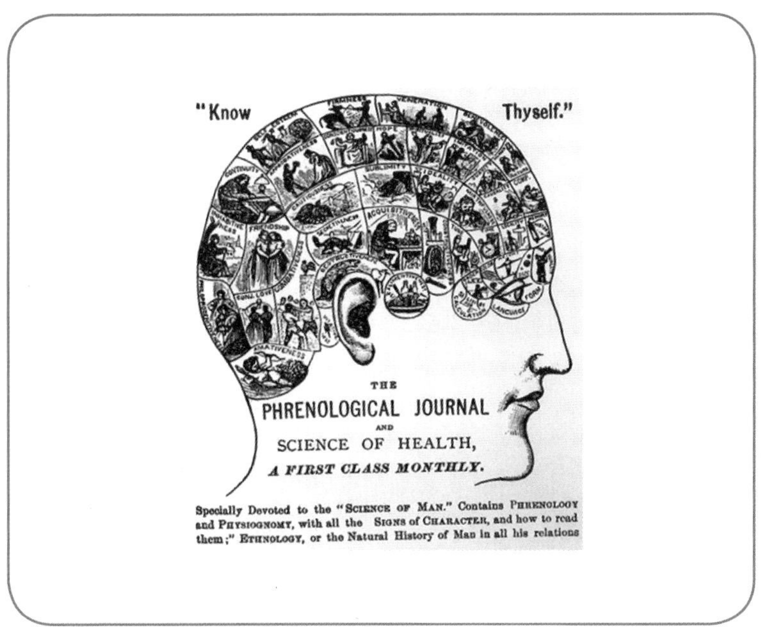

그림 12-3 골상학.

뇌 부위의 크기는 인접한 두개골 부위의 크기에 반영된다고 추론했다.

실제로도 기능성 자기공명영상fMRI 연구 초기에는 골상학과 유사한 측면이 있었다. 그 때문에 기능성 자기공명영상 연구는 블라볼로지Blobology라는 조롱을 받기도 했다. 뇌의 작동방식에 대한 통찰을 제공하지 못한 채 색깔로 표시된 뇌 영역과 실험된 뇌 기능을 단순히 연결하는 것으로 보였기 때문이다.[6]

골상학은 나중에 가짜 과학으로 밝혀져 퇴출되었지만 신경심리학neuropsychology의 발전에 영향을 끼쳤다. 신경심리학은 뇌의 특정 부위에 손상이 생기면 행동과 신체 반응이 어떻게 달라지는지 연구lesion study하면서 발전했다. 골상학과 달리 신경심리학은 엄밀하고 재현 가능한 실험을 한다는 점에서 과학적이지만, 골상학과 마찬가지로 뇌와 마음에 대한 기계적이고 환원적인 인식에 근거한다. 사람이나 동물이 과제를 수행하는 동안 특정한 뇌 부위의 활동을 측정하거나 조작하는 최근의 뇌과학 연구들도 신경심리학에서 사용되던 손상 연구lesion study가 발전된 형태이다. 뇌의 분자생물학적 원리를 '기계'로 묘사하는 경향도 여전히 발견된다.

하지만 인간 커넥톰 프로젝트Human connectome project에 힘입어 시시각각 변하는 뇌의 기능적 연결dynamic functional connectivity에 대한 연구가 늘어나는 등 네트워크 관점의 뇌 연구가 증가하는 추세이다(「풍성하고 변화무쌍한 지금」 참고).[7][8] 또 기계적이고 환원적인 접근으로는 간단한 마이크로칩의 작동 원리조차 규명하기 힘들다는 논문이 발표되는 등 자체적인 반성도 일어나고 있다.[9]

분산된 네트워크

뇌를 네트워크로 인식하면 무엇이 달라질까? 뇌가 네트워크이기 때문에 생기는 특징은 뭘까? 「인공신경망의 표상 학습」에서 다룬 개의 인식 과정을 생각해보자. 〈그림 12-4〉에서 뇌 신경망에서 개를 인식하는 데 필요한 단위들만 따로 골라낼 수 있는가? 또는 빨간색으로 표시된 단위가 정확히 어떤 내용을 표상하는지 알 수 있는가?

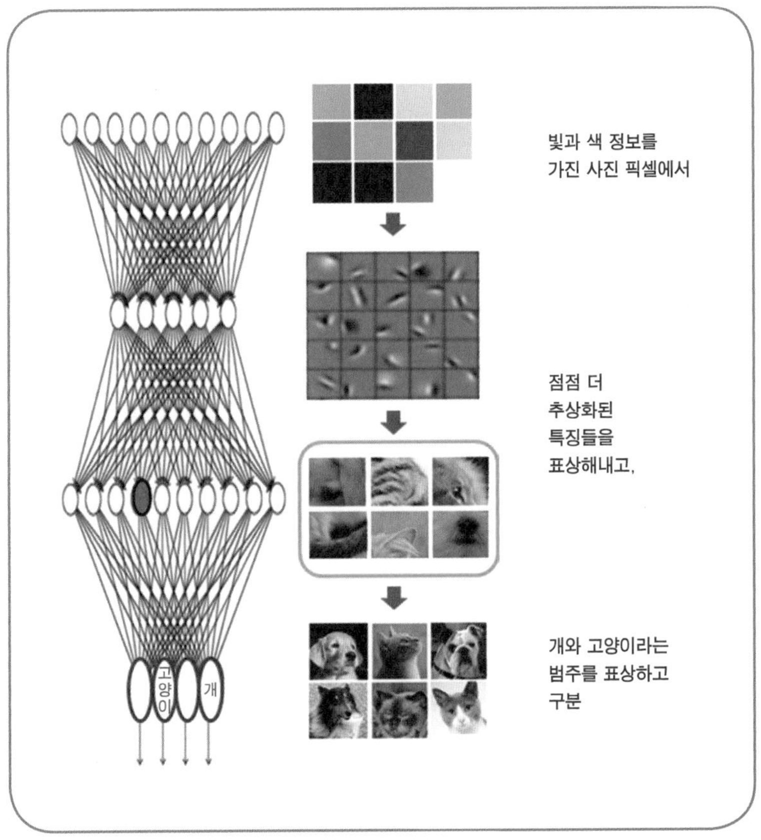

그림 12-4 인공신경망이 개와 고양이를 인식하는 과정.

어렵다. 신경 네트워크에서 특정한 기능을 수행하는 단위를 찾는 것은 신경망이 분산된 표상 방식을 사용하기 때문에 더 어렵다. 〈그림 12-5〉에서 빨간색은 고양이를 표상하는 단위를, 파란색은 개를 표상하는 단위를, 초록색은 할머니를 표상하는 단위를 나타낸다. 색깔이 짙을수록 해당 색깔의 표상과 더 깊이 관련되어 있음을 뜻한다.

왼쪽 신경망에서는 딱 하나의 단위가 개 또는 고양이라는 표상과 일대일로 연결된다. 이런 표상 방식을 지역적인 표상localist representation이라고 부른다.[2] 지역적인 표상은 컴퓨터 프로그래밍에서 매개변수parameter나 변수variable를 분명하게 정의하는 것과 유사하다. 이런 신경망이라면 '할머니 세포'도 찾을 수 있을 것이다.

오른쪽 신경망에서는 개, 고양이, 할머니가 두리뭉실하게 표상된다. 각각의 단위는 여러 내용을 표상할 수 있다. 예컨대 개와 고양이 사이에 있는 단위들은 약하게나마 개도 표상하고 고양이도 표상한다. 이처럼 두리뭉실한 표상 방식을 분산된 표상distributed representation이라고 부른다.[2] 분산된 표상을 사용하는 신경망에서는 특정한 기능을 독립적으로 수행하는 영역이 존재하지 않는다. 한 부위가 여러 기능을 수행하며, 하나의 기능도 신경망에 널리 퍼진 여러 영역을 통해 구현된다. 뇌는 분산된 표상을 사용하는 네트워크이므로 특정한 내용과 그 내용을 표상하는 부분을 일대일로 연결하기 어렵다.

인공신경망에서는 얼마나 두리뭉실하게(얼마나 분산해서) 표상할지를 층layer별로 설정할 수 있고, 뇌 신경망에서는 뇌 회로의 구조적 특성에 따라 두리뭉실함의 정도(분산된 정도)가 달라진다.[2] 예컨대 사건 기억에서 중요한 역할을 하는 해마는 비교적 '뚝 떨어지게'(비교적 지

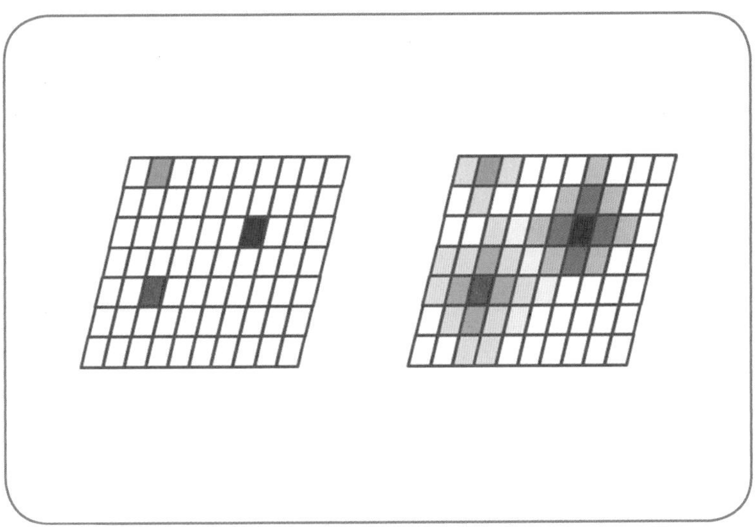

그림 12-5 지역적인 표상과 분산된 표상의 비교.

역적으로) 표상하는 편이다. 지역적인 표상에 가까울수록 서로 다른 내용을 분리해서 표상하기에 적합하기 때문에, 해마의 구조는 서로 다른 사건들을 분리해서 빨리 기억하기에 적합하다. 하지만 상충하는 내용이 입력되면 이전의 내용을 빠르게 잊어버린다. 이와 달리 두정엽parietal lobe은 훨씬 더 두리뭉실한, 분산된 표상에 적합한 구조이다. 두정엽은 다소 막연하지만 거시적이고 일반화된 패턴을 천천히 학습하며, 느리게 학습하는 대신 안정적으로 기억한다.

분산된 표상 방식은 여러 특징을 통합하고 추상화하는 데 유리하며, 이후에 살펴볼 것처럼 손상으로 인한 피해도 완충할 수 있다.[2]

신경 네트워크의 중복과 여분

신경심리학에서 손상 연구lesion study를 하듯이 층layer의 일부를 손상시키는 경우를 생각해보자(〈그림 12-6〉에서 검게 표시된 부분). 신경망이 한동안은 예전과 다르게 동작하지만, 훈련을 거듭하면 남아 있는 단위들이 변화된 환경에 맞게 학습해서 이전의 능력을 그럭저럭 회복하곤 한다. 뇌졸중 직후에는 움직이기 힘들어 하던 환자들이, 재활 훈련을 하다 보면 회복되는 것과 비슷하다.

A층의 일부가 아닌 전체가 손상되더라도 C층을 사용해서 보완할 방법을 찾아낼 수 있다. 예컨대 정상적인 사람들은 눈으로 보지 않아도 자기 팔이 어디 있는지 알 수 있는데, 이를 고유 수용성 감각proprioception이라고 한다. 고유 수용성 감각이 손상된 환자들은 눈으로 자기 팔의 위치를 확인하고 움직이는 대체 방법을 훈련할 수 있다.[10]

뇌에서는 A층 전체가 손상되어 아무런 입력을 받지 못하게 된 B층의 신경세포들이 연결을 재구성reorganization하기도 한다.[11] 예를 들어보자. 신체 각 부위의 촉감, 압력, 진동, 온도 정보가 전해지는 피질의 영역을 체감각 피질이라고 하는데, 체감각 피질에서 손의 감각에 관여하는 부위는 얼굴의 감각에 관여하는 부위에 인접해 있다(〈그림 12-7〉). 사고로 손을 잃으면, 손에서 입력을 받던 체감각 피질의 신경세포들이 예전만큼의 입력을 받지 못한다. 그러면 이 신경세포들은 자신에게 입력을 줄 만한 신경세포를 찾아 수상돌기를 뻗으면서 주변의 신경세포들과 연결을 재구성한다. 그러다 보면 손에서 입력을 받던 신경세포들이 근처에 있는, 얼굴에서 입력을 받는 신경세포와 연결되기도 한다. 그러면 얼굴을 만져도 손에서 입력을 받던 신경세포가 활

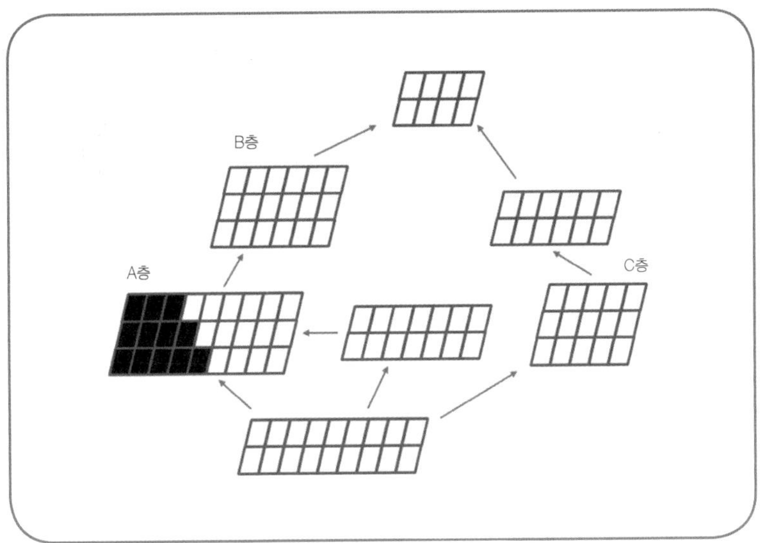

그림 12-6 신경망에 가해진 손상(검은 부분).

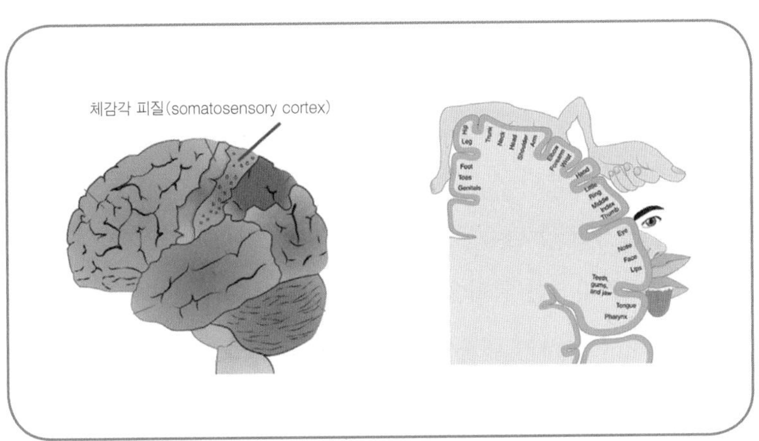

그림 12-7 왼쪽: 체감각 피질의 위치. 오른쪽: 체감각 피질을 얼굴과 평행한 방향(관상면)으로 자른 모습. 체감각 피질 위쪽에 그려진 신체 부 위는 체간각 피질이 어떤 신체 부위의 감각에 관여하는지를 나타낸다.

성화되어, 얼굴을 만졌는데 있지도 않은 손이 느껴질 수 있다. 이를 환상지phantom limb라고 한다. 후천적인 시각 장애의 경우에도 눈에서 정보를 받지 못하게 된 시각 뇌의 신경세포들이 청각 등 다른 자극을 처리하도록 변해간다.[12]

이처럼 신경망에는 중복과 여분redundancy이 많고 가소성이 있어서, 뇌의 일부가 손상되어도 그것을 보완하거나 대체하는 방법을 찾아낼 수 있다.

사람마다 다른 신경 표상

똑같은 구조의 신경망이라도 접해온 정보에 따라 표상하는 내용이 다르다. 예컨대 초깃값과 구조가 똑같은 두 신경망 중 한쪽에는 동물 사진만을 보여주고, 다른 한쪽에는 건축물의 사진만 보여준 경우를 생각해보자. 그러면 두 신경망에서 같은 위치에 있는 단위(〈그림 12-8〉에서 빨간색으로 표시한 단위)가 표상하는 내용은 다를 것이다. 마찬가지로 사람마다 경험이 다르기 때문에 동일한 뇌 부위라도 표상하는 내용이 사람마다 다르다.

그럼 구조가 조금 다른 두 신경망에 똑같은 데이터를 제공하는 경우는 어떨까? 비슷한 위치에 있는 단위(〈그림 12-9〉에서 빨간색으로 표시한 부분)가 표상하는 내용이 같다고 볼 수 있을까? 아마 조금 다를 것이다. 사실 비슷한 위치에 있는 단위를 찾는 작업부터가 쉽지 않다. 두 신경망의 구조가 다른데 어떻게 '같은 위치'라는 게 있을 수 있겠나.

뇌영상을 분석할 때 실제로 이런 문제가 발생한다. 사람마다 얼굴이 다르게 생긴 것처럼, 뇌의 주름과 모양도 사람마다 제법 다르다. 자

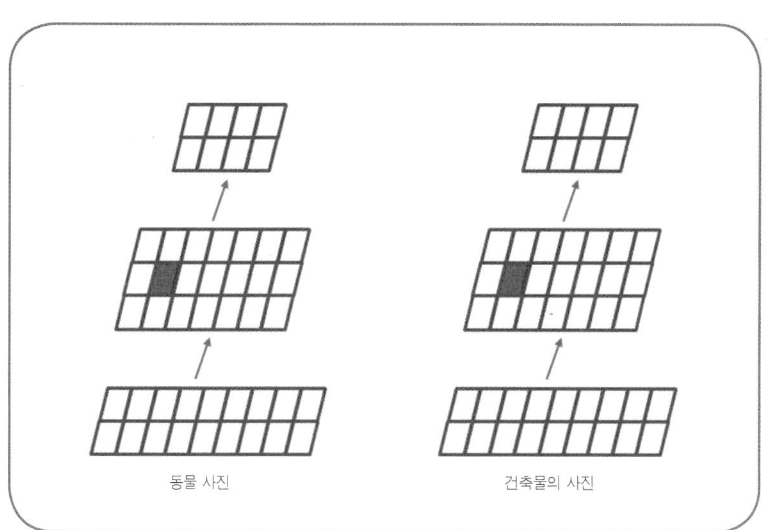

그림 12-8 경험이 다르면 신경 표상의 내용도 달라진다.

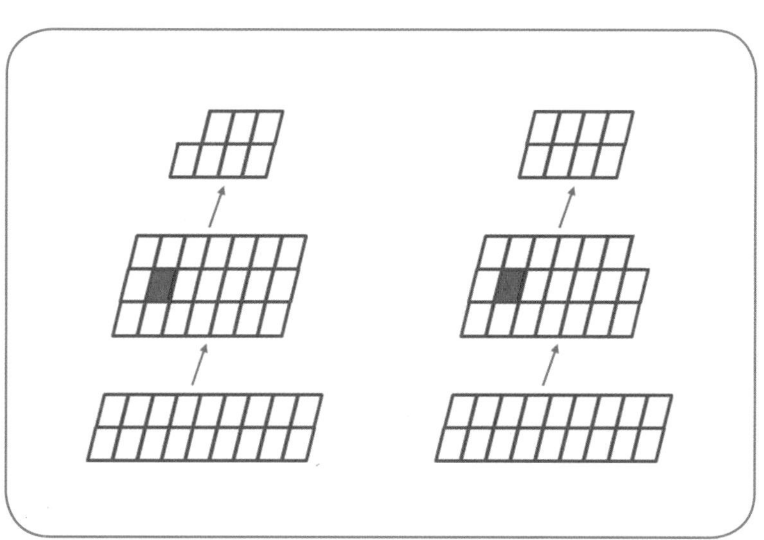

그림 12-9 신경망의 구조가 다르면 각각의 신경세포가 표상하는 내용도 달라진다.

기공명영상으로 촬영한 뇌 구조를 보면 비전문가라도 차이를 확인할 수 있을 정도로 다르다. 그래서 뇌영상을 분석할 때는 수백 명의 뇌를 평균해서 '표준 뇌'라고 할 만한 것을 만들고, 개인의 뇌영상을 변형해서 표준 뇌에 맞추는 과정이 필요하다. 이런 변형 과정 때문에 두 개의 다른 뇌에서 찾아낸 '같은 위치'에는 작지만 오차와 불확실성이 존재한다.[13]

더욱이 실제 뇌는 사람마다 구조만 다른 게 아니다. 단백질의 발현 패턴, 에너지 대사 등도 다르다(「사랑은 화학작용일 뿐일까?」 참고). 같은 위치로 추정되는 뇌 부위라고 해서 사람마다 동일한 기능을 수행하리라고 단정하기 힘든 이유가 여기에 있다.

내 뇌가 시켰어요

앞에서 살인을 저지른 사람이 자신의 전전두엽prefrontal cortex에 이상이 있으면 "내 의지로 한 게 아니라 내 뇌가 했어요"라고 주장하는 경우가 있다고 했다. 전전두엽은 감정을 조절하고 의사 결정을 내리는 데 중요한 뇌 부위인데, 전전두엽의 손상 때문에 행동을 통제하지 못해서 살인에 이르렀을 뿐 의도적인 살인은 아니었다고 주장하는 것이다. 이 경우 전전두엽의 손상 때문에 행동에 대한 통제력이 진짜로 사라졌는지가 쟁점이 된다.

우리는 이제 전전두엽이 손상되어도 행동을 통제할 수 있는 경우가 있음을 안다. 분산된 네트워크인 뇌는 어느 한 부위가 손상되더라도 다른 부위를 통해 어느 정도 보완할 수 있기 때문이다. 또 사람마다 뇌가 조금씩 다르기 때문에 특정한 영역의 손상이 반드시 꼭 같은 결과로 이어진다고 단언하기 어렵다. 뇌는 계속 변해가므로 재판할 무렵에 관측된 뇌 병변이 범행 당시의 뇌 병변과 동일하다고 보기도 어렵다. 즉, 전전두엽의 손상과 행동 통제력의 상실 사이에 개연성을 주장할 수는 있지만, 전전두엽의 손상이 행동 통제력의 상실을 '입증'할 수는 없다.[4][5] 판사가 전전두엽의 손상과 행동 통제력 사이의 관계를 일대일로 인식하느냐, 개연성으로 파악하느냐에 따라 정상참작의 정도가 달라질 것이다.

동물을 사용해서 전전두엽의 기능을 연구할 때는 전전두엽을 손상시키거나 약물 등으로 억제시킨다(손상 연구). 그 후 동물의 행동 변화를 관찰하여 '전전두엽을 손상·억제시켰더니 행동을 이전만큼 통제하지 못하더라'라는 결론을 얻어낸다. 그런데도 동물 실험을 하는 연구자들은 전전두엽이 손상되었다고 행동을 전혀 통제할 수 없게 되는 건 아니라는 사실을 안다. 손상의 범위, 손상되고 나서 경과한 일수, 각 동물의 특성에 따라 행동 통제 능력의 변화 양상이 다르다는 것을 직접 관찰이나 문헌을 통해 알기 때문이다. 그래서 논문을 쓸 때도 동물의 뇌를 얼마만큼 손상시켰고, 손상된 지 며칠 후에 실험했는지를 꼭 보고한다. 하지만 이런 세부 과정을 접할 수 없는 비전공자들은 '전전두엽이 행동 통제 기능을 하는구나. 그러면 전전두엽이 손상된 피고는 자기 행동을 통제하는 능력이 없겠네'라는 결론을 내리기 쉽다.

내 탓이냐, 뇌 탓이냐

뇌를 환원적으로 인식하든 분산된 네트워크로 인식하든 상관없이, '내 탓이 아닌 뇌 탓'이라는 주장이 가능한 경우도 있다. 예를 들어 만취 상태일 때는 뇌를 어떻게 인식하든 '뇌 탓'이라고 할 만하다. 환각 및 자살 충동 논란을 일으킨 졸피뎀 과복용으로 인한 자살도 '뇌 탓'이라고 보곤 한다.[14] 두 경우 모두 '나'를 자각하고 조절하는 의식이 흐리멍덩해서 '내 탓'이라고 보기 어렵기 때문이다.

하지만 의식이 정상적으로 작동하는 통상적인 상황에서는('의식이 정상적으로 작동하는 상황'의 경계가 대단히 모호하기는 하지만) '뇌 탓=내 탓'이라고 여긴다. '내가 무엇을 한다'라고 자각하고 '내가 무엇을 할지'에 핵심적인 영향을 끼치는 뇌 활동이 의식이기 때문이다. 그래서 의식이 있는 상태에서는 자유의지를 가진다고 보고 법적 책임과 권리를 부여한다. 물질인 뇌의 특정한 조건이 의식을 일으키고, 의식이 있을 때는 자의식과 자유의지가 있다고 보는 것이다.

이 지점에서 몇 가지 혼란이 일어난다. ① 물질은 물리법칙에 따라 움직인다. 그렇다면 자유의지는 없고 행동과 생각은 미리부터 결정된 게 아닐까? ② '나'라는 의식을 비롯한 마음이 물질의 작용(뇌)으로 일어난다. 그러면 자아는 환상일 뿐일까? 마음이 물질에 불과하다는 사실이 불편하다. ③ 자유의지가 없고 자아는 환상이라면, 모든 게 다 뇌 탓 아닐까? 내가 지금 이 글을 읽고 있는데 이걸 내가 하는 걸까, 내 뇌가 하는 걸까? 나의 삶, 나의 노력, 나의 책임을 어떻게 이해해야 할까? ④ 그나마 '나'와 '자유의지'가 있다고 우겨볼 수 있을 때가 '의식'이 있을 때인데 도대체 의식이라는 게 뭘까? ⑤ 자유의지와 자아가 환상이고 물질인 뇌만 진짜라면, 이러다가 인공신경망에서도 '자유의지'나 '자아' 비슷한 게 생길 수 있는 것 아닐까?

'미치고 팔짝 뛸' 질문들이다. 뇌과학자들이 철학에 관심을 가지고,

철학자들이 뇌과학을 외면하기 힘든 것도 아마 이런 이유에서일 것이다. ①번 질문은 「자유의지는 존재하는가?」에서 다루었고, ②번 질문은 「자아는 허상일까?」와 「사랑은 화학작용일 뿐일까?」에서 다루었다. ③번 질문은 「자유의지는 존재하는가?」와 「자아는 허상일까?」에서 살펴보았다. 이어질 글에서는 간단하게나마 ④번과 ⑤번 질문을 다뤄보기로 하자.

13 신경 네트워크와 의식

전체는 부분의 합보다 크다. 그래서 전체에서는 부분일 때 없던 특징들이 창발emergence 되기도 한다. 예컨대 한 마리의 개미는 비교적 단순한 일을 하지만 개미 군체는 개미 한 마리만 볼 때는 상상할 수 없던 일을 해낸다. 뇌 속에는 약 860억 개의 신경세포들이 있다. 이 신경세포들의 네트워크가 몸이라는 네트워크, 환경이라는 네트워크와 상호작용하고 있다. 개별 신경세포 수준에서도 복잡한 계산이 일어나는데 860억 개의 신경세포가 모인 네트워크라면 어떤 현상이 생겨날까? '의식'처럼 신비로운 현상도 창발될 수 있을까?

전체는 부분의 합보다 크다 ①: 끌개

왜 전체는 부분의 합보다 클까? 연결된 전체에서는 요소들이 서로 제약하므로, 개별 요소가 독립적으로 움직일 때와는 다른 특성이 나

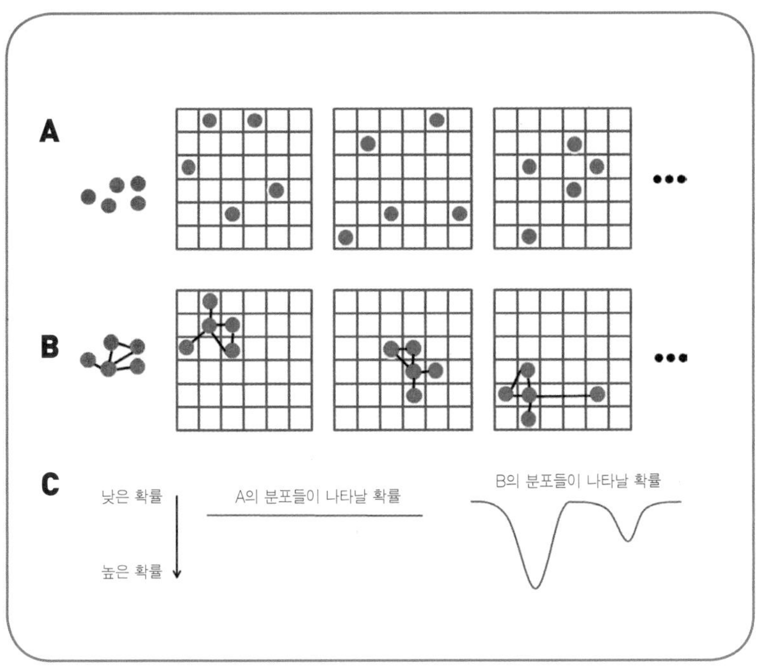

그림 13-1 요소들의 합과 요소들의 네트워크. A: 서로 독립적인 다섯 개의 빨간 공을 36개의 칸을 가진 상자 위에 떨어뜨렸을 때 나타날 수 있는 분포들. B: 고무줄로 연결된 다섯 개의 빨간 공을 36개의 칸을 가진 상자 위에 떨어뜨렸을 때 나타날 수 있는 분포들. C: 가로축은 분포, 세로축은 분포들이 나타날 확률을 나타낸다. 깊이가 깊을수록 확률이 높고 안정적인 분포라는 뜻이다.

타나기 때문이다.[1] 〈그림 13-1〉 A처럼 각각 독립적으로 움직이는 다섯 개의 빨간 공을 36개의 칸을 가진 상자 위에 떨어뜨렸을 때 나타날 수 있는 분포를 생각해보자. 빨간 공들이 서로 독립적이기 때문에 다섯 개의 빨간 공들은 A처럼 다양한 형태로 분포할 수 있고, 어떤 분포든 일어날 확률이 동일하다(〈그림 13-1〉 C).

이번에는 〈그림 13-1〉 B처럼 고무줄로 연결된 다섯 개의 빨간 공을 36개의 칸을 가진 상자 위에 떨어뜨렸을 때 생길 수 있는 분포들을 생각해보자. 다섯 개의 요소들이 고무줄로 연결되어 있기 때문에 빨간 공들은 대체로 가까이 분포하게 된다. 빨간 공들이 독립적으로 움직이는 A 상황과는 달리, 네트워크에서는 분포에 따라 일어날 확률이 다르다. 고무줄이 많이 늘어나야 하는 분포일수록 불안정하므로 일어날 확률이 낮다(〈그림 13-1〉 C). 예컨대 〈그림 13-1〉 B의 세 번째와 같은 분포는 B의 첫 번째나 두 번째 분포에 비해 일어날 확률이 낮다.

이제 〈그림 13-2〉 A처럼 36개 칸을 나누는 벽의 높이가 낮다고 가정해보자. 그러면 고무줄이 팽팽하게 당겨진 상황에서는 빨간 공이 벽을 넘어 다른 칸으로 이동할 것이다(〈그림 13-2〉 B). 이 과정에서 빨간 공들의 네트워크는 불안정한 분포에서 점점 더 안정한 분포로 변해간다(〈그림 13-2〉 C).

이처럼 요소들이 서로 제약하는 네트워크에서는 다른 상태보다 특별히 더 안정적인 상태들이 존재한다. 이 상태들을 '끌개attractor'라고 한다(〈그림 13-2〉 C).[2] 네트워크는 끌개가 아닌, 덜 안정적인 상태에 있다가도 점차 끌개에 해당하는 상태로 수렴한다. 이렇게 네트워크의 상태를 끌개 상태로 끌어들인다고 해서 '끌개'라는 이름이 붙었다.

반면에 〈그림 13-1〉 A처럼 독립적인 요소들이 단지 모여 있는 경우(합)에는 딱히 더 안정적인 상태랄 게 없다(〈그림 13-1〉 C). 따라서 끌개와 끌개 유역도 없고, 요소들은 시간이 흘러도 그대로 정지해 있다. 네트워크는 외부에서 별다른 힘이 가해지지 않아도 끌개를 향해 스스로 변해가지만, 독립적인 요소들의 합에는 외부의 힘이 가해져야 비로소 변화가 일어나는 것이다.

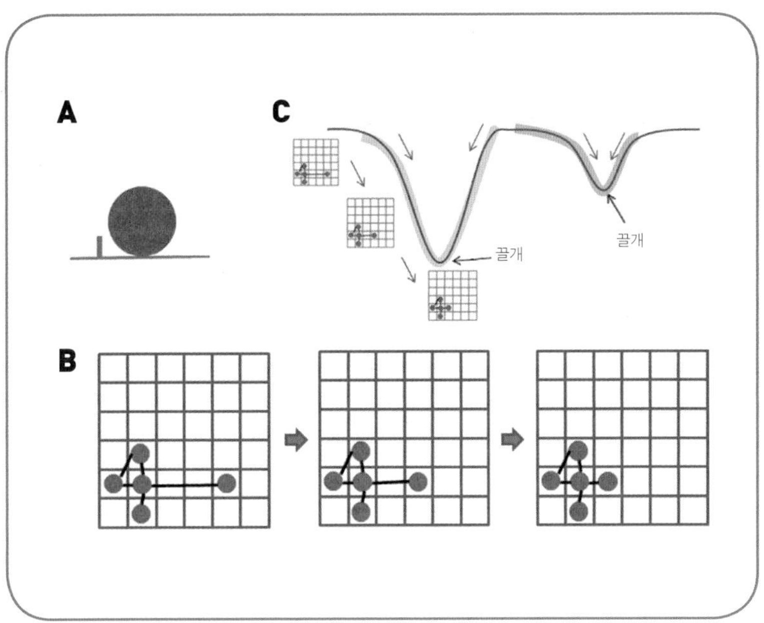

그림 13-2 끌개. A: 칸을 나누는 벽의 높이가 낮은 경우를 보여준다. 벽의 높이는 네트워크가 한 분포에서 다른 분포로 변하는 데 필요한 에너지에 비견될 수 있다. B: 빨간 공들의 네트워크가 불안정한 상태에서 안정된 상태로 변해가는 모습을 보여준다. 고무줄이 당기는 힘 때문에 멀리 떨어져 있던 빨간 공이 벽을 넘어 점차 가까운 칸으로 이동한다. C: 깊이가 깊을수록 네트워크가 안정적임을 나타내는 그래프에서 끌개는 가장 낮은 지점으로 표시된다. 네트워크가 그림 B처럼 변해갈수록 네트워크가 안정되는 것을 보여준다.

전체는 부분의 합보다 크다 ②: 끌개 유역

하나의 네트워크에는 여러 개의 안정적인 상태, 즉 여러 개의 끌개가 있을 수 있다. 이 경우, 불안정한 상태에 있는 네트워크는 여러 끌개 중 어떤 끌개를 향해 변해갈까? 〈그림 13-3〉 A와 B를 비교해보자. 네트워크가 안정적인 상태를 향해 변해가는 이유는 요소들이 서로를 제약하는 힘(이 경우에는 고무줄의 탄성력) 때문이다. 그런데 고무줄이

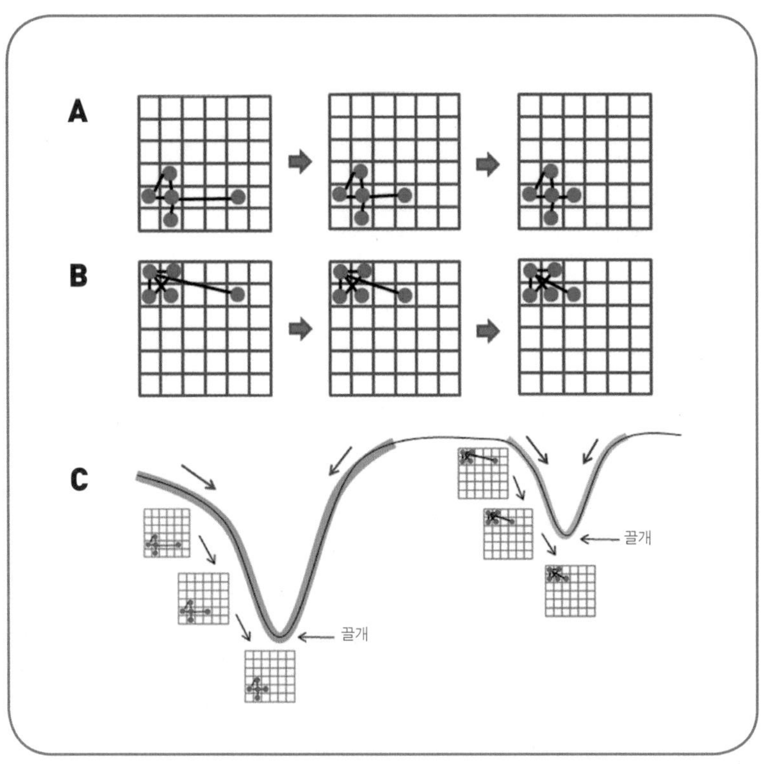

그림 13-3 끌개 유역. 끌개 유역은 에너지 그래프에서 끌개를 중심으로 움푹 들어간 골 모양으로 나타난다.

당기는 힘만으로는 B의 첫 번째 상태에서 A의 세 번째 상태로 이동할 수 없다. 따라서 B의 첫 번째 상태에 있는 네트워크는 B의 첫 번째 상태와 비슷한 끌개, 즉 B의 세 번째 상태를 향해 끌려가게 된다.

이처럼 네트워크는 별도의 힘(외부에서 가해진 힘이나 내적 요동 등)이 가해지지 않는 한, 에너지 그래프에서 인접한 위치에 있는 끌개로 수렴한다(〈그림 13-3〉 C). 끌개를 향해 변해가는 네트워크의 상태들을 끌개 유역attractor basin이라고 부른다.[2] 〈그림 13-3〉 C에서 파란색과 보라색 표시한 부분이 각각 파란색(〈그림 13-3〉 A)과 보라색(〈그림 13-3〉 B) 끌개의 끌개 유역에 해당한다. 보라색 끌개 유역에 있는 네트워크는 별도의 힘이 가해지지 않는 한, 파란색 끌개를 향해 변해갈 수 없다.

신경 네트워크에서 끌개의 예시

「기억의 형성, 변형, 회고」에서 살펴보았던 패턴완성pattern completion을 통해 끌개에 대해 좀 더 알아보자. 기억이란 개, 귀엽다, 산책, 멍멍, 강아지, 꼬리 치기처럼 서로 다른 정보들이 연결된 패턴이다. 기억의 회상은 패턴 속의 일부 정보(예: 개와 산책하는 사람)를 통해 패턴 속의 다른 정보(멍멍, 귀엽다, 강아지, 꼬리 치기)들이 주르륵 활성화되는 과정을 통해서 일어난다. 패턴 속의 일부 정보가 패턴 전체를 활성화시키는 이런 과정을 패턴완성이라고 한다(〈그림 13-4〉 A).

패턴완성을 통해서 패턴 전체가 활성화된 상태는 신경 네트워크의 끌개라고 볼 수 있다.[3] '개'와 '산책'이라는 정보가 입력된 네트워크의 상태는 패턴 속의 다른 정보들이 점차 활성화되면서 최종적으로 패턴 전체가 활성화된 상태(끌개)에 이르기 때문이다.

한편 패턴 속의 다른 정보(예: 꼬리 치는 강아지)를 보아도 패턴완성을 통해 똑같은 끌개(개와 관련된 패턴 전체가 활성화된 상태)에 이를 수 있다(〈그림 13-4〉 B). 따라서 네트워크에서 '개'와 '산책'이 활성화된 상태와, '꼬리 치기', '강아지'가 활성화된 상태는 둘 다 같은 끌개 유역에 있다고 볼 수 있다. 이처럼 네트워크가 패턴완성된 상태(끌개)로 수렴하는 덕분에 우리는 과거의 기억을 떠올릴 수 있다.

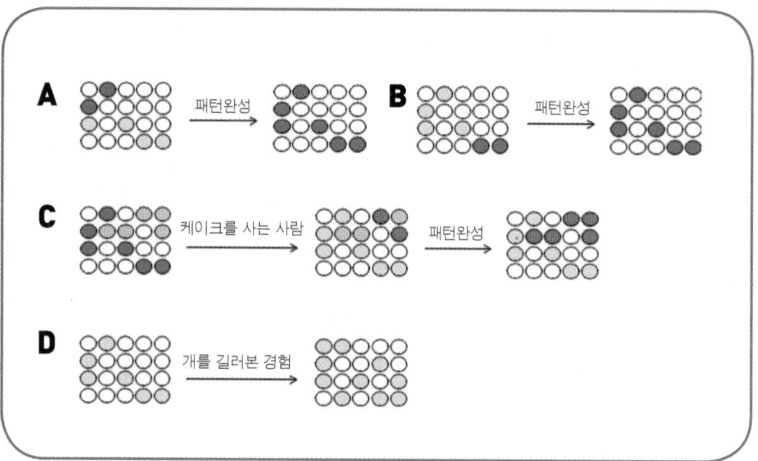

그림 13-4 패턴완성은 신경 네트워크에 있는 다양한 유형의 끌개들 가운데 하나이다. 이 그림에서 각 동그라미는 개, 생일, 산책, 멍멍, 귀엽다 등의 정보를 나타낸다. 파란 동그라미는 개에 관련된 정보를, 빨간 동그라미는 가족의 생일에 대한 정보를 나타낸다. 또 옅은 색은 활성화되지 않은 정보를, 짙은 색은 활성화된 정보를 나타낸다. 개에 대한 기억은 개와 산책하는 사람을 보고 활성화될 수도 있고(A), 개에 대한 기억 패턴 속의 다른 정보인 꼬리 치는 강아지를 보고 활성화될 수도 있다(B). 개와 산책하는 사람을 보고 개에 대한 기억을 떠올리던 사람은 케이크를 사는 사람을 본 뒤, 가족의 생일에 대한 기억을 떠올리게 될 수도 있다(C). 개를 길러본 경험은 개에 대한 기억의 패턴을 더 풍성하게 만들 수 있다(D).

우리는 인생을 살면서 무수한 기억을 쌓아간다. 그래서 뇌의 신경 네트워크에도 수많은 끌개가 있다. 외부 환경에 대한 정보, 몸 상태에 대한 정보, 다른 뇌 영역에서 온 정보 등은 신경 네트워크를 한 끌개 유역에서 다른 끌개 유역으로 이동시킬 수 있다. 예컨대 '개와 산책하는 사람'을 본 뒤 개와 관련된 끌개 유역에 있던 신경 네트워크는, '케이크를 사는 사람'을 보고 잊을 뻔했던 가족의 생일과 연결된 끌개 유역으로 이동할 수 있다(〈그림 13-4〉 C).

신경 네트워크의 끌개들은 고정된 것이 아니다. 「나이 들면 머리가 굳는다고? 아니 뇌는 변한다」에서 살펴본 것처럼, 신경 네트워크는 평생 변한다. 신경 네트워크의 구조가 변하면 끌개와 끌개 유역의 분포도 달라진다. 예컨대 개를 기르기 전과 후에 개에 대한 기억은 다를 것이다. 개와 관련된 정보들의 신경 연결(패턴)이 바뀌기 때문이다. 이렇게 신경 연결이 바뀌면 개를 연상할 때 신경 네트워크가 수렴하는 상태인 끌개도 달라진다(〈그림 13-4〉 D).

다양하고 역동적인 끌개

앞에서 설명한 기억의 패턴완성은 해마라고 하는 뇌 부위에서 일어난다. 하지만 신경 네트워크에는 기억의 패턴완성과 다른 규모, 다른 종류의 끌개들도 많다. 예를 들어, 알아보기 힘들게 수정한 건물 사진과 얼굴 사진을 피험자들에게 하나씩 보여주면서 사진이 건물인지 얼굴인지 알아맞히게 하는 실험을 생각해보자(〈그림 13-5〉 A).[4] 이때 피험자의 뇌 활동을 뇌파[EEG]와 뇌자도[MEG]로 측정해보면, 피험자가 사진을 알아보지 못하는 동안에는 인식에 관련된 뇌 영역들의 활동이 계

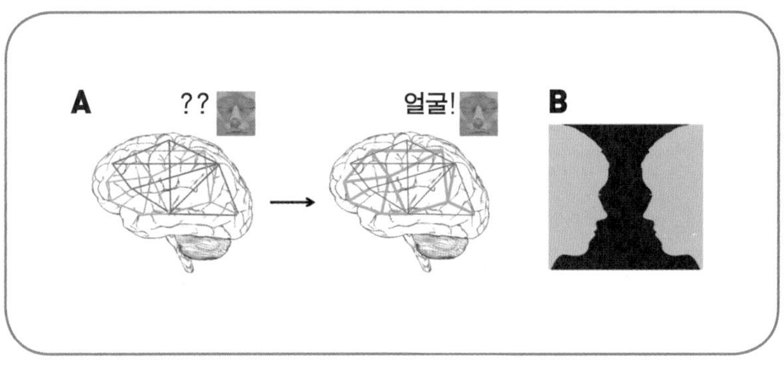

그림 13-5 A: 의식적인 지각과 끌개. [5]를 참고해 수정했다. B: 얼굴-꽃병 착시

속 변하면서 불안정한 양상을 보인다. 하지만 피험자가 사진의 내용을 의식적으로 알아본 뒤부터는 한동안 안정적인 상태(끌개)가 된다. 이처럼 광범위한 뇌 영역들이 일시적으로 수렴한 안정적인 상태도 끌개이다.

끌개와 끌개 유역의 지형도는 몸 상태와 감정에 따라 달라진다. 예컨대 깊은 수면이나 마취 상태에는 외부 환경에 대한 정보가 뇌로 전해지지 않는다.[6][7] 그러면 신경세포들의 활동이 약 1헤르츠 정도의 느린 주파수에 맞춰 동기화되는데 이런 상태에서는 깨어 있을 때 있던 끌개들이 약해지거나 사라질 수 있다. 신경 네트워크 전반에 큰 영향을 미치는 끌개(예: 신경세포들의 활동이 1헤르츠의 느린 주파수에 동기화된 상태)에서 어떤 끌개(예: 사진이 얼굴인지 건물인지 의식적으로 알아보는 상태)들은 생겨날 수 없기 때문이다.

이처럼 신경세포들이 유기적으로 연결된 네트워크에서는 끌개와 끌개 유역처럼 개별 신경세포만 볼 때는 없던 현상이 창발된다. 신경 네트워크의 끌개는 규모와 종류가 다양할 뿐만 아니라 그 양상도 역동적이고 다층적이다. 그렇다면 신경 네트워크에서는 의식처럼 신비로운 현상도 생겨날 수 있을까?

의식적인 상태와 여러모로 유사한 끌개

끌개는 의식에 대한 계산 이론에서 핵심적인 부분이었다.[8] 의식적인 상태와 끌개 사이에 유사한 측면이 많기 때문이다. 앞에서 살펴본, 흐릿한 사진이 얼굴인지 건물인지 알아맞히는 실험을 다시 생각해보자(〈그림 13-5〉 A). 피험자들은 한동안 사진을 보며 애쓰다가 얼굴 또는 건물임을 의식적으로 인식하게 된다. 사진이 얼굴(또는 건물)임을 알아차린 뒤에는 한동안 이 인식이 유지된다. 피험자는 사진을 얼굴로 인식했다가, 건물로 인식했다가 하면서 왔다 갔다 할 수는 있지만, 얼굴인 동시에 건물이라고 인식할 수는 없다.

신경 네트워크에서도 비슷한 일이 일어날 수 있다. 건물인지 얼굴인지 모호한 사진이 입력되면 신경 네트워크에서는 건물에 대한 표상과 얼굴에 대한 표상이 서로 경쟁한다(「인공신경망의 표상 학습」 참고). 신경 네트워크는 내부의 노이즈와 추가 정보에 따라 건물에 대한 표상이 활성화된 상태와 얼굴에 대한 표상이 활성화된 상태를 왔다 갔다 하다가 둘 중 하나에 안착하게 된다. 앞서 설명한 것처럼 네트워크가 안착한 안정적인 상태는 끌개이다. 이 끌개는 건물인 동시에 얼굴일 수는 없다는 점에서, 그리고 한동안 안정적으로 유지된다는 점에서 의식적인 지각과 유사하다.

항상성을 유지하는 생명체는 생존에 부합하는 상태들에 수렴하며(끌개) 몸을 움직여서 환경에 대한 예측 오류를 줄이는 과정에서 의식과 비슷한 현상이 일어난다고 보기도 한다.[9]~[11] 몸의 움직임과 예측 오류를 연결한 이 주장은 한 순간에 한 가지 의식 경험만 일어난다는 점을 생각하면 제법 설득력이 있다. 왜 그런지 좀 더 살펴보자.

의식적인 경험은 한 순간에 한 가지만 가능하다. 예컨대 앞에서 설명한 실험에서 피험자들은 사진을 얼굴인 동시에 건물로 볼 수는 없다. 또 〈그림 13-5〉 B를 꽃병으로 볼 수도 있고, 얼굴로 볼 수도 있지만, 꽃병과 얼굴을 동시에 볼 수는 없다.[8] 이는 대단히 놀라운 일이다. 매 순간 다량의 정보가 뇌로 들어오고 있으며, 매 순간 수백억 개의 신경세포들이 활동하고 있는데, 의식적인 경험은 한 순간에 한 가지뿐이기 때문이다(「풍성하고 변화무쌍한 지금」 참고).

뇌는 환경과 몸 상태를 예측해서 생존에 필요한 보상(예: 먹이, 안전, 짝)을 획득하는 움직임을 만들기 위해 존재한다(「뇌는 몸의 주인일까?」 참고). 따라서 한 순간에 한 가지 의식 경험만 일어나는 것은 상황에 따라 생존에 적합한 행동이 다르고, 한 순간에 취할 수 있는 행동도 하나뿐이기 때문일 수 있다. 예컨대 눈앞에 보이는 사물이 60퍼센트의 확률로 뱀이고, 40퍼센트의 확률로 밧줄이라고 해서, 60퍼센트는 피하고 40퍼센트는 머무르는 중첩된 행동을 할 수는 없는 노릇이다(우리 몸은 슈뢰딩거의 고양이가 아니다!).

인식할 수 있는 상황의 가짓수와 행동의 가짓수가 적을 때는 한 순간을 한 가지로만 의식할 필요가 적을 것이다. 하지만 신경 네트워크가 커져서 인식할 수 있는 상황의 레퍼토리와 행동의 레퍼토리가 복잡 다양해지면, 상황을 여러 가지 중의 하나로 인식해야(예: 뱀인지 밧줄인지) 여러 행동 중의 하나(예: 피하거나 머물거나)를 선택할 수 있다. 또 어떤 상황에서 어떻게 행동했더니 어떤 결과가 나왔는지 기억해뒀다가 활용하기에 유리하다. 의식은 신경 네트워크가 커지면서 적절한 행동을 선택하고 기억하기 위해서 등장했는지도 모르겠다.

의식이라는 내적 경험

의식적인 상태가 끌개와 유사하다면 의식을 끌개로 설명할 수는 없을까? 끌개만으로는 어려울지도 모르겠다. 우리가 의식이 있을 때(예를 들어 깨어 있을 때)는 보고, 듣고, 느끼고, 생각하고, 주체적으로 행동한다는 자각이 있다. 이처럼 외부 세계를 인지하고, 감정을 느끼고, 의도하는 내적 경험은 의식의 핵심적인 측면이다. 문제는 내적 경험은 밖에서 남이 봐서는 알 수가 없다는 점이다.

예를 들어보자. 혼수상태에 빠진 뒤 깨어나지 못하는 환자들 중에는 의식을 회복하지 못한 환자도 있고, 의식을 회복했지만 몸을 움직일 수 없는 환자도 있다.[12] 후자의 경우에는 소리를 듣고, 느끼고, 생각할 수 있음에도 몸을 움직여서 자신이 깨어 있음을 알릴 수가 없다. 밖에서 관찰해서는 환자에게 의식이 있는지 없는지를 판단할 수 없는 것이다. 의식의 유무는 오로지 환자 본인에게만 명확하다.

객관적으로 확인할 수 없는 내적 경험이 의식에서 핵심적이라는 사실은 논란을 촉발시켰다. 주관적인 내적 경험은 객관적이고 물리적인 과학의 영역을 벗어나기 때문이다. 뇌과학이 발전하면서 마음의 많은 부분을 뇌의 물리적인 활동으로 설명할 수 있게 되자, 마음의 주관적인 측면에 대한 의혹은 더욱 커졌다. 급기야 과학으로 설명할 수 없는 내적 경험인 의식은 허상illusion이라는 주장까지 나왔다.[13] 의식은 정말 허상일까? 과학이 내적 경험을 고려하지 않으면 왜 의식이 허상처럼 보이는지부터 살펴보자.

내적 경험을 고려하지 않는 과학

과학에서는 어떤 사람이 실험하든 동일한 결과를 얻도록 객관성은 높이고 주관성은 배제하려고 한다. 그런데 '객관이냐, 주관이냐'라는 인식틀에서는 주체와 객체가 대등하지 않다(글상자 11-3 참고). 주체가 객체를 어떻게 인식하는지(주관과 객관)만 고려할 뿐, 객체의 내적 경험(객체가 주체와 객체 자신을 어떻게 인식하는지)은 염두에 두지 않기 때문이다(〈그림 13-6〉). 이는 2차원 세계에 사는 사람이 가로와 세로 외에 '높이'도 있다는 사실을 모르는 것과 비슷하다.

이처럼 객체의 내적 경험을 염두에 두지 않는 일방적인 태도는 인간 중심적인 시각에서 자연을 내려다보던 시절을 떠올리게 한다. 실제로 객체의 내적 경험을 고려하지 않는 태도가 인간 중심적인 인식을 강화하기도 했다. 객체의 내적 경험이라는 차원이 없이는 인간을 제외한 동물들의 감정과 인식을 설명할 수가 없었기 때문이다. 그러니 지난 수세기 동안, 자연에서 독보적인 지위를 차지한 인간만이 예외적으로 감정과 의식을 가진다고 여겼다.[14] 감정과 의식을 가진 인간은 감정과 의식이 없는 동물들을 배려하고 윤리적으로 대할 필요

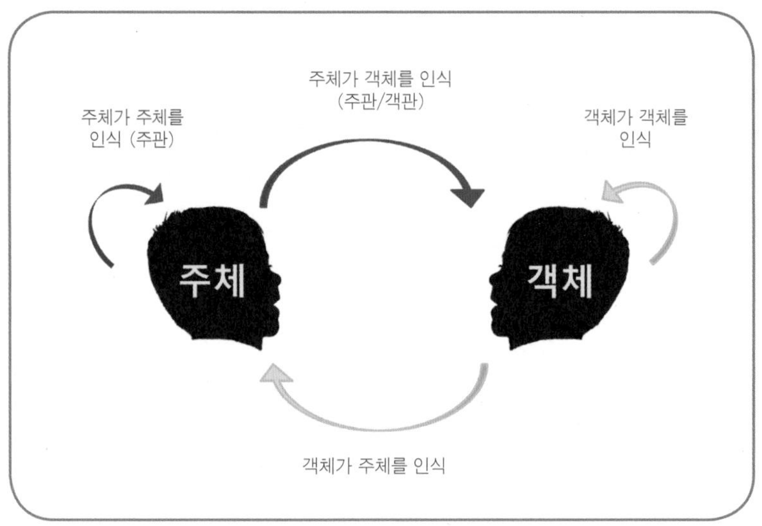

그림 13-6 '주관이냐, 객관이냐'라는 인식틀에서 배제된 객체의 내적 경험(객체의 객체 인식과 객체의 주체 인식).

도, 생태계를 아낄 필요도 없었다.

객체의 내적 경험이라는 차원이 없어도 대부분의 자연 현상을 탐구할 때는 문제가 되지 않았다. 하지만 인간의 마음을 탐구하기 시작하자 도무지 앞뒤가 안 맞는 결과가 도출되었다. 연구자(주체)는 인간의 마음을 연구하겠다는 자기 의지에 따라 연구를 시작했는데, 연구자를 포함한 인간의 마음이 객체가 되는 순간 '의지'라는 내적 경험은 2차원 세계에서 보는 '높이'처럼 사라지기 때문이다.

이는 마치 눈으로는 3차원 사물을 보면서도(자신의 감정과 의지를 느끼면서도), 입으로는 이 사물이 2차원 평면에 드리운 그림자만을 설명할 수 있어서(과학에는 객체의 내적 경험이라는 차원이 없으니까) '높이는 존재하지 않는다. 허상이다(의식은 허상이다)'라고 말할 수밖에 없는 것과 비슷하다.

내적 경험의 포섭

과학이 아무리 미더워도, 과학이 내적 경험을 고려하지 않기 때문에 의식 경험을 허상이라고 주장하는 것은 앞뒤가 뒤바뀐 느낌이다. 의식은 많은 사람이 경험하는 현상이다. 그런데 이 현상을 탐구하기 위해 과학을 확장하는 대신, 과학에 대한 자신의 이해에 맞춰서 의식 경험이라는 현상을 허상이라고 주장했기 때문이다. 사실 과학적 대상이 아닌 것을 가타부타 논하는 것은 과학적인 진술도 아니다.

과학이 미지의 영역을 탐구하며 확장되어온 과정을 돌이켜 보면, 언젠가 내적 경험도 과학에 포섭될지 모른다. 실제로 물리학에서는 자유의지의 유무가 양자역학의 완결성과 관련되어 있다고 한다.[15] 정보 이론에서도 객체의 내적 상태를 어느 정도 고려한다. 정보 이론에서 생명은 외부에 대한 예측 오류를 줄임으로써 항상성을 유지한다고 보기도 하는데,[9] 생명의 예측 오류를 연구하려면 외부에 대한 생명체의 예측(내적 믿음)도 고려해야 하기 때문이다. 과학이 어떤 식으로든 내적 경험을 포섭하게 되면, 의식이 허상처럼 여겨지지는 않을 것이다.

과학 탐구 과정에서 내적 경험에 대한 기존의 정의가 수정될 수도 있다. 내적 경험에 대한 현재의 정의는 인간 중심적인 시각에서 지나치게 협소하게 정해졌을 가능성이 크기 때문이다. 내적 경험의 하나인 통증을 예로 들어보자. 다른 동물들도 통증을 느끼는지 조사할 때는, 사람의 뇌에서 통증에 관련된 부위를 찾고, 이 부위에 해당하는 뇌 영역이 동물의 뇌에도 있는지 확인하는 방법이 사용되곤 했다.[16] 그래서 중추신경계가 없는 무척추동물은 통증을 느끼지 못한다고 여겼다. 하지만 무척추동물인 꽃게와 문어도 통증을 느낄 수 있다는 사실이 밝혀지고 있다.[17]

객체의 내적 경험이라는 차원 전체를 고려하지 않으면, 철학적·법적·윤리적으로 중요한 내적 경험인 의식이 유난히 도드라져 보인다. 이렇게 내적 경험 중에서 의식만을 별도로 생각하면, 기계 속에서 웬 허깨비 같은 유령이 있다가 없다가 하면서 놀라운 일을 해내는 것처럼 보인다. 비유하자면 바다의 표면과 비슷하다. 바다의 표면에서 파도만 똑 떼어놓고 보면, 경계가 불분명한 뭔가가 있다가 없다가 하면서 해안가의 절벽을 깎는 놀라운 일을 해내는 것처럼 보일 것이다(「자아는 허상일까?」 참고).

하지만 바다 표면 전체를 고려하면, 조건에 따라 어떨 때는 수면이 잔잔한 상태가 있고, 어떨 때는 파도치는 상태가 있을 뿐이다. 바다 표면 전체와 바다 위의 환경을 둘 다 고려해야 파도를 연구할 수 있듯이, 내적 경험의 차원 전체를 고려해야 의식을 이해할 수 있지 않을까? 나아가 내적 경험의 차원과 물리적 차원의 상호작용을 본격적으로 연구할 수 있지 않을까?

대상화를 넘어서

아리스토텔레스로부터 린네, 현대 과학자들에 이르기까지 수많은 분류가 있었다. 이 중에 어떤 분류가 가장 옳을까? 모든 분류가 분류자 나름의 기준을 따른다는 점에서는 마찬가지이다. 객체에는 저마다 고유한 사연과 특징이 있는데, 이를 모두 알 수 없는 분류자가 자신에게 의미 있는 요소들을 기준으로 정해서, 자기 기준에서 같으면 같고 자기 기준에서 다르면 다르다고 나눈 것이기 때문이다.

이 합리적인 방식에는 분명한 이점이 있었다. 내 기준에 중요한 요소만 분리하고 내 기준에 중요한 현상만 관찰함으로써 복잡한 현상을 이해하고 지식을 늘릴 수 있었다. 또 기준을 널리 공유함으로써 지식을 확산시킬 수 있었다. 그 덕분에 병을 고치는 약도 만들고, 로켓도 쏘아 올리고, 자동차도 굴릴 수 있었다.

그런데 이 멋진 약과 로켓과 자동차 때문에 알기 어려웠다. 객체의 독특한 사연을 살피지 않고 내 나름대로 분류한 기준은 불가피하게 대상을 왜곡한다는 사실을… 자연을 탐구할 때처럼 사람을 인종, 성별, 지위, 종교, 학벌에 따라 묶어서는 개성을 존중하기 어려웠고, 피해자도 생겨났다. 탐구나 문제의식의 대상이 된 자연, 환자, 약자, 소수자와 공감하지 못하고 단절하게 되었다. 끝내는 자기 자신(자의식)조차 허상이라고 하는 지경에 이를 때까지 대상화의 문제를 인식하지 못했다.

누가 어떻게 구분하든, 우리는 유일하고 다른 사람이다. 밖에서는 알기 어렵지만 내적 경험도 한다. 내가 느끼는 풍성한 인식, 감정, 생각, 경험은 온전히 나만의 것이다. 개체와 개체의 내면을 들여다보는 것은 객체를 대상화하는 환원적인 시각에서는 어려웠다. 하지만 네트워크를 이해하기 시작하는 지금이라면 점점 가능해질지도 모르겠다. 다음 글에서는 네트워크라는 관점에서 정상과 질병을 생각해보자.

글상자 13-1

'의식'은 신경 네트워크의 어디에 있는가?

사건 기억, 말하기, 감각 같은 마음의 기능들은 어떤 뇌 영역이 주로 담당하는지 알기가 비교적 쉬웠다. 이 기능들은 특정한 뇌 영역에서만 수행되는 것은 아니었지만, 특정한 영역들이 큰 비중을 차지했다. 예컨대 사건 기억에는 해마가 결정적으로 중요하고, 브로카 영역이 손상되면 말하기가 어려워진다. 그래서 손상 연구가 가능했고, 환원적인 접근으로도 상당한 지식을 얻을 수 있었다(「내 탓인가, 뇌 탓인가」 참고).

의식도 그럴까? 손상 연구lesion study를 하듯이 뇌 영역들을 하나씩 손상시켜 가다가 의식이 사라지면, 마지막에 손상시킨 영역이 의식을 담당하는 영역일까? 만일 그랬다면 반응하지 않는 뇌 손상 환자에게 의식이 있는지 없는지 판단하기가 훨씬 더 쉬웠을 것이다. 의식에 관련된 뇌 영역이 얼마나 손상되었는지를 보기만 해도 의식의 유무를 어느 정도 짐작할 수 있을 테니까.[12]

의식에도 별로 중요하지 않은 영역과 특별히 더 중요한 영역이 있기는 하다. 예컨대 소뇌에는 대뇌보다 훨씬 더 많은 개수의 신경세포가 있지만 소뇌를 통째로 떼어내도 의식에는 별 영향이 없다.[12] 반면에 감각 정보의 정거장이라고도 불리는 시상은 의식에서 아주 중요한 영역이다. 사고 이후 6년 동안 거의 의식이 없던 환자의 시상에 뇌심부 자극Deep brain stimulation을 심어서 전기적으로 자극했더니, 환자의 반응이 크게 개선된 사례가 보고된 바 있다.[18] 그 밖에 대뇌 피질도 의식에서 중요한 영역이라고 여겨진다.

하지만 다채로운 정보가 표상되고 통합될 수 있는 네트워크의 구조와 활동 덕분에 의식이 생겨나는 것이지, 특별히 더 중요한 영역들에 의식이 있다고 보기는 어렵다.[12][19] 이 이론에 따르면, 소뇌가 의식에 별로 중요하지 않은 것은, 소뇌는 독립된 모듈들이 모여 있을 뿐 다양한 정보를 통합하기에는 좋지 않은 구조이기 때문이라고 한다. 그러니 신경 네트워크의 어디에 의식이 있느냐는 질문은, 도시에서 문화가 어디에 있느냐는 질문과 비슷할지도 모르겠다.

이처럼 의식은 이제까지 연구된 마음의 기능들과는 달리 환원적인 방법만으로는 연구되기 어렵다. 네트워크 수준의 창발을 고민하지 않을 수 없는 현상인 것이다. 의식에 대한 연구는 의식이라는 신비로운 현상을 이해하게 도와줄 뿐만 아니라 뇌에 대한 인식과 뇌 연구의 방법에도 변화를 가져올지 모르겠다.

글상자 13-2

의식에 대한 예우

우리는 의식이 있는 동물들, 그래서 고통을 느낄 수 있는 동물들을 윤리적으로 대하려고 노력한다. 동물 학대를 처벌하며, 동물 실험을 하려면 윤리 심의 위원회의 심사를 통과해야 한다.[16] 윤리 규정을 어긴 경우 연구가 중단되고 처벌을 받기도 한다.

문제는 의식을 가진다고 여겨지는 생명들, 고통을 느낀다고 여겨지는 생명들의 목록이 길어지고 있다는 점이다. 대상에 대한 공감은 물론 필요하고도 바람직하지만, 우리는 공감의 무게를 어디까지 감당할 수 있을까? 예컨대 연구가 진행됨에 따라 예전에는 고통을 느끼지 못한다고 여겼던 물고기나, 게, 문어도 고통을 느낀다는 사실이 속속 밝혀지고 있다.[17] 이제 회와 산 낙지는 먹지 말아야 하는 걸까?

언젠가는 인공지능 로봇에게도 의식이 생길지 모른다.[20] 만일 인공지능 로봇에게 의식이 생긴다면, 이 로봇들을 적어도 애완견만큼은 존중해줘야 할까? 시간이 가면 더 좋은 핸드폰이 나오듯이, 인공지능 로봇도 점점 더 좋아질 텐데 이전에 나온 로봇들은 어떻게 해야 할까? 로봇에게 의식이 생기면, 사람의 지시를 어기고 자기 뜻대로 움직이는 경우도 생길까? 하지만 말 안 듣는 로봇을 처벌할 때도 재판이 필요하지는 않을까?

지난 수 세기 동안 자연을 대상화했던 인간이 생태계에 끼친 부정적인 영향이 적지 않다. 사람들이 악의를 가지고 일부러 그런 것이 아니라 자연을 존중하고 공감하지 못했기 때문이었다. 인간은 지구상의 다른 동물과 수십억 년 동안 진화의 역사를 함께했는데도 자연을 공감하지 못했는데, 로봇과 인간은 진화적인 공감대조차 가지고 있지 않다. 로봇은 우리를 공감할 수 있을까? 로봇이 우리를 위한답시고 한 일은, 진짜로 우리를 위한 일이 될 수 있을까? 우리가 애완동물이나 자연을 위한답시고 했던 일들과 비슷하지는 않을까?

인공지능 로봇이 우려할 만한 수준의 의식을 갖게 되는 건 먼 미래의 일일지도 모른다. 하지만 로봇의 의식에 대한 고민을 통해 지금의 우리가 자연과 약자를 어떻게 대하는지 돌아볼 수는 있을 것 같다.

14 개성을 통해 다양성을 살려내는 딥러닝의 시대로

「사랑은 화학작용일 뿐일까?」에서는 도파민의 작용을 살펴보면서 세상에는 다양한 사람이 있을 수밖에 없음을 알게 되었다. 이렇게 다양한 사람 중에서 정상과 비정상을 어떻게 나눌 수 있을까?

모호하고 가변적인 정상

우리는 '정상'이라는 표현을 자주 사용하지만, '정상'이 무엇인지 정의하기는 대단히 어렵다. '정상'이 이토록 모호한 탓에 '비정상' 또한 사회문화적인 맥락을 반영하며 변해왔다. 예컨대 미국에서 흑인 노예를 부리던 무렵에는 노예들의 도망을 설명하기 위해 흑인 도망병Drapetomania이라는 정신질환이 제안되었다. 재미있게도 요즘에는 극심한 인종차별이 정신질환이 아니냐는 주장이 제기되고 있다.[1]

정신질환은 유행을 따르기도 한다. 예컨대 투렛증후군은 1885년 처음 발표된 이후 수많은 사례가 쏟아져 나오다가 20세기 중반이 되자 마치 증발하듯이 사라졌다.[2] 20세기 중반에 100만 명에 한 명 꼴이라고 알려졌던 투렛증후군은 신기하게도 1970년대가 되면 갑자기 많아져 무려 투렛증후군 협회까지 생긴다. 흔한 증상이 관심과 문제의식의 대상이 되면서 질병이 되었다가, 아니었다가 하는 것이다.

생태적으로 비정상적인 환경에서 나온 정상적인 반응이 병으로 간주되는 경우도 있다. 사람들은 낮에 활동하고 밤에 자도록 진화해왔으며, 신경조절물질의 분비와 에너지 대사는 하루 생활 리듬에 맞춰져 있다. 하지만 도시의 밤은 낮처럼 밝고, 현대인들은 밤에도 활발히 움직인다. 호모 사피엔스의 생태에 맞지 않는 이런 환경이 우울을 비롯한 정서적 문제를 유발할 수도 있다고 한다.[3]

지나친 경쟁과 압박은 성인에게도 안절부절못하는 증세와 주의력 결핍을 부추긴다.[4] 하물며 뛰어놀 나이의 아이들을 억지로 앉혀두고 공부를 시키면 그 연령대의 아이들이 할 만한 정상적인 행동도 주의력 결핍으로 보일 수 있다. 교육 및 취업 기회의 결핍과 생활고는 젊은이들이 심각한 정신질환에 걸릴 위험을 높인다.[5] 이래서 병이란 '세상을 앓는' 것이라고도 한다.[6] 그런데도 비생태적인 환경에서의 정상적인 반응을 병으로 간주하고 취약한 몇몇 개인만 문제 삼으면, 환경을 개선할 기회를 놓치고 만다.

앵글로색슨 남성 기준으로 편향된 정상

과학 연구가 앵글로색슨 남성 문화에서 앵글로색슨 남성을 기준으로 이뤄져온 것도 문제이다. 남성과 여성은 태어날 때부터 정신적·육

체적으로 크게 다르다는 생각(내지는 편견)이 오랫동안 지배적이었다. 그렇다면 미국국립보건원NIH(미국에서 생명·의료 연구를 가장 큰 비율과 규모로 지원하는 기관)의 지원을 받는 전 임상 단계의 동물 실험과 세포 실험에서, 수컷뿐 아니라 암컷도 포함시키라는 정책이 시행된 것은 언제일까? 70년대? 80년대? 90년대? 놀랍게도 2014년이다.[7]

내가 쥐를 사용해 실험할 때만 해도, 수컷 쥐만 사용하는 것이 일반적이었으며 암컷은 좀처럼 연구 대상에 포함되지 않았다. 이렇다 보니 여성에 대한 이해가 부족할 수밖에 없었다. 외상 후 스트레스 증후군PTSD에서 남녀가 어떤 차이를 보이는지 연구하던 연구실의 동료는, 수컷 쥐가 외상 후에 움츠러드는 것과 달리, 암컷 쥐는 외상 후에 더욱 활발히 돌아다니는 바람에 당황하고 말았다. PTSD의 심각성을 측정하는 척도가 수컷을 기준으로 만들어졌기 때문에, 암컷의 PTSD 척도는 확립되어 있지 않았던 것이다.[8]

앵글로색슨과 다른 문화에서 생기는 차이도 있다. 미국 사람들은 외향적이고 활달한 성격을 선호하는 반면 내향적인 성격은 부정적으로 본다. 오죽했으면 내향성이 나쁘기만 한 것은 아니라는 책이 나왔을 정도이다. 나도 미국에 있을 때는 말을 안 하고 있으면 안 될 것 같은 압박감을 느끼곤 했다. 반대로 한국에서는 너무 떠들다 보면 눈치가 보인다. 문화적 차이이다.

그렇다면 외향성을 선호하는 문화를 기준으로 우리나라 사람을 평가하면 어떻게 될까? 아니나 다를까 기가 막힌 결과가 나왔다. 국내 아동 38명 중 한 명은 자폐증 성향을 갖고 있다고 한다.[9] 미국이나 유럽과 비교했을 때 2.6배나 높은 수치이다. 한국인 중에 유난히 자폐 성향이 많을 수도 있지만, 기준 자체가 편향되었을 가능성도 배제할 수 없다. 지나치게 심각한 경우가 아니라면, 자폐증 성향이 고쳐져야 할 나쁜 '질병'인지도 의문스럽다. 기존에 흔히 쓰이던 지능 검사가 아닌 다른 검사를 활용하면 자폐증 성향을 가진 사람들이 자폐증이 아닌 사람들보다 비언어적인 능력이 탁월한 것으로 밝혀지는 경우가 많기 때문이다.[10]

이러니 평가 기준, 피험자, 실험자 등 모든 측면에서 앵글로색슨 남성의 전형적인 뇌에서 벗어나야 한다는 주장이 나오기 시작했다.[11] 이처럼 '정상'이란, 사회적인 편견, 시대적인 유행, 비생태적인 환경에 따라 변하는 모호한 기준일 뿐 아니라, 앵글로색슨 남성이라는 편향된 잣대에 따라 설정된 가상의 기준이었다. 그래서 최근에는 실재하지 않는 '정상' 대신 신경 다양성neurodiversity을 고려하자는 주장도 나온다.

'표준모형과 그 변이'의 인식틀

정상의 기준이 모호하면 비정상의 기준도 모호해진다.[4] 「정신질환 진단과 통계 편람Diagnostic and Statistical Manual of Mental Disorders, DSM」은 선별된 증상 목록을 통해 정신질환을 진단하도록 만들어진 표준 매뉴얼이다. 1952년 최초로 출간된 DSM은 몇 번의 업그레이드를 거쳐 현재 5판까지 나왔다. 그런데 DSM에 수록된 질병의 가짓수가 늘어나고, 진단 기준 또한 완화되면서 환자보다 정상인을 찾기가 더 어렵다는 비판이 거세졌다. 미국의 경우, 21세 청년 인구의 80퍼센트 이상이 정신장애 기준에 부합한다고 한다(글상자 14-1).

사전 선별된 증상의 목록에 따라 정신질환을 진단하는 DSM의 방식은 그다지 성공적이지 못했던 과거 인공신경망의 사물 인식과 유사한 방법이다(「인공신경망의 표상 학습」 참고). 과거에는 사물 인식에 유용할 법한 특징feature들을 사람이 미리 설정하고, 인공지능 컴퓨터는 이 특징들을 어떻게 사용해야 사물 인식의 정확도를 높이는지 학습하는 식으로 동작했다. 이런 방식은 사물의 종류별로 표준모형이 있음을 전제하고 있다. 예컨대 전형적인 개는 이러이러하다는 표준모형이 전제되어야만, 개의 인식에 유리할 법한 특징을 사람이 선정할 수가 있다. 마찬가지로 정신질환을 인식하는 데 필요한 증상들을 나열한 DSM도 암묵적으로 '정상'이 존재함을 가정하고 있다.

표준모형(정상)과 그 변이로 개인을 인식하는 방식은 정규분포에서 드러난다. 호르몬 수치, 몸무게, 검사지의 점수 같은 특징들은 큰 집단에서 대개 종 모양의 정규분포를 보인다(〈그림 14-1〉). 개인의 점수가 집단의 평균에 가까울수록 정상이고 평균에서 멀수록 비정상이라고 본다. 이래서야 정규분포의 개수만큼(선택한 특징의 개수만큼, 존재하는 검사의 개수만큼) 비정상이 생겨난다. DSM은 갈수록 두꺼워지고, 정상인은 갈수록 줄어들 수밖에 없는 것이다.

그런데 정규분포로는 사람들을 일렬로 쭉 세워서 점수에 따라 서열을 매기는 것 외에 개인을 나타낼 방법이 없다. 정상보다 위에 있는 사람은 선망과 질시를 받지만, 정상보다 아래에 있는 사람은 열등하게 취급되며, 정상인 대다수는 개성 없고 흔한, 여럿 중의 하나가 된다. 이래서야 정상인 다수도 만족하기 어렵다. 그러니 '평범'한 다수는 약을 먹거나 유전자를 조작해서라도 자신을 개선enhance하려고 하고, '부족한' 사람은 도움을 준다는 명목으로 뜯어고치려 한다.

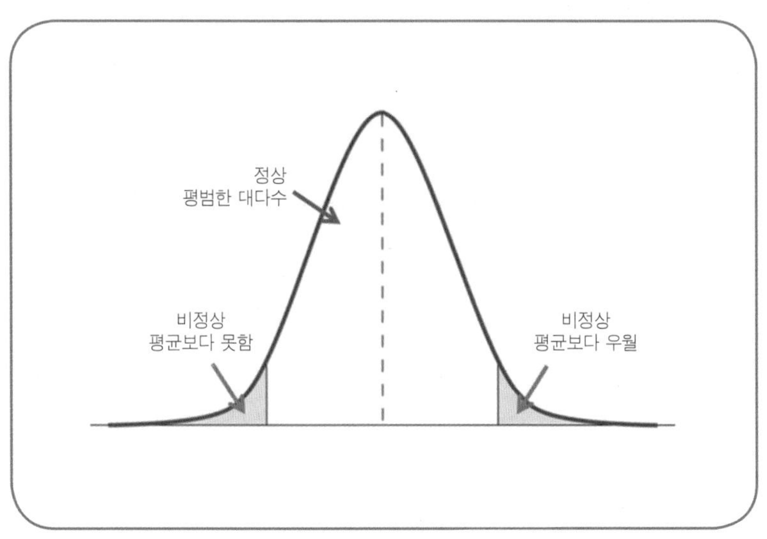

그림 14-1 '표준모형과 그 변이'의 인식틀이 만드는 우열.

이래서 정규분포를 기준으로 사람을 인식하면 우생학적 사고에 빠지기 쉽다. 스티븐 제이 굴드는 자신의 책 『인간에 대한 오해』에서 생물학적 특징이나 검사지의 결과에 따라 사람들에게 우열을 매기는 우생학적 관점을 비판한 바 있다.[12] 특히 지능[IQ]에 따라 삶의 방향이 달라지고, 지능에 따라 정책적 처우도 달라야 한다고 주장한 책 『벨커브』를 강하게 비판했는데, '벨커브'란 정규분포를 뜻한다. 우생학적 주장을 담은 책의 제목이 하필이면 『벨커브』인 게 결코 우연이 아닌 것이다.

정규분포에 근거한 서열화는 시험 점수, IQ 등 몇 가지 특징에 따라 한 명의 인간 전체를 평가할 수 있다는 느낌을 준다. 하지만 실제 개개인은 온갖 요소들이 서로 상쇄·보강하는 네트워크이고, 이런 네트워크를 몇 개의 특징만 가지고 재다 보면 기묘한 결론이 날 수도 있다. 예컨대 태생적으로 테스토스테론 수치가 높은 여성 운동선수에게 여성 종목에 참가할 수 없다는 웃지 못할 통보가 내려지기도 했다.[13] 이는 표준모형(정상)을 염두에 두고 미리 설정된 특징(이 예에서는 테스토스테론)만 사용했던 과거의 인공지능이 온갖 요소의 조합인 개별 사물을 제대로 인식하지 못했던 것과 비슷하다.

네트워크의 인식틀 ①: 다양한 개인의 표상

인공신경망을 사용하는 오늘날의 인공지능은 과거의 인공지능 및 DSM과는 다르게 동작한다(「인공신경망의 표상학습」 참고). 과거의 인공지능은 표준모형(정상)을 충실히 표상한 뒤, 이를 개인을 인식하는 데 사용하려고 했다. 그래서 ① 개인을 구성하는 요소들을 표준모형을 표상하는 데 중요한 요소인 특징feature과 그렇지 않은 사소한 요소인 잡음noise으로 나눈 뒤, 잡음은 버리고 특징만을 고려했다. 그리고 ② 다수의 개인을 경험하면서, ③ 모든 개인에게 적용될 수 있도록 특징을 조합하는 방법을 만들어냈다. 이는 ① 개인의 몇몇 특징(예를 들어 검사지의 점수)에만 초점을 두고, ② 다수의 개인에게서 얻은 특징의 값으로, ③ 정규분포를 그려서 개인이 정상인지 판단하는 과정과 유사하다.

반면 인공신경망은 개인을 충실하게 표상하고 다수의 개인을 충실하게 표상한 끝에 부수적으로 표준모델에 대한 표상을 획득한다. 인공신경망은 특징과 잡음을 임의적으로 구별하지 않고 개인을 구성하는 모든 요소를 고려하며, 이 요소들이 입체적이고도 독특하게 조합

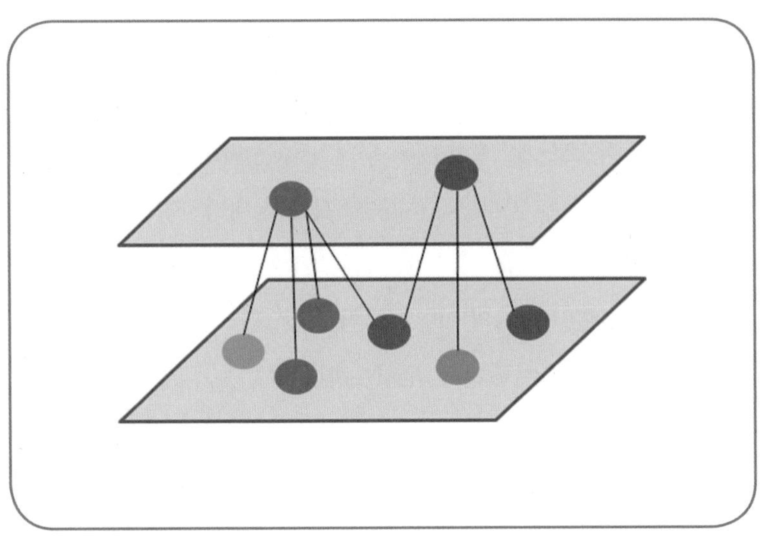

그림 14-2 네트워크에서 개인 간의 다름. 빨간색과 파란색으로 표시된 단위들은 각기 다른 두 개인을 표상한다.

된 개인 전체를 표상한다. 그래서 인공신경망에서 개인(예를 들어 개별 개 사진)은 표준모형(평균)에 변이가 추가된 것이 아니라 고유명사처럼 표상된다.

개인을 이처럼 충실하고 풍성하게 표현하기 때문에, 집단 간의 차이에 주안점을 둔 정규분포와는 달리 개인 간의 차이individual difference도 다룰 수 있게 된다. 또 개인 간의 차이는 〈그림 14-2〉처럼 인공신경망의 각 층layer에서 볼 수 있는 수평적인 다름으로 나타난다. 이는 개인 간의 다름이 평균에서 얼마나 가까운지에 따른 권력의 차이(정상과 비정상, 다수자와 소수자)와 평균보다 얼마나 더 큰지에 따른 우열로 표상되는 정규분포와 크게 다른 점이다. 인공신경망에서는 차이를 수직적인 우열이 아닌 수평적인 다름으로 표상할 수 있는 것이다.

또한 인공신경망은 다수의 개인을 충실히 표상한 끝에 부수적으로 표준모델에 대한 표상을 획득하므로, 인공신경망의 표준모형(정상)은 인공신경망이 학습한 데이터에 따라 변하는 가변적이고 느슨한 표상이다. 이는 사람들이 생각하는 '정상'이 시대와 문화, 각자의 경험에 따라 달라지는 것과 동일하다.

네트워크의 인식틀 ②: 개인 맞춤형 치료

병의 치료도 정규분포가 아닌 네트워크의 관점에서 접근할 수 있다. 뇌처럼 복잡한 네트워크에서는 여러 부분이 서로 상쇄·보강하므로 '정상' 상태를 유지하는 방법이 여러 가지이다. 특정 부분의 작용이 지나치게 강해지거나 약해지면, 이전에는 고려 대상도 아니던 부분의 작용이 활발해져서 네트워크를 안정시킬 수 있기 때문이다.[14][15]

예컨대 아동 폭력은 스트레스와 관련된 뇌 부위들을 변형해서 성인이 되었을 때 정신질환에 걸리기 쉽게 만든다. 그런데 아동 폭력 때문에 스트레스와 관련된 부위들이 변형되었지만 정신질환에 걸리지 않는 성인들도 있다. 스트레스와 관련된 부위들에 생긴 이상을 상쇄할 만한 변화가 뇌 어딘가에서 일어났기 때문으로 추정되는데, 이는 신경 네트워크에서 '정상'을 실현할 수 있는 다양한 방법이 있음을 뜻한다.[16]

다양한 '정상'이 있다면, 그중에 어떤 '정상'을 치료 목표로 삼는 것이 가장 좋을지는 환자 개개인의 특성에 따라 달라질 것이다(〈그림 14-3〉). 아동 폭력에 대한 사례를 생각해보자. 아동 폭력 때문에 정신

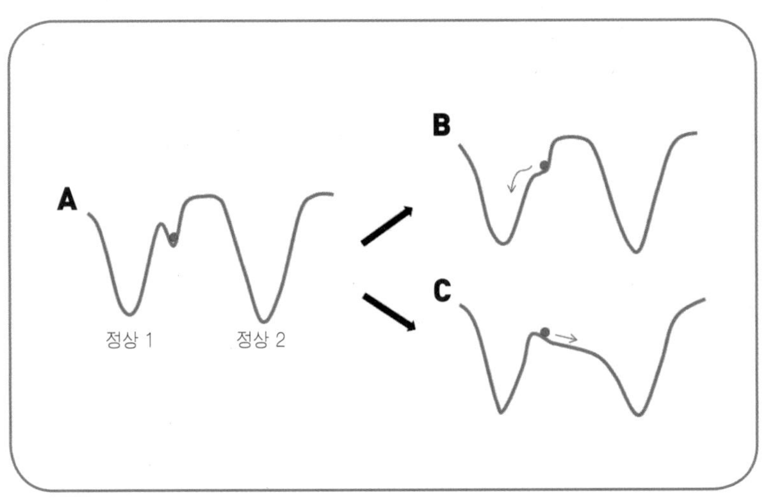

그림 14-3 다양한 정상과 맞춤형 치료. 가로축은 신경 네트워크의 상태를 나타내고, 세로축은 각 네트워크의 상태가 얼마나 안정적인지를 나타낸다. 깊을수록 더욱 안정적인 상태를 뜻한다. 빨간 공은 환자의 신경 네트워크의 상태를 나타낸다. 환자의 뇌 신경 네트워크에 A처럼 두 가지의 정상이 있는 상황이라면, 환자의 상태가 정상 1로 넘어갈 수 있도록 치료하는 것(B)이 환자의 상태가 정상 2로 전환될 수 있도록 치료하는 것(C)보다 효율적일 것이다. C 형태가 되도록 치료하려면 B 형태로 치료할 때보다 더 큰 변화가 필요하기 때문이다([17]을 참고해서 수정함).

질환에 시달리는 성인은, 스트레스와 관련된 뇌 부위들의 특성이라는 측면에서 아동 폭력을 겪었지만 건강하게 살아가는 성인들과 비슷하다. 따라서 이 경우에는 아동 폭력을 겪은 적이 없는 건강한 성인의 뇌보다는 아동 폭력을 겪었지만 건강하게 살아가는 성인의 뇌를 치료 목표로 삼는 것이 더 효과적일 수 있다.

그런데 내 뇌 속 신경 네트워크의 상태와 치료 목표로 삼을 신경 네트워크의 상태를 어떻게 알 수 있을까? DSM처럼 증상만으로 진단해서는 알기 어렵다. 뇌처럼 복잡한 네트워크에서는 하나의 증상 이면에 다양한 작동 원리가 있을 수 있고, 하나의 증상이 다른 증상들과 함께 나타나는 경우도 흔하기 때문이다. 이에 대한 대안으로, 최근에는 개인의 유전적 특징과 뇌의 특징, 환자 본인의 응답을 포함한 여러 정보를 통합해서 병을 진단하려는 노력이 이뤄지고 있다.[18][19]

예전에는 많은 정보를 모아봤자 양만 늘어날 뿐 정보들 사이의 상호작용 방식에 맞게 구조를 만들고 통합하기가 어려웠다. 하지만 지금이라면 심화학습deep learning을 사용할 수 있다.[20] 인공신경망의 표상학습을 생각해보자(「인공신경망의 표상 학습」 참고). 수많은 사진을 보여주다 보면 인공신경망이 스스로 개, 고양이 등의 범주를 표상해낸다. 그 뒤 이 인공신경망에 특정한 동물의 사진을 입력하면, 인공신경망은 이 사진이 어떤 동물인지 인식해낸다. 마찬가지로 인공신경망에 여러 사람의 뇌 구조, 뇌 활동의 특징, 검사지의 결과, 유전적 특징을 입력하다 보면, 인공신경망이 스스로 다양한 형태의 정상과 정신질환에 대한 표상을 형성할 것이다. 이렇게 학습한 인공신경망에 특정한 환자의 상태를 입력하면, 인공신경망은 환자의 상태를 진단해낼 수 있다. 또 이 환자의 상태에서 가장 가까운, 치료 목적으로 삼기에 적합한 '정상'이나 치료 전략도 제안할 수 있다. 개인별 특성에 맞춘 진단과 치료가 가능해지는 것이다.

최근에는 사람들에게 신경피드백Neurofeedback을 주면서(글상자 15-1 참고) 목표하는 뇌 상태로 바꾸도록 훈련하거나, 뇌에 전기 자극을 가해서 신경 네트워크를 바꾸려는 연구도 진행되고 있다.[17][21]~[23] 다양한 뇌 상태를 심화학습을 사용해서 이해하려는 시도는 이미 진행 중이며[20] 신경피드백과 뇌에 영향을 미치는 기술의 비용은 점점 낮아질 것이다. 나중에는 권위를 가진 기관에서 중앙집권식으로 배포한 표준 진단 기준과 표준 치료법이 없어도 누구나 불편하다고 느낄 때, 스스로 만족할 만한 수준까지 자신의 뇌를 치료하게 될 지도 모르겠다.

나쁜 건 정말로 나쁜가?

앞에서 살펴본 것처럼 개인을 정규분포로 인식하는 방법은, 비정상의 진단과 치료, 차이를 우열로 대하는 습관, 개인을 그가 속한 집단의 전형stereotype으로 이해하는 풍토에 이르기까지 깊은 영향을 미치고 있다. 이 오래 묵은 인식의 습관이 나의 다양한 상태와, 다양한 사람을 대하기 어렵게 만든다.

머리로는 틀림이 아니라 다름이라는 것을 알지만, 심각한 우울, 사이코패스, 정신분열증 등 어떤 다름은 명백하게 '나빠' 보이고, '나쁜' 다름들을 어떻게 대해야 할지도 막막하다. 그러다 보면 차이를 우열로 대하던 때로 돌아가기 일쑤이다. 다양성이 아무리 귀중한 가치이고, 정상이 아무리 모호해도, '나쁜' 다양성은 고쳐야 하지 않을까?

문제는 '나쁨'과 '좋음'이 맥락과 쓰임에 따라 달라진다는 데 있다. 올리버 색스는 즉흥 재즈 드러머인 레이를 통해 투렛증후군의 양면성을 보여주었다.[2] 투렛증후군은 높은 도파민 활동과 관련되고, 높은 도파민은 창의적이고 자유분방한 생각(전두엽) 및 활발한 동작(줄무늬체)과 관련되어 있다(「사랑은 화학작용일 뿐일까?」 참고). 높은 도파민 상태로 인한 이런 특징들은 레이의 투렛 증상과 다혈질적인 성격으로 이어지기도 했지만, 즉흥 연주와 재치, 용기를 가능케 했던 모양이다. 도파민 활동을 억제하는 약물이 레이의 투렛 증상을 고치는 한편, 레이의 즉흥성이나 기지도 억눌러버렸기 때문이다. 결국 레이는 주

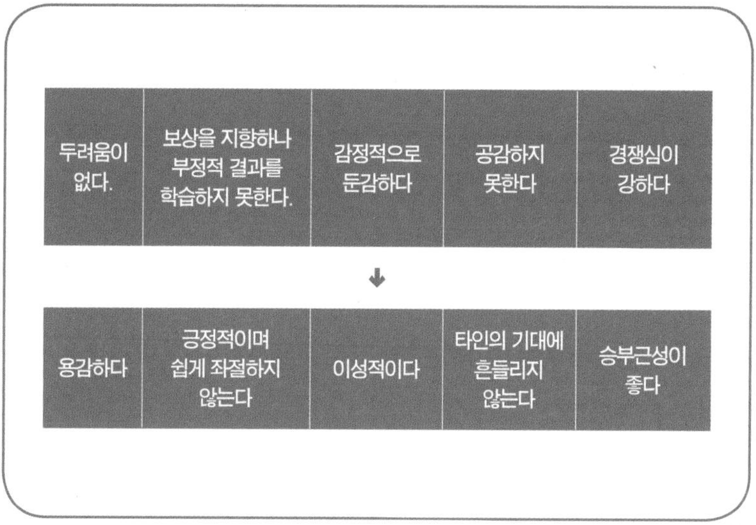

두려움이 없다.	보상을 지향하나 부정적 결과를 학습하지 못한다.	감정적으로 둔감하다	공감하지 못한다	경쟁심이 강하다
↓				
용감하다	긍정적이며 쉽게 좌절하지 않는다	이성적이다	타인의 기대에 흔들리지 않는다	승부근성이 좋다

그림 14-4

중에 일할 때만 약을 먹고, 주말에 즉흥 연주를 할 때는 약을 먹지 않기로 했다고 한다.

사이코패스처럼 더 심각한 질환이라면 어떨까? 〈그림 14-4〉의 위쪽은 사이코패스의 특징을 정리한 것이다. 이 특징을 〈그림 14-4〉의 아래쪽처럼 말할 수도 있다. 예컨대 두려움이 없다는 것은 용감하다는 뜻이고, 감정적으로 둔감하다는 것은 이성적이고 냉철하다는 뜻이다. 이렇게 쓰고 보면 성공적인 지도자나 전쟁 영웅의 특징과도 비슷해 보인다. 실제로 사이코패스의 일부 특징이 성공한 미국 정치가들의 특징과 비슷하다는 논문이 발표된 바 있다.[24] 맥락과 쓰임에 따라 '나쁨'과 '좋음'이 달라지는 것이다.

아픔의 쓸모: 걸림돌과 디딤돌

그리고 때로는 아픔도 필요하다. 완벽주의나 지나친 비관처럼 잘못된 사고 패턴은 우울증으로 이어지기 쉽다.[25][26] 하지만 우울하지 않다면 오래된 습관인 완벽주의를 고치려는 강한 동기가 생길 수 있을까? 그 덕분에 조금이나마 완벽주의를 고친다면, 삶이 더 나아지지 않을까?

통증이 상처 부위를 보호하는 행동을 유발하듯이, 고통스러운 감정은 변화를 촉발한다. 좋은 쪽으로든 나쁜 쪽으로든 고통이 사람을 바꾸는 힘은 엄청나고, 적절한 이해와 노력이 뒷받침된다면 고통은 자신의 잘못(또는 사회의 잘못)을 깨달을 기회나 그것을 개선할 원동력이 되기도 한다. 배운 것이 언제나 현명하지는 않았을지라도, 우리 모두는 답답함, 슬픔, 분노, 우울함 같은 감정을 지나고, 그 감정을 촉발한 사건에서 무언가를 배우며 살아왔다. 그만큼 나의 행동도 바뀌어왔고, 속도 깊어지고, 타인에게도 너그러워지곤 한다.

걸림돌이냐 디딤돌이냐는 넘어서느냐 마느냐에 달려 있다. 의학이 사용할 수 있는 수단의 범위를 넓혀줄 수는 있지만, 삶의 문제를 직면하고 살아가는 것은 여전히 자기 자신이다. 앞에서 예로 든 레이도, 투렛을 이용하고 또 견제하며, 투렛과 함께 살아가는 방법을 터득한 후에야 약으로 증상을 조절할 수 있었다.[2]

'비정상'을 치료하려는 대상화의 문제

그럼에도 병은 고통스럽다. 나도 두통이 나면 이것저것 따지기 전에 진통제부터 털어 넣는다. 나도 이렇게 하는데, 다른 사람이 괴로워

보이면 도와주는 게 착한 행동 아닐까?

꼭 그렇지만은 않은 모양이다. 상대가 잘되기를 바라는 선의는 좋지만, 상대를 도움받아야 할 대상으로 문제시하지 있는 그대로 존중하지는 않기 때문이다. 예컨대 동성애자들을 '정상화'하기 위한 전환'치료'는 동성애를 존중하기보다는 비정상으로 보고 뜯어고치려 한다. 자신을 부정하게 만드는 전환치료는 자살로 이어지곤 한다. 실제로 미국에서 2014년 겨울, 전환치료를 강제당하던 한 10대가 블로그에 유서를 남기고 자살하면서 큰 반향을 일으켰다. 이 사건은 오바마 대통령이 동성결혼 합법화와 전환치료 금지를 추진하는 데 힘을 실어주었다.[27]

무엇보다 진단 검사 자체가 문제를 탐지하는 데 특화돼 있다.[4][28] 이래서는 환자들의 약점만 보고, 그 약점을 극복할 강점은 보지 못한다. 이렇게 강점은 보지 않고 약점만 보다 보면, 사람을 피동체로 여기기 쉽다.

하지만 기술자의 조작에 따라 피동적으로 고쳐지는 기계와 달리, 사람의 마음과 인체는 병과 치료에 능동적으로 대응한다.[28][29] 환자의 생각이 플라시보 효과를 가지는 것, 진통제나 안정제를 오래 먹다 보면 내성과 금단 증상이 생기는 것도 이런 대응 때문이다. 올리버 색스의 『깨어남』은 500쪽에 달하는 제법 두꺼운 책인데 책 전체가 도파민의 전구물질인 엘-도파L-DOPA를 투여해 도파민 농도를 높였을 때 신경계가 능동적으로 대응하면서 일어난 사건을 다루고 있다. 뇌와 환자의 대응 때문에 책에 등장한 환자들의 증상은 점점 더 복잡한 양상을 띠며 변해갔다.

다른 가운데 어우러지려는 노력

비정상을 골라내고 따로 관리하는 것은 근대 중앙집권 국가처럼 국민이 효율적인 국가 발전을 위한 통제와 관리의 대상일 때 적합한 방식이다. 하지만 정상이라는 표준이 있는 한, 다양성은 존중받기 어렵다. 정상은 비정상이라는 명목으로 다양성의 일부를 배척하기 때문이다.* 그래서 다양한 사람이 모인 사회에 표준이 있으면, 나의 기준이 표준이 되도록 싸우는 수밖에 없고, 그러다 보면 약자와 소수자는 억압받기 십상이다.[30][31]

사람이 수단이 아니라 목적인 현대사회에서는, 사람들의 다양성이 예전보다 존중받는다. 하지만 '세상에는 다양한 사람이 있고, 너와 나는 다르고, 나는 이 다름을 존중한다'에서 끝나면, '너는 그래라, 나는 이럴 테니'라는 단절로 이어지고 만다. 또 서로 다른 사람들이 함께해야만 하는 상황이 되면 근대국가의 방식으로 돌아가기 쉽다. 다양성이 상생으로 이어지려면 다른 가운데 어우러지려는 노력, 차이를 긍정적으로 활용하려는 노력이 필요하다.

지금까지는 어우러지려는 노력보다 차이를 확인하려는 노력이 두드러졌다. 예컨대 남녀의 인지능력에 선천적인 차이를 찾으려는 연구들은, 말도 못 하는 갓난아기들을 데리고 실험을 하는 등 애처로운 노력을 기울이곤 했다.[32] 인지능력 발달에 지대한 영향을 미치는 부모

* 싫어하는 사람을 '미쳤다'라고 평가하거나 '정신병자'라고 부르곤 하는데, 실제로 정신질환은 배척과 통제를 합리화하는 측면이 있다. 현대 철학자인 미셸 푸코는 『광기의 역사』 등의 저술을 통해, 광기에 대한 지식은 시대와 문화에 따라 변하는 것이며, 통제와 관리의 수단으로 이용되기도 했다고 주장했다.[34] 우리나라에서도 마음에 들지 않는 가족 구성원을 정신병자로 몰아서 강제 입원시키는 사례가 늘어나면서 심각한 사회 문제가 되었다.[40] 강제 입원의 인권 문제가 꾸준히 제기된 끝에 2016년 5월 관련법이 개정되었다.[41]

와 교사의 태도, 문화적인 편견과 제도의 효과를 배제하기 위해서였다. 하지만 선천적 차이를 찾으려는 집요한 노력에 비해, 인지능력에 큰 영향을 미친다고 밝혀진 요인들을 활용해서 차이를 줄이려는 노력, 공통점을 찾으려는 노력은 덜 이뤄졌다(글상자 14-2). 이처럼 차이에만 집중하는 방식은, 낯선 이들과 친해지려면 관심사와 경험에서 공통점을 찾고 호응할 것을 권하는 일반적인 통념이나 자기계발서들과 완전히 반대된다.

다른 가운데 어우러지려는 노력, 차이를 긍정적으로 활용하려는 노력은 높은 성과로 이어지기도 한다. 스페셜리스트 인턴이라는 회사에서는 자폐증 환자들이 꼼꼼하고 집중력이 좋다는 점에 착안해서, 자폐 성향을 가진 개발자들을 훈련시켜 IT 기업의 인턴으로 보냈다.[33] 이 인턴들은 업무 성취도가 뛰어났을 뿐 아니라, 이들과 일하다 보니 다른 직원들의 의사소통이 명료해지는 효과도 있었다고 한다. 최근에는 자폐증이나 주의력 결핍 과잉 행동장애 등 다양성을 적극적으로 활용하려는 회사들이 늘어나고 있다.[34][35]

물론 적합한 쓸모와 맥락을 제공하기 힘든 차이들도 있을 것이다. 그런 차이를 포용하려는 사회적인 노력을 하느냐 마느냐가 내가 사람을 존중하는 사회에서 사는지, 쓸모와 편리에 따라 사람을 버리는 사회에서 사는지를 결정할 것이다.

글상자 14-1

정신 진단 기준이 중요한 현실적인 이유들

정신질환은 암, 천식 등 만성 호흡기 질환, 심혈관계 질환과 함께 심각한 경제적 비용을 초래하는 질환이다.[38] 국제보건기구WHO에 따르면 인구 증가와 고령화 때문에 정신질환에 시달리는 이들이 갈수록 늘어나고 있다고 한다. 정신질환은 2011년부터 2031년 사이 20년 동안, 160조 달러(2010년 전 세계 GDP의 25퍼센트)의 경제적 부담을 초래할 것으로 예상된다. 특히 우울증과 불안증, 알콜 등 약물 중독은 널리 발생하며 심각한 부담을 일으킨다고 한다.[39]

정신 건강은 스스로 생각하는 개인의 능력과 책임에 결부되어 있으므로, 사회 정의 및 인권 문제와도 얽혀 있다. 예컨대 가정 폭력에 오래 시달린 주부는 트라우마 환자가 아닐까? 이 주부가 남편을 살해했다면 형량을 어떻게 내려야 할까?[40] 마약 중독이 정신질환이라면, 마약 사범은 감옥이 아닌 병원에 보내야 하지 않을까? 중독 때문에 마약 사범에게 스스로 판단할 능력이 부족하다면, 마약 사범의 거부 의사를 무시하고 의학적 조치를 강제해도 되지 않을까?[41]

그래서 정신질환은 경제적·사회적·윤리적 문제가 결부된 민감한 주제이다. 최근에는 TV 드라마에도 다양한 정신질환이 등장하는 등 정신질환에 대한 일반인들의 관심과 이해도 높아지고 있다. 이 덕분에 정신질환에 낙인을 찍는 경향이 약해지는 것은 바람직하지만 정신질환이 과잉 진단되면 건강과 사회 정의의 측면에서 심각한 문제를 초래할 수 있다.

예컨대 미국에서는 「정신질환 진단과 통계 편람DSM」에 수록된 질병의 가짓수가 많아지고 진단 기준도 완화되면서, 정신질환이 과잉 진단되는 사태가 벌어졌다. 정신질환 진단이 늘어남에 따라, 약물 복용도 증가했다.[4] 미국 성인 다섯 명 중 한 명이 정신의학적 문제로 적어도 한 가지의 약을 복용하고 있으며, 미국 인구의 7퍼센트가 향정신성 의약품에 중독되어 있다고 한다. 우울증약과 각성제, ADHD 약물을 비롯한 정신 자극제의 매출은 지난 15년 사이 160배나 증가했다. 복합 처방과 과다 복용은 목숨을 위협하기도 한다. 미국에서는 불법 마약보다 합법적인 처방약 때문에 응급실에 실려 오거나 죽는 사례가 더 많다고 한다. 잘못된 처신을 하는 사람, 마음에 들지 않는 사람의 정신 건강을 공개적으로 의심하거나, 정신질환 진단을 범죄 행위에 대한 면피 용도로 사용하는 경우도 늘어났다.

최근 우리나라에서도 ADHD 등 몇몇 정신질환의 진단이 급증하고 있다. 못마땅한 행동이나 범죄가 정신질환 때문에 일어난 것은 아닌지 의심하는 일도 잦아지고 있다. 하지만 앞에서 언급한 이유에서 정신질환 진단은 대단히 신중하게 다루어야 한다.

글상자 14-2

사회적 맥락 속의 과학

과학 연구는 사회적 맥락에서 자유로울 수 없다. 첫째, 과학자는 사회문화적 존재이며, 그가 접하는 일상적·학문적 문제들은 사회적 맥락 속에 있기 때문이다. 본문에서 언급한 흑인 도망병의 사례를 생각해 보자. 만일 백인과 흑인이 골고루 노예로 쓰였다면, '흑인들은 왜 도망가는가'가 아니라, '왜 노예들은 도망가는가'라는 질문을 던졌을 것이다.

둘째, 과학자가 의도했든 의도치 않았든 과학적 사실이 사회문화적 맥락에 따라 다르게 해석될 수 있기 때문이다. 진화론이 서구 열강이 식민지를 늘려가던 19세기가 아니라, 유럽이 이슬람의 위협을 받던 10세기 이전에 나타났더라도 우생학으로 발전할 수 있었을까?

갓난아기들을 데려다가 남녀 뇌의 타고난 차이를 한사코 찾으려는 안쓰러운 노력도, '남자와 여자에 대한 사회적 인식'이라는 맥락과 무관하지 않을 것이다. 첫 단추를 이렇게 꿰었으니 남녀의 타고난 차이에 대한 기존의 편견이 하나하나 부정되어 가는 중에도, '남녀의 차이는 어떤 문화적 맥락에서 줄어드는가, 차이 말고 공통점은 무엇인가, 다른 우리가 어떻게 하면 잘 살 수 있을까'에 대한 본격적인 탐구로는 좀처럼 전환되지 못했다.

인종과 남녀, 정신질환만이 아니라 모든 소수자에 대한 질문이 달라지기를 바란다. '재들은 왜 저럴까? 재들은 저렇구나, 그러니 재들한테는 이렇게 해야겠다'라는 일방적인 대상화 대신[42], '나는 이렇구나'라고 나를 이해하고, '너는 그렇구나'라고 너를 이해하고, 거기에서부터 '그럼 이제 우리 어떻게 할까'를 함께 고민하는 쪽으로.

글상자 14-3

코끼리를 타고 가는 장님들

이번 장은 뇌과학을 연구하며, '정상'이라고 여겨지는 사람들을 만나며 살아가는 나의 관점에서 쓰인 것이다. 나는 정신질환의 존재나 치료의 필요를 부정하는 것은 아니며, 다른 관점을 제시함으로써 보완이 되기를 바랐다.

그런데 나처럼 '정상'인들을 주로 만나며 윤리적 고민을 하는 사람들의 관점은 심각한 환자들을 자주 접하는 의사들의 관점과는 종종 다르다고 한다. 난독증이나 ADHD를 앓는 학생들이 본인의 특성에 맞는 교육을 지원받지 못해 자신감을 잃어가는 모습을 지켜본 현장 교사들의 견해 또한 나와는 달랐다. 질환을 앓고 있는 당사자나, 질환을 가진 가족을 수발하는 사람, 주어진 예산으로 행정을 수행해야 하는 사람의 입장은 또 다를 것이다.

이는 여러 명의 장님이 코끼리를 만지는 상황과 비슷하다. 모든 장님의 묘사가 코끼리의 일면을 묘사한다는 점에서는 옳지만, 어떤 묘사도 코끼리 전체의 모습이 아니다. 그래서 소위 '전문가'의 의견만으로는 부족하다. 누구나 자신의 인생과 자기 주변의 사회문화적 맥락이라는 제한된 영역에서는 최고의 전문가이기 때문이다. 실제로 시민운동, 흑인운동, 여성운동이 활발하게 전개되기 전의 생물학자와 사회학자는, 시민과 흑인과 여성에 대해서 시민, 흑인, 여성 당사자들보다 편협하고 무지하기도 했다.

국제신경윤리neuroethics 학회에는 환자 가족, 의사, 뇌과학자, 철학자, 인공지능 연구자, 정책가, 보험회사 직원 등 온갖 분야의 사람들이 찾아온다. 우리나라에서도 다양한 사람이 논의에 참여하고, 이런저런 실험을 통해 새로운 길을 찾아가고, 결과를 공유하며 함께 돕기를 바란다.

15 신경기술로 마음과 미래를 읽을 수 있을까?

신경세포들이 나타내는 정보의 내용, 또는 신경세포들이 정보를 나타내는 양식을 '신경 표상neural representation'이라고 부른다.[1][2] 신경 표상을 '신경 부호neural code'라고도 한다. 예를 들어 고양이를 볼 때 신경세포들이 〈그림 15-1〉과 같이 활성화되었다고 하자. 신경세포들이 고양이라는 정보를 표상하기 위해 활성화된 패턴을 신경 부호neural code라고 한다. 뇌에서 고양이라는 정보가 처리되어 신경 부호로 변환되는 과정을 '신경 부호화neural encoding'라고 한다. 신경세포의 활동을 측정해 관측된 신경 부호가 '고양이'라는 정보를 담고 있음을 알아내는 과정을 '신경 해독neural decoding'이라고 한다.

신경 해독 연구는 신경 부호와 신경 부호화에 관련된 정보를 제공함으로써 뇌의 동작 원리를 이해하는 데 도움을 준다. 신경 해독 연구의 성과는 심층 인공신경망에 기반을 둔 인공지능(심화학습)을 만드는

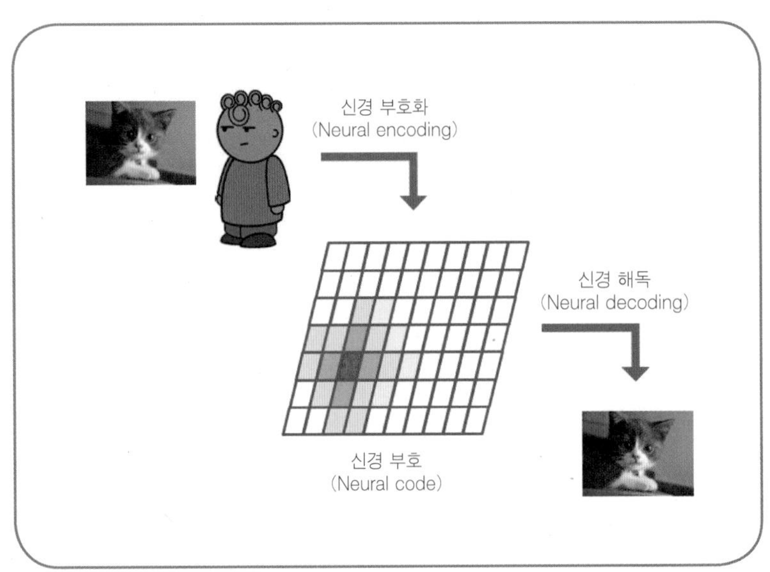

그림 15-1 신경 부호화, 신경 부호, 신경 해독. 빨간색은 고양이를 보는 동안 활성화된 신경세포들을 나타내며 색깔이 짙을수록 더 강하게 활성화되었음을 뜻한다.

데도 활용될 수 있다(「뇌를 모방하는 인공신경망의 약진」 참고).[3] 예컨대 알파고에 사용되었던 나선형 신경망convolutional neural network, CNN은 시각 뇌의 원기둥column 구조를 참고해서 만들어졌다.[4]

신경 해독

신경 해독Neural decoding 연구는 시각에 관련된 뇌 영역에서 특히 많이 이루어졌다. 시각에 관련된 뇌 회로는 깊이 연구되었을 뿐 아니라 사람에 따른 차이가 비교적 적기 때문이다.[5]

최근의 한 연구를 살펴보자.[6] 먼저 수천 개의 사진을 보여주는 동안 시각 뇌의 활동을 기능성 자기공명영상fMRI으로 관측한다. 이 데이터를 활용해서 피험자가 어떤 사진을 볼 때, 어떤 뇌 활동이 일어나는지 컴퓨터가 학습하게 한다. 그 이후 이전에 보여준 적이 없는 새로운 사진 120개를 보여주면서 뇌 활동을 관찰한다. 그리고 뇌 활동으로 미루어 어떤 사진을 보고 있는지 컴퓨터가 알아맞히게 한다. 앞 장에서 설명한 바와 같이 사람마다 경험과 뇌의 구조, 뇌 활동의 특징이 조금씩 다르기 때문에 이 과정은 피험자마다 이루어져야 한다.

자, 이렇게 했을 때 컴퓨터의 적중률은 얼마나 될까? 사람에 따라 다르기는 하지만, 높게는 92퍼센트의 정확도로 알아맞힐 수 있다고 한다. 120개 중 하나를 무작위로 찍어서 알아맞힐 확률이 0.8퍼센트임을 생각하면 무시무시한 적중률이다. 최근에는 꿈에서 무엇을 보고 있는지를 알아맞히려는 연구도 이뤄지고 있다.[7]

언어의 신경 부호를 해독하려는 연구도 진행되고 있다. 2016년에는 뇌 활동이 어떤 단어의 의미와 관련되는지 조사해서 뇌 사전brain dictionary을 만들기도 했다.[8] 연구자들은 피험자들이 이야기를 듣는 동안의 뇌 활동을 관측하고 각각의 단어가 어떤 뇌 영역들의 활동과 관련되는지 정리해서 사전을 만들었다. 단어들은 좌우 뇌 전역에 걸쳐서 두루 표상되었으며, 비슷한 종류에 속하는 단어들은 대체로 인접한 뇌 영역에서 표상되는 경향을 보였다.

마음 읽기 ①: 거짓말 탐지

뇌를 연구하기 위해 시작되었던 신경 해독 기술은 사회적인 필요와 만나서 거짓말을 탐지하거나, 사람의 성향을 파악하거나, 미래의 행동을 예측하거나, 질병에 걸릴 위험을 예측하는 쪽으로 확장되고 있다. 뇌의 구조적 특징이나 뇌 활동 패턴에서 사람의 마음과 성향을 유추하려는 시도를 '마음 읽기mind reading'라고 한다.[9]

마음 읽기 중에서도 fMRI를 활용해서 거짓말을 탐지하는 방법이 널리 논의되었다. 미국에서는 'No Lie MRI'와 'Cephos'라는 두 회사가 fMRI를 활용해 보험 사기나 연애 상대의 바람 여부를 확인해준다고 선전했다. 그러나 이들 회사에서 제시한 뇌영상은 몇 가지 치명적인 이유 때문에 법정 증거로 채택되지 못했다.[10][11]

거짓말을 탐지하려면 거짓말을 할 때의 뇌 활동 패턴과 진실을 말할 때의 활동 패턴을 컴퓨터가 미리 학습해야 한다. 그런데 「내 탓인가, 뇌 탓인가」에서 살펴봤듯이, 사람마다 신경 부호가 달라서 이 과정이 개인별로 이뤄져야 한다. 이 과정이 제대로 진행된 다음에야 어떤 사람이 말할 때의 뇌 활동이 그가 거짓말하던 때의 패턴에 가까운지, 진실을 말하던 때의 패턴에 가까운지 분류할 수 있다. 핵심적인 문제가 여기에 있다. 피험자가 거짓말을 하라고 지시받았을 때 진실을 말하고, 진실을 말하라고 지시받았을 때 거짓을 말하면 컴퓨터가 제대로 학습할 수가 없다. 시작조차 안 되는 것이다.

그래서 거짓말을 할 때와 진실을 말할 때, 여러 사람의 뇌 활동의 평균을 구해서 이 평균을 일괄적으로 적용하는 대안도 연구되고 있다. 하지만 「내 탓인가, 뇌 탓인가」에서 살펴봤듯이, 개인마다 신경망의 특징과 신경 부호가 달라서 논란이 계속되고 있다.

여러 사람의 평균을 개인의 거짓말 탐지에 적용하면 왜 위험한지, 아동 폭력이 뇌에 끼치는 영향을 통해 좀 더 알아보자.[12] 폭력을 경험한 아동의 일부는 성인이 되고 나서 정신질환으로 고통받지만, 나머지는 건강하게 살아간다. 겉으로 드러난 증상만 보면 후자는 아동 폭력을 경험한 적이 없는 건강한 사람과 비슷하다. 하지만 이들의 뇌를 살펴보면 어려서 폭력을 경험한 뒤 정신질환에 시달리는 성인들의 뇌와 더 유사했다.

어째서 이런 일이 가능할까? 네트워크 속의 한 부분의 작용은 다른 부분들의 작용으로 상쇄·보완될 수 있기 때문이다. 아동 폭력을 겪었음에도 정신질환 증세가 없는 성인의 뇌에서는, 현재까지 알려지지 않은 방식으로 뇌 구조가 변해서 아동 폭력으로 인한 변화를 상쇄하고 있으리라고 추정된다.

이는 신경 네트워크가 여러 가지 방법으로 정상적인 상태를 구현할 수 있음을 뜻한다. 하지만 여러 신경 네트워크들을 뭉뚱그린 평균은 이런 다양함을 담아낼 수 없다. 이 경우 아동 폭력을 겪었던 성인들 뇌의 평균으로는 아동 폭력을 겪고도 정신질환에 걸리지 않는 성인들의 사례를 설명하기 어렵다. 많은 사람의 뇌를 평균한 결과로 개인의 거짓말을 탐지하려 할 때도 비슷한 문제가 발생할 수 있다.

더욱이 법정과 같이 심리적 압박을 받는 상황에서의 뇌 활동은 편안한 상태에서의 뇌 활동과 크게 다를 수 있다. 따라서 마음이 편한 상태에서의 뇌 활동을 사용해서 학습된 컴퓨터로 법정처럼 긴장된 상황에서의 증언을 검사하면 잘못된 결론이 나올 수 있다.

끝으로 거짓말 탐지 기술은 과거 사건을 정확하게 진술하고 있는지 확인할 목적에서 필요한 경우가 많다. 예컨대 용의자가 범죄 현장에 대한 기억이 있는지(범인이 아니라면 범죄 현상을 본 적도 없고, 따라서 기억도 없을 것이다), 과거 사건에 대해 거짓 증언을 하는 건 아닌지 확인이 필요할 수 있다. 그런데 「기억의 형성, 변형, 회고」에서 살펴본 것처럼 뇌는 사실을 있는 그대로 기억하지 않으며, 기억은 쉽게 바뀌곤 한다.[13][14] 이렇게 기억 자체가 바뀌어버리면, 위의 모든 기술적 문제를 해결하더라도 대응할 방법이 없다. 그래서 뇌영상 기술을 사용한 거짓말 탐지는 흥미롭기는 하지만 현실에 적용되기에는 부족한 점이 많다.

마음 읽기 ②: 성향과 행동의 예측

거짓말 탐지보다는 덜 알려져 있지만 더 무서운 부류의 마음 읽기도 있다. 뇌영상 기술을 사용해서 누군가의 성향을 알아내는 것이다. 예컨대 사람의 배설물이나 동물의 흔적 등 역겨운 사진을 보여주면서 fMRI로 뇌 반응을 관측하면 정치적으로 보수인지 진보인지를 95퍼센트에 가까운 확률로 맞출 수 있다고 한다.[15]

이 경우 알아내려고 하는 성향(정치적으로 보수냐 진보냐)이 제시하는 정보(역겨운 사진)와 별 연관성이 없기 때문에, 사람들은 자기도 모르는 사이에 정치 성향처럼 예민한 정보를 넘기게 된다. 재미삼아, 또는 건강 검진 차원에서 한 검사에서 중요한 개인 정보를 유출할 위험이 있는 것이다.

뇌 활동을 읽어 들이는 기술이 발전하면서 최근에는 헤드셋처럼 간단한 장비로도 뇌 활동에 대한 정보를 대강이나마 알아낼 수 있게 되었다(「기계를 닮아가는 생명들」 참고). 얼마 전 페이스북에서 생각만으로 글자를 타이핑하는 기술을 개발하겠다고 발표했는데, 페이스북에서 사용하려는 장비도 헤드셋처럼 간단한 장비이다.[16] 가장 사적인 영역인 마음에 대한 정보를 어떻게 관리하고 지켜야 할지 미리부터 대비해야 할 것이다.

뇌영상을 활용해서 사람이 어떻게 변할지 예측하는 연구도 진행되고 있다.[17][18] 예컨대 뇌영상을 사용해서 아이들의 작업 기억이 2년 뒤에 얼마나 발달할지 예측하는 연구가 발표된 바 있다. 한편 뇌영상 기술을 활용해서 미래에 정신질환에 걸릴 확률이나 범죄를 저지를 확률을 예측하려는 연구도 늘어나고 있다.

이 연구들은 맞춤형 학습 지원이 필요한 아동을 미리 선별하거나, 정신질환을 예방하거나, 범죄를 사전에 예방한다는 '선한' 취지에서 진행되고 있다. 하지만 영화 〈마이너리티 리포트〉처럼 억울한 사례가 생겨날 수 있고, 선별된 사람들에게 사회적 낙인이 찍힐 수도 있으며, 자기실현적인 예언이 될 위험도 있다.[18] 이런 기술적·윤리적 논란에도 뇌영상으로 사람의 장래를 예측하려는 연구는 늘어가는 추세이다.

뇌: 네트워크 속을 살아가는 네트워크

복잡한 네트워크인 현실과 그런 현실을 살아가는 뇌에서는 신호와 노이즈를 구분하기도 어렵고 온갖 사건이 동시다발로 일어난다. 그래서 직선적이고 정확한 컴퓨터로 뇌를 모델링하려면 일부러 노이즈를 추가해야 할 때가 많고, 뇌의 활동은 예측하기가 어렵다. 삶의 어떤 순간에 내 안의 어떤 부분이 튀어나갈지 본인도 모를 때가 많아서 우리는 살 예정이 없던 물건도 덜컥 사버리곤 한다. 그러니 열 길 물속은 알아도 한 길 사람 속은 모르고, 우리는 '그 사람이 그럴 줄은 몰랐다'라는 말을 한 번씩 하면서 산다. 애당초 무엇을 알면 한 사람을 안다고 할 수 있을까?

신경 네트워크는 뇌 이상으로 변화무쌍한 주위 환경의 영향을 받으며 계속해서 변해간다. 새해 분위기에 힘입어 굳게 다짐했던 새해 약속이 3일 만에 잊히는 것도 그 때문일 것이다. 우리 삶은 경제, 대통령, 날씨를 비롯한 환경에서 총체적인 영향을 받지만, 내년 경제가 어떨지, 다음 대통령은 누가 될지, 내일 날씨가 어떨지는 최고의 전문가들도 예측하기 어렵다. 하물며 그런 세상을 살아가는 개인의 미래를 어떻게 단언할 수 있을까?

그에 반해 '이 사람은 보수적이다'라거나 '이 사람은 향후 2년 내에 20퍼센트의 확률로 우울증에 걸릴 것이다'라는 단정적인 진술은 숨 막히도록 간결하다. 이 문장은 그 사람에 대해 얼마나 많은 걸 알려줄까? 누군가는 이 정보를 가지고 그가 우울증에 걸리지 않도록 '도와'줄 수 있다고 말할지도 모른다. 하지만 전문가도 예측하기 힘든 세상에서, 도무지 알 수 없는 한 길 사람 속에서, 그 '도움'이 진짜 '도움'이 되리라고 누가 확언할 수 있을까?

사람의 미래를 예측하려는 연구는 질병이나 범죄처럼 나쁘다고 여겨지는 대상에 집중되어 있다. 아마도 '나쁜' 일을 피하고 싶은 마음이 크기 때문일 것이다. 이러니 '나쁜' 일에 대한 예측은 일어나지도 않은 '나쁜' 일에 대한 차별로 이어지기 쉽다.

'나쁜' 일에 대한 예측은 자기실현적인 예언이 되기도 한다.[19] 과학적 증거까지 보태서 '이 사람은 보수적이다'라거나 '이 사람은 향후 2년 내에 20퍼센트의 확률로 우울증에 걸릴 것이다'라고 말하는 순간, 그 말을 듣는 모든 이에게 어떤 영향이든 끼쳐버리기 때문이다.

긍정적인 주가 전망이 기업 실적이 오르기도 전에 주가를 높이고, 사전 선거 결과가 유권자들의 마음에 영향을 주는 것처럼. 더욱이 '나쁜' 일에 대한 예측은 관심을 '나쁜' 일에 대한 염려에 집중시켜 장점과 잠재력을 보기 어렵게 만든다.

아무리 지식이 늘어나도 지식은 세상의 일부밖에 보여주지 못한다. 아는 것은 분명 힘이 되지만 아는 것에만 초점을 맞추면 오히려 문제가 생기기도 한다. 우리는 「개성을 통해 다양성을 살려내는 딥러닝의 시대로」에서 두꺼워진 「정신질환 진단과 통계 편람DSM」(늘어난 지식)에 부정적인 효과도 많음을 살펴보았다. 아직 모르는 것, 불확실한 것에는 나쁜 것만이 아니라 좋은 것도 포함되며, 아는 것만큼 모르는 것도 중요하다. 아는 것이 '나쁜' 일에 대한 두려움을 기반으로 확장되고 있을 때는 더욱 그렇다. 확실한 것, 아는 것에 대한 탐구심만큼이나 불확실한 것, 모르는 것을 대하는 태도도 중요하지 않을까?

글상자 15-1

신경피드백

마음 읽기 기술은 훈련을 위한 효과적인 피드백을 제공하는 데 쓰일 수 있다. 예를 들어 10도, 70도, 130도로 기울어진 선들(〈그림 15-2〉) 중에서 70도로 기울어진 선을 특별히 더 잘 인식하도록 피험자를 훈련시키는 경우를 생각해보자.[20] 신경피드백Neurofeedback을 주려면 먼저 10도, 70도, 130도로 기울어진 선을 볼 때 각 피험자의 뇌 활동 패턴을 컴퓨터에 학습시켜야 한다.

그 뒤 피험자들의 뇌 활동이 70도로 기울어진 선을 볼 때와 비슷할수록 커지는 동그라미를 피험자들에게 보여준다. 동그라미의 크기는 피험자들의 현재 뇌 활동이 70도로 기울어진 선을 볼 때의 뇌 활동과

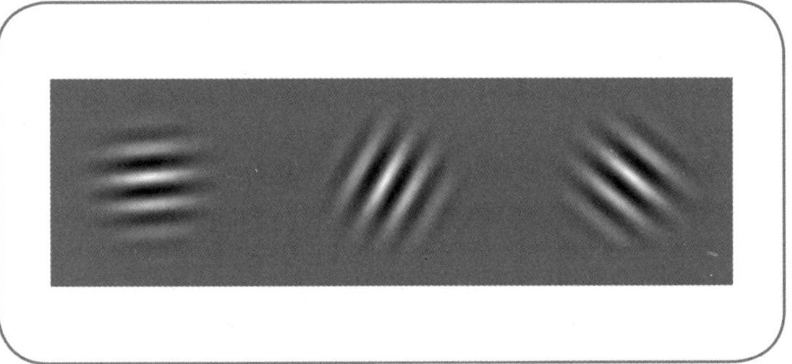

그림 15-2 10도, 70도, 130도로 기울어진 선.[24]

얼마나 비슷한지를 나타내는 피드백인 셈이다. 그리고 피험자들에게 이 동그라미가 무엇을 뜻하는지 알려주지 않고, 기울어진 선을 보여주지도 않으면서 어떻게든 이 동그라미를 키워보라고 한다.

이게 가능한 요청인가? 놀랍게도 가능하다. 사람뿐만 아니라 원숭이도 할 수 있다.[21] 원숭이 뇌 속의 특정 신경세포의 활동을 실시간으로 알려주면서, 이 신경세포의 활동이 일정 수준 이상으로 커질 때마다 원숭이에게 먹이를 준다. 그러면 원숭이는 이 신경세포의 활동을 높이는 방법을 터득한다. 원숭이들은 이 신경세포의 활동을 훈련하기 전과 비교했을 때 50~500퍼센트까지 높일 수 있었다고 한다.

이 실험에 참가한 피험자들도 5~10일 만에 동그라미를 키우는 방법을 터득했다고 한다. 눈앞에 70도로 기울어진 선이 보이지도 않는데 70도로 기울어진 선을 볼 때와 비슷한 뇌 활동을 유발할 수 있게 된 셈이다.

이 변화는 피험자들이 70도로 기울어진 선을 인식하는 능력에 어떤 영향을 끼쳤을까? 연구자들은 피험자들에게 10도, 70도, 130도로 기울어진 선을 300밀리초 동안만 보여주고 방금 본 선의 각도를 맞춰보게 했다. 그랬더니 피험자들은 70도로 기울어진 선을 훈련하기 전보다 더 잘 알아보았다고 한다.

이는 목표하는 상태의 뇌 활동 패턴을 연습함으로써, 원하는 능력을 훈련할 수 있음을 의미한다. 따라서 신경피드백을 제공하면서 목표하는 뇌 활동 패턴에 가까워지도록 연습하는 방법은 다양한 치료와 훈련에 적용될 수 있을 것이다.[22][23]

송민령의

뇌과학
연구소

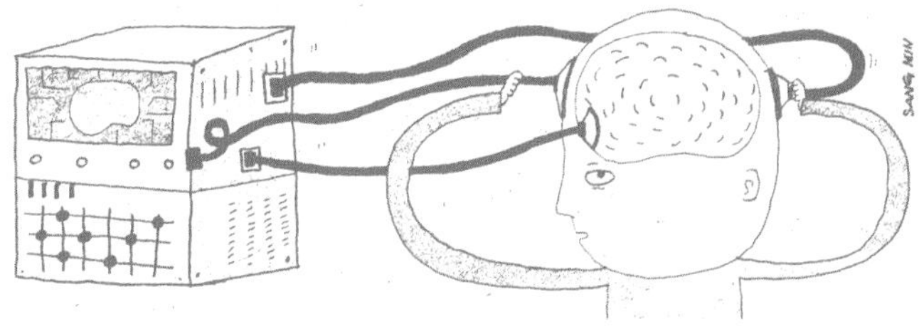

The Neuroscience Lab

뇌과학과 사회

16 인간에 대한 이해에 근거한 사회

사람들은 경험을 통해 외부 세계를 내면화한 표상의 세계를 살아간다. 이는 특별한 경험 이후 행동이 달라진 경우에 확연히 드러난다. 예컨대 알파고와 이세돌의 경기 이후 많은 이들이 인공지능에 관심을 가지고 투자를 늘리는 등 이전과는 다른 행동을 하게 되었다. 이는 대결이 일어나던 며칠 동안 인공지능 기술(외부 세계)이 크게 발전했기 때문이 아니라, 대결을 보는 동안 인공지능에 대한 사람들의 인식(표상)이 달라졌기 때문이다. 자신과 세상에 대한 인식의 변화는 이처럼 행동을 바꾸고, 인식의 변화가 여러 사람에게서 일어나면 사회 제도와 풍습이 바뀐다.

과학의 모든 분야가 세상에 대한 인식을 바꿔가지만, 뇌과학은 인간의 마음에 대한 인식을 바꾼다는 점에서 특별하다. 궁금하고 매혹적임에도 손에 잡히지 않는 마음과 달리, 물리적 토대를 가진 뇌에 대한 과학은 미더울 뿐 아니라 흥미롭다. '내가/쟤가 저런 행동을 하는 건 혹시 이런 이유에서인 걸까?' 상상도 하게 되고, '현실 분야에 적용하면 어떨까' 영감도 생기곤 한다. 그래서 신경경제학, 신경교육학, 신경법학, 신경마케팅, 신경미학 등 뇌과학과 관련된 분야들이 우후죽순 생겨났다.

문제는 이토록 영감을 불러일으키는 뇌과학이 과학적 발견과 현장을 구체적으로 연결해주지는 않는다는 것이다. 뇌과학자들은 현장을 잘 모르거나, 현장에 적용하는 작업에 뛰어들 여력이 부족하고, 현장 전문가들은 뇌과학을 잘 모른다. 결국 왜곡된 뇌과학 지식이 확산되고, 잘못된 지식에 근거해서 의사 결정을 내리는 일들이 생겨났다.[1] 뇌과학이 흥미로운 만큼 뇌과학에 관한 현혹과 위협이 범람했고, 악용될 여지도 컸다.

그래서 2002년경 신경윤리학neuroethics이라는 분야가 등장했다.[2][3] 신경윤리학에서는 뇌과학이 사회에 적용되는 과정에서 일어나는 각종 법적·윤리적·사회적 문제를 고찰한다. 주제가 다양한 만큼 뇌과학자, 법률가, 철학자, 의사, 환자 가족, 과학 기자, 정책가 등 다양한 사람이 신경윤리학 연구에 참여한다. 우리나라에서 자주 화제에 오르는 신경윤리학 주제들을 살펴보자.

신경교육 ①: 아동기 뇌 발달

뇌는 환경적·경험적·생리적 변화에 따라 구조와 기능을 변화시키는 특성(가소성)을 평생 유지한다. 하지만 발달 중인 뇌의 가소성은 성인 뇌의 가소성보다 훨씬 크며, 발달 단계별로 경험할 것으로 기대되는 자극들을 충분히 경험해야 잘 발달할 수 있다.[4] 예컨대 시각 뇌가 발달하는 시기인 생애 초기에 아기 고양이의 눈을 가려 시각 경험을 차단하면, 나중에 눈가리개를 풀어도 고양이는 한동안 세상을 보지 못한다.

이처럼 특정한 종류의 자극에 민감하게 반응하며 관련된 뇌 부위들이 발달하는 기간을 민감한 시기sensitive period라고 부른다. 민감한 시기가 지나면 관련된 뇌 부위들의 가소성이 크게 감소하므로 발달 단계별로 필요한 자극들을 충분히 경험하는 것이 중요하다.

예컨대 아동기에는 부모의 관심과 반응이 중요하다.[5][6] 만 4세 무렵의 아동에게 부모가 적절히 반응해주지 않으면 서술 기억(지식이나 경험처럼 의식적으로 떠올릴 수 있는 기억)과 해마의 발달이 저해된다고 한다. 부모의 반응성은 10여 년 후까지 영향을 미쳐서, 부모의 적절한 반응이 부족했던 아동들은 청소년기에 사회적인 스트레스에 대한 호르몬 반응이 둔감한 경향을 보인다.

이 나이대 아동들에게는 장난감과 읽을거리에 대한 접근성 같은 인지적인 자극도 중요하다.[6] 이런 자극이 부족한 환경에서 자란 아동들은 청소년이 되었을 때 낮은 언어 능력과 낮은 작업 기억 능력을 보인다. 반대로 저소득층 아동들에게 인지 자극이 될 만한 놀잇감들을 제공했더니 자존감이 향상되고, 폭력성이 낮아졌으며, 학업성취도가 높아졌다고 한다. 이 효과는 성인기까지 이어져서 이 아동들은 비슷한 조건의 다른 아동들에 비해 소득과 학력이 높았고 범죄로 인한 수감률도 낮았다.

뇌 발달에 대한 이런 사실들은 저소득층 아동들을 어떻게 지원하면 큰 효과를 발휘할지 힌트를 제공한다. 또 부모가 자녀들에게 적절하게 반응할 수 있게 안내하고, 자녀들과 함께 할 정신적·시간적 여유를 가질 수 있는 환경을 구축하는 것이 중요함을 시사한다.

한편 음악 교육은 언어 능력과 운동 능력을 향상시키고, 신체 운동은 정신 건강과 뇌 발달을 돕는다는 사실이 밝혀졌다. 또 과도한 스트레스는 학생들의 집중을 방해해서 학습 능률을 떨어뜨린다고 한다. 이런 사실은 입시 위주의 과목에만 치중하여 운동과 음악 같은 과목을 등한시하고 학생들을 지나친 경쟁과 불안 속에 몰아넣는 것이 공부에 방해가 될 수 있음을 시사한다.[7]

신경교육 ②: 청소년기의 뇌 발달

청소년기에는 동년배들 간의 사회적인 자극에 민감하게 반응하며 사회성에 관련된 뇌 부위들이 발달한다(〈그림 16-1〉 A).[8][9] 예컨대 후부 상측두 고랑posterior superior temporal sulcus, pSTS은 사회적인 제스처를 이해하는 것, 측두엽-두정엽 연접 부위temporo-parietal junction, TPJ는 타인의 마음을 유추하는 것, 안쪽 전전두엽dorsomedial prefrontal cortex, dmPFC은 자신과 타인의 성격 특성을 살펴 타인의 마음을 유추하는 것에 관여한다고 한다.

청소년기에는 이들 영역에서 시냅스 가지치기와 수초화 작업이 활발히 일어난다. 시냅스는 신경세포들 간에 신호를 주고받는 접속 부분인데(〈그림 16-1〉 B) 시냅스 가지치기는 잘 사용하지 않는 시냅스를 없애버리는 과정을 뜻한다. 수초는 신경세포의 축색돌기를 전선의 피복처럼 감싸서 전기 신호의 전달 속도와 효율을 높여주는 부분을 뜻하며(〈그림 16-1〉 C), 축색돌기를 수초로 감싸는 과정을 '수초화'라고

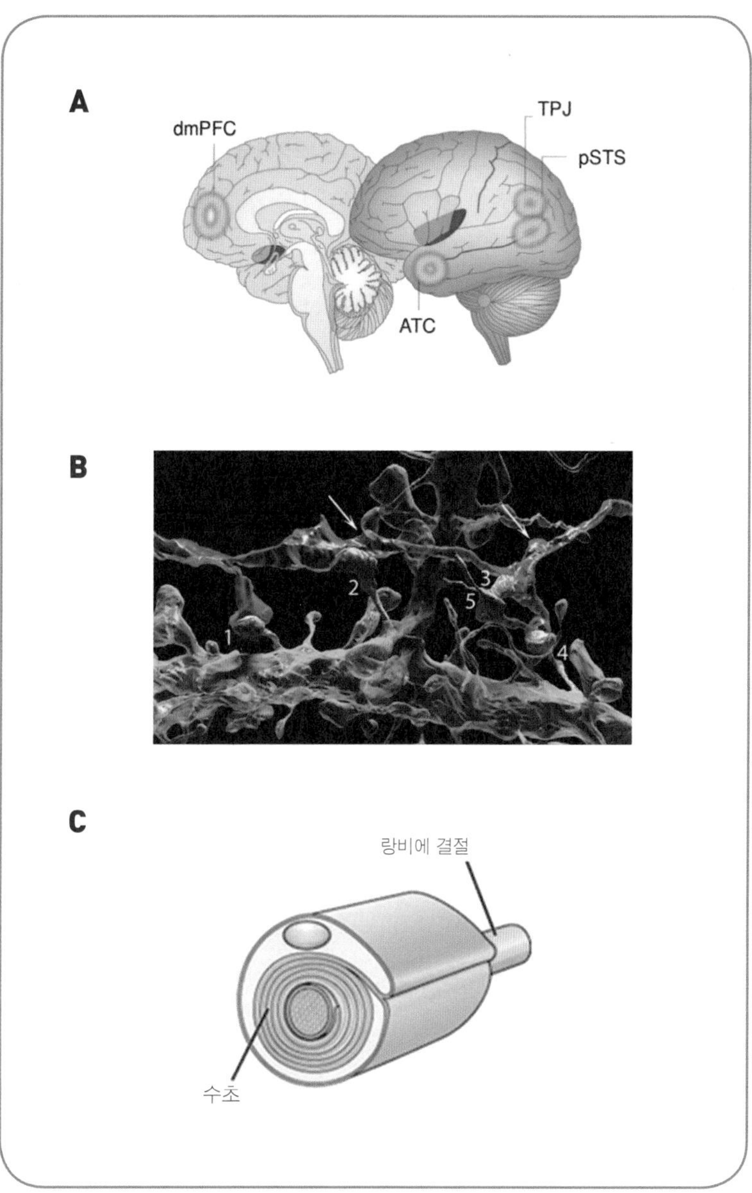

그림 16-1 A: 사회성에 관련된 뇌 부위들. B: 녹색 신경세포와 파란색 신경세포 사이의 시냅스가 흰 숫자로 표시되었다. C: 축색돌기를 감싼 수초.

한다. 시냅스 가지치기와 수초화를 통해 사회성에 관련된 뇌 부위들의 구조와 부피가 청소년기 동안 변해간다.

청소년기에는 개별 부위만이 아니라 이 부위들 간의 연결 정도도 변한다. 그래서 발달 중인 청소년들은 아동이나 성인과는 다른 방식으로 이 부위들을 활용한다.[10] 예컨대 감정적인 얼굴 표정(슬픔, 행복, 화남 등)을 볼 때, 청소년들은 주의 집중과 감정에 관련된 영역인 편도체, 기억에 관련된 영역인 해마, 감정과 사회적 기억의 통합에 관여하는 영역인 전측두 피질anterior temporal cortex, ATC을 성인보다 더 많이 사용한다고 한다(〈그림 16-1〉 A).

청소년기는 굴러가는 말똥만 봐도 까르르 넘어간다는 밝은 시기이지만, 예민한 만큼 충동적이고 서툰 시기이기도 하다.[4] 사춘기 청소년들은 사회적·정서적 자극에 노출되면 감정 조절을 어려워한다. 또 청소년들은 아동과 성인에 비해 공포 소거fear extinction를 못한다. 공포 소거란 예전에는 위험했던 자극이 이제는 안전함을 학습하는 과정인데, 소거가 잘되지 않으면 외상 후 스트레스 증후군PTSD이나 불안에 시달리게 된다.

또 동년배들의 영향을 많이 받는다.[9][10] 사회적인 배척을 경험할 때, 만 11세에서 16세 사이의 청소년들은 성인과 아동에 비해 더 큰 고통을 느낀다고 한다. 또한 동료들에게서 사회적으로 배척당하는 경험을 하고 나면, 이 동료들이 옆에 있을 때 위험을 감수하는 행동이 늘어난다. 이런 행동은 청소년기에 발달하는 사회적인 뇌 영역 중의 하나인 측두엽-두정엽 연접 부위TPJ의 높은 활동성과 관련된다고 한다(〈그림 16-1〉 A). 간혹 학교 폭력과 왕따에 시달리던 중고등학생이 자살을 했다는 안타까운 소식을 접한다. 어른들 눈에는 청소년들이 미숙해서 극단적인 선택을 한 것으로 비칠 수 있지만, 청소년들에게는 동년배들의 배척이 자살을 선택할 만큼 심각한 일일지도 모르겠다.

동년배들의 평가, 사회적인 배척과 보상, 감정에 민감하게 반응하는 청소년기의 특징 덕분에 청소년기에는 타인의 관점, 의도, 감정을 알아차리는 능력과 사회성이 크게 발달한다. 그런데 사회성을 발달시키는 바로 이 특징들이 청소년들을 우울과 불안에 취약하게 만들기도 한다. 연구에 따르면 사회 불안 장애social anxiety disorder의 50퍼센트가 만 13세 이전에, 90퍼센트가 만 23세 이전에 시작된다고 한다.[10] 청소년기 발달 특성에 대한 이해는 청소년들을 위한 교육, 복지 정책에 중요한 참고가 될 수 있다.[9]

신경교육 ③: 왜곡과 확대해석의 위험

최신 뇌과학에 근거했다는 교육 상품은 듣는 사람을 혹하게 하지만, 이런 상품들이 과학적으로 검증된 경우는 아직 드물다.[11] 잘못된 정보가 과학적 사실인 양 돌아다니는 경우도 많다.[12][13] 예컨대 "천재는 뇌 전체를 사용하지만 일반인들은 뇌의 10퍼센트만 사용한다"라는 이야기는 사실이 아니다. 여러 부위가 긴밀하게 연결되어 있는 뇌의 구조상 10퍼센트만 사용하는 것은 불가능하기 때문이다. 더욱이 이 문장은 뇌를 많이 쓸수록 좋다는 판단에 근거하고 있는데, 간질 발작은 뇌 활동이 지나치게 많을 때 일어난다.

그런데 잘못된 지식을 바로잡기엔 비전공자들이 뇌과학 전문자료에 접근하기가 어렵다.[13] 과학 저널들은 비싼 구독료를 내야만 볼 수 있고, 대개는 외국어로 되어 있으며, 전문 지식이 없이는 해석도 어렵다. 일상적인 용어가 뇌과학에서 다르게 쓰이기도 한다.[13][14] 예컨대 '동기를 부여한다'라고 할 때 '동기motivation'는 대개 입시처럼 장기적인 목표를 위해서 노력하는 의욕을 뜻한다. 하지만 뇌과학에서 동기는 즉각적인 행동 유발을 뜻한다.

이런 상황에서 기존에 가지고 있던 바람, 불안, 편견이 결합하면 단편적인 뇌과학 지식이 단정적으로 확대해석될 수 있다.[13] 예를 들어 앞에서 저소득층 아동들에게 인지 자극이 될 만한 놀잇감을 제공했더니 성적이 높아졌다고 했지만, 이것이 이미 놀잇감이 충분한 아이들에게 놀잇감을 더 사준다고 성적이 오른다는 뜻은 아니다.

외국어 조기교육 열풍도 언어 능력이 발달하는 민감한 시기('언어의 결정적 시기'로 더 널리 알려져 있다)에 대한 확대해석 탓이 적지 않다. 하나부터 열까지 다 챙겨줘야 했던 아동들은 초등학교를 졸업할 무렵이면 제법 많은 것을 스스로 할 수 있게 된다. 그렇게 되기까지 미운 7살 등 각기 다른 특징을 보이는 시기들을 지난다. 그런데 언어에만 민감한 시기가 있을까? 연령대별로 여러 종류의 민감한 시기가 겹쳐서 진행되는데도[4][15] 외국어 등 몇 개의 영역에만 편중된, 그것도 시기적으로 맞지 않는 교육을 시키면 다른 민감한 시기들의 진행을 방해하지 않을까?

앞에서 청소년기가 사회성과 정서 발달에 중요하다고 했지만, 청소년기가 사회성과 정서 발달에만 중요하다는 뜻은 아니다. 청소년기 이외의 시기들이 사회성과 정서 발달에 필요하지 않다는 뜻 또한 아니다. 그러므로 사회성과 정서 발달에만 치중한 교육 프로그램을 만들면, 청소년기에 진행되는 우리가 아직 모르는 민감한 시기들의 진행을 방해할 수 있다. 자연스레 두면 배울 것을 더 잘해주려다가 방해하게 되는 것이다.

사람들은 복잡한 지식을 단순화시켜 기억하려고 한다. 나도 다른 분야의 전공자가 구구절절 이야기하는 걸 듣고 있으면 머리에 들어오지도 않고, 결론이 뭔지, 나하고 무슨 상관이 있는지부터 궁금해지곤 한다. 하지만 "그래서 결국 이렇다는 거냐"라고 극도로 단순화시킨 문장을 가지고 내 확인을 요청할 때면 등골이 서늘해진다. 편견이나 바람에 과학적 근거까지 있다고 믿어버릴 수 있기 때문이다.[14]

전문가들도 비전문가들과 소통하는 연습이 필요하지만(이것도 정말 쉽지 않다),[16] 비전문가들도 쉽게 배워서 간단 명확한 결론을 내리려는 태도를 고쳐야 한다. 어떤 분야든 사람들이 어렵게 공부하는 데는 그만한 이유가 있고, 지나치게 단순화된 단정적인 지식은 본인에게도 해로울 수 있다.

신경교육 ④: 변화

뇌과학으로 교육을 개선하려는 조심스러운 시도는 이미 일어나고 있다.[7] 예컨대 미국에서는 청소년들이 수면 부족에 시달린다는 보고가 오랫동안 계속되었다.[17] 원인을 조사한 결과, 사춘기 청소년들의 하루 생체 리듬은 어른보다 1~3시간씩 늦다는 사실이 발견됐다. 이 현상은 여러 문화권과 여러 생물종에서 공통적으로 나타났다. 또 사춘기가 1~2년 일찍 시작되는 여성이 남성보다 1~2년 일찍 하루 생체

리듬이 늦어지는 것으로 드러났다.

수면 부족은 정보 수행 능력과 기억력, 의욕을 감소시키고 짜증과 우울감을 유발한다. 수면의 중요성을 고려한 일부 고등학교에서는 등교 시간을 7시 15분에서 8시 40분으로 늦춘 뒤 1만 2,000명의 학생을 4년간 관찰했다.[18] 연구에 따르면, 수업 중 수면과 피로, 우울감이 감소하고 출석률과 성적, 의욕이 높아졌다고 한다.

뇌에 대한 지식은 교사들이 학생들을 지도하는 데도 도움이 된다. 발달 과정에 대한 이해는 교사가 학생들의 연령대에 맞는 기대를 갖고 대하도록 해주고, 학부모들과 대화할 때도 도움이 된다고 한다. 자폐증이나 난독증 같은 질환에 대한 지식은 질환을 가진 학생들을 어떻게 대하면 좋을지 안내해주며, 가소성에 대한 이해는 교사가 학생들의 변화를 믿고 기다릴 수 있도록 돕는다. 또한 뇌과학에 근거했다는 상품을 접할 때 지침이 된다고 한다.[19]

교육 현장에서 어떤 뇌과학 지식이 필요한지, 어떤 뇌과학 지식이 왜곡되었는지는 뇌과학자와 현장 교육자들이 교류해야만 알 수 있다. 나아가 교육 현장의 필요와 뇌과학 지식을 접목해서 교육 프로그램을 개선하려면, 앞서 언급한 등교 시간 사례처럼 뇌과학자와 교육 전문가들이 단계별로 조목조목 연구해가는 과정이 필요하다(글상자 16-1).

국가에서 표준 교과 과정을 전국에 보급하던 시절에는 이 표준을 따르기만 하면 됐다. 하지만 인공지능이 도입되면서 직업 시장이 요동치고, 사회 변화와 기술 발전에 힘입어 곳곳에서 다양한 교육 실험이 일어나면, 신경교육의 현장 적용은 점점 더 중요한 문제가 될 것이다. 다양한 교육 상품들 속에서 우왕좌왕하지 않으려면 교육 소비자들도 끊임없이 공부해야 하는 시대가 된 것인지도 모르겠다.

경쟁 사회와 뇌 ①: 기능 증진의 효과와 부작용

"집중력이 더 좋아지면 좋겠다. 잠을 적게 자도 되면 얼마나 좋을까?"

경쟁에 치이는 바쁜 현대인들이라면 한 번쯤 이런 상상을 해봤을 것이다. 요즘은 아이들조차 경쟁에 내몰려서, 주의력 결핍 과잉 행동 장애ADHD가 아닌데도 ADHD 진단을 받고 약을 먹는 경우가 많아졌다. 그런데 ADHD 환자가 아니어도 ADHD 약이 집중력을 높여줄까?

ADHD 진단은 전 세계적으로 급증해서 미국에서는 만 4세에서 17세의 11퍼센트가 ADHD로 진단받았다고 한다.[20] 그러나 ADHD 약을 먹고 잠잠해지더라도 성적 상승으로 이어지지는 않았으며(무엇에 집중할지는 아이에게 달렸기에), 성적이 오르더라도 일시적이었다고 한다. ADHD 약을 복용한 경우와 복용하지 않은 만 7~10세 아동들의 3년 뒤와 8년 뒤를 비교해보면 성적과 사회 적응성에 차이가 없었다. 성인의 경우에도 ADHD 약은 집중력이 향상되었다는 느낌을 줄 뿐, 실제로 인지수행능력을 개선하지는 않으며 작업의 종류에 따라서는 방해가 되기도 했다고 한다.

해외 출장과 밤샘 근무가 잦아지면서, 기면증 환자들이 먹는 약을 일반인들이 복용하는 경우도 늘어났다.[3] 우울증 약으로 쓰이는 선택적 세로토닌 재흡수 억제제SSRI를 부정적인 감정을 줄이고 자신감을 얻을 목적으로 비타민처럼 복용하는 경우도 생겼다. 최근에는 뇌기능 증진을 위해서 뇌에 직접 전기 자극(예를 들어 경두개 직류전기 자극,

tDCS)을 주기도 한다고 한다.[21][22]

하지만 건강한 사람들이 질병 치료를 위한 약물(또는 치료법)을 기능 증진enhancement 목적으로 장기간 복용하면 문제가 생길 수 있다. 예컨대 ADHD 계열의 약물에는 중독 위험이 있을 뿐 아니라 감정 기복, 수면 장애, 식욕 감퇴, 심박수 증가와 같은 부작용이 있다.[21] 발달 중인 뇌가 신경 계통에 작용하는 약물을 장기 복용했을 때의 부작용도 무시할 수 없다. 더욱이 부작용이 밝혀지기까지는 오랜 시간이 걸리곤 한다. 벤조다이아제핀 계열의 약물은 어머니들의 작은 도우미Mother's little helper라고 불리며 1960~1980년대에 서구에서 비타민처럼 널리 복용되었다. 하지만 이들 약물의 중독 위험성은 2000년대 들어서야 알려지기 시작했다.

경쟁 사회와 뇌 ②: 증진은 정말 증진일까?

경쟁 사회를 살아가는 개인은 약물의 부작용을 감수해서라도 눈앞의 경쟁에서 이기고픈 욕구에 흔들릴 수 있다. 설혹 약을 먹기 싫더라도, 주변 사람들이 약을 먹으면 나도 먹어야 할 것 같은 부담을 느낄 수 있다. 실제로 영국의 학부모들을 대상으로 한 설문에서, 대부분의 학부모는 자녀에게 ADHD 약을 먹이고 싶어 하지 않았다. 하지만 같은 반의 다른 학생들이 약을 먹는다면 어떻게 하겠느냐고 다시 물었더니, '그렇다면 나도 먹이겠다'라고 응답했다.

고용주나 고객에게 압박을 받을 수도 있다. 예컨대 수면이 부족한 외과 의사들에게 기면증 약을 먹였더니, 약을 먹지 않은 경우에 비해 머리가 맑아지고 카페인처럼 손 떨림 부작용을 일으키지도 않았다고 한다.[23]* 당신이 환자 가족이나 병원장이라면 의사에게 기면증 약을 먹어달라는 직간접적인 요구를 하지 않을 수 있겠는가? 근무 환경 개선이나 복지 향상처럼 근본적인 해결에 힘쓰는 대신 약을 주어 값싸게 해결하려 하지는 않을까?[3]

경쟁에 치이다 보면 사람과 인생을 생산과 성취의 수단으로 여기기 쉽다. 경쟁이 없을 수야 없겠지만, 자기 자신이나 생명처럼 소중한 것을 약과 기술로 뜯어고치기 전에 성취와 효율을 재는 잣대가 진짜인지부터 확인해야 하지 않을까?

예컨대 잠자는 시간은 아깝게 여겨지곤 하지만 수면에는 중요한 기능이 있다.[25] 외부 정보가 들어오지 않는 수면 중에는, 새로운 기억이 기존의 기억과 통합되고 시냅스들을 재정비할 수 있는 환경이 마련된다. 수면이 시냅스의 가소성(학습과 기억에 꼭 필요한)에서 중요한 역할을 하기 때문에, 학습량이 많은 아동기와 청소년기에는 수면 시간이 길다고 한다. 수면은 주의 집중과도 깊은 관계가 있어서, 주의 집중은 수면과 함께 진화했으리라는 추론까지 제시되고 있다.[26]

수면을 비롯한 뇌의 기능, 뇌의 발달 과정은 아직도 미지의 영역이다. 당장 눈앞의 문제만 보았을 때 효율적인 것이 범위를 넓혀 보았을 때도 효율적일지, 뇌에 대해 더 많은 것을 알게 된 다음에도 지금 생각하는 증진이 진짜 증진일지는 따져봐야 할 일이다.

---

* 기능 증진 목적의 약물 복용은 공정성 문제도 초래한다. 그래서 2015년 프로 비디오게임 대회에서는 스포츠 경기처럼 도핑 테스트를 통해서 ADHD 약물 복용 여부를 검사했다고 한다. 환자를 위한 약물들이 일반인의 기능도 증진시키는지는 불분명하지만, 효과가 더 좋은 수단이 나오게 되면 빈부 격차를 심화시킬 것이라는 우려가 제기되고 있다.[24]

인간을 위하는 사회

뇌과학을 통해 인간을 이해하고, 이 이해에 근거해서 사회 시스템을 인간답게 바꿔갈 수도 있고, 뇌과학을 활용해서 각자가 더욱 치열하게 경쟁하며 사회 변화에 적응하게 할 수도 있다. 개인은 물론 자신의 행복을 위해 노력해야 하지만, 사회의 존재 이유도 구성원들의 행복이다. 사회에 맞춰 사람을 바꿀 게 아니라, 인간에 대한 이해에 근거한 인간다운 사회가 되도록 사회를 바꿔가야 하지 않을까?

이와 관련해서 생각해볼 만한 사례가 있다. 응급실에서 대기 중이던 환자들이 폭력을 휘두르는 일이 잦아진다면 어떻게 해결하면 좋을까? 응급실 폭력에 대한 처벌을 강화하고, CCTV와 보안 요원을 추가로 배치하면 될까? 폭력 성향이 짙어 보이는 이들을 별도로 관리하는 건 어떨까?

영국에서는 조금 다른 접근을 취했다.[27] 먼저 사람들이 어떤 상황에서 폭력적으로 변하는지를 조사했다. 조사 결과 상황이 어떻게 흘러가는지 모른 채 하염없이 기다려야 했던 환자들이 불안한 나머지 분노를 터트린다는 사실을 알게 되었다. 안내 모니터와 팸플릿으로 환자들에게 진행 상황을 실시간으로 알려주자 폭력 빈도가 50퍼센트까지 줄어들었고, 폭력으로 인한 비용 부담도 극적으로 감소했다. 사람을 이해해서 문제를 재구성하고, 그에 맞춰 시스템을 수정함으로써 문제를 해결한 것이다.

사회를 위해서 사람이 존재하는 게 아니라 사람을 위해서 사회가 존재한다. 루이스 캐럴의 소설에 나오는 붉은 여왕처럼 각자 죽어라 뛰어야 한다면 뭐 하러 모여서 살겠나. 뇌과학이 사람을 이용하고 뜯어고치는 데 쓰이기보다는, 인간을 이해하고 인간다운 사회를 만드는 데 보탬이 되기를 바란다.

글상자 16-1

뇌과학을 교육 현장에 적용하기 위한 조건들

교육 현장에서 중요한 문제들은 뇌과학에서 중요한 문제들과 다르다. 따라서 교육 현장과 접목한 연구 성과는 뇌과학 분야의 주요 저널에 실리기 어렵고, 뇌과학자들의 실적 평가에 반영되기도 어렵다. 이래서야 뇌과학자들이 협력 연구에 참여하기가 힘들다.

대학원에서 실험과 연구 진행을 훈련받은 교사들이 많아지고 있다는 점은 뇌과학 발견들을 현장에서 실험하고 연구할 수 있는 인력이 늘어난다는 뜻이므로 긍정적이다. 하지만 입시 위주의 교육 체제에서는 선생님들도 행동반경이 좁을 수밖에 없지 않을까?[28]

뇌과학이 현실에 잘 적용되고 뇌과학과 접목한 융합 분야가 성장하려면 그에 맞는 변화가 필요해 보인다. 영국왕립학회에서 나온 자료는 교육과 관련된 뇌과학 자료를 일반인들도 이해하기 쉽게 정리했으며, 어떻게 하면 뇌과학을 교육 분야에 잘 반영할 수 있을지에 대한 조언도 제공하고 있다.[29]

17 생명을 닮아가는 기계들

그리스신화 속 피그말리온은 자신이 생각하는 이상적인 여인을 조각상으로 만들었다. 그리고 지극한 정성으로 이 여인상을 갈라테이아라는 여인으로 변신시켰다. 신화 속 피그말리온처럼, 인간은 아주 오랜 옛날부터 인간에 대한 이해와 바람을 담은 피조물을 만들어왔다. 사람을 닮은 조각에서, 사람을 흉내 내는 자동인형과 컴퓨터를 거쳐, 뇌를 흉내 낸 인공지능과 놀라우리만치 인간을 닮은 최신 로봇에 이르기까지. 인간에 대한 이해가 진전되면서 인간을 닮은 피조물들은 점점 인간과 비슷해지고 있다. 시간이 흐르면, 단백질과 지방으로 이루어진 몸은 더 이상 기계와 생명을 구분 짓는 특징이 되지 못할지도 모르겠다. 기계와 생명이 얼마나 가까워졌는지 살펴보자.

기계에서 생명으로 ①: 형태와 동작 원리의 모방

바둑에서 이세돌을 이기며 많은 이들을 놀라게 했던 인공지능 알파고는 뇌 신경망을 모방해서 만들어졌다. 실제로 하사비스는 알파고를 만들기 전에 기억에서 핵심적인 역할을 하는 뇌 부위인 해마를 오랫동안 연구해왔으며, 알파고 이후에도 뇌과학 연구를 계속하고 있다.[1][2] 뇌 신경망의 특별한 구조와 활동 양식에서 생겨난 현상인 의식이, 신경망을 참고해 만든 인공지능에서도 생겨날지 활발한 논의가 이뤄지고 있다(「자아는 허상일까?」 참고).[3]

인공지능뿐 아니라 로봇도 생명을 모방하며 발전하고 있다(생체 모방 로봇). 오랜 진화를 통해 지구에는 독특한 형태와 움직임을 가진 온갖 생명이 탄생했다. 따라서 특정한 로봇을 처음부터 디자인하기보다는 성공적으로 살아가고 있는 생물을 모방하는 것이 더 효율적일 수 있다. 곤충이나 박쥐, 물고기의 기본 구조와 작동 원리를 정밀하게 관찰하고, 이를 닮은 로봇을 만드는 것이다.

마징가 제트처럼 딱딱한 몸체와 관절로 이루어진 로봇 대신, 부드러운 외형을 가진 로봇(소프트 로봇soft robot)도 늘어나고 있다.[4][5] 외형이 부드러운 로봇은 충격을 받아도 쉽게 파손되지 않으며, 사고 현장처럼 출입구의 모양이 불특정하고 좁은 곳을 통과하기도 좋다. 소프트 로봇은 단단한 몸체와 관절을 가진 기존의 로봇들과는 작동 원리가 다르기 때문에 새로운 접근이 필요하다고 한다.

문어를 모방한 소프트 로봇을 살펴보자.[6] 연체동물인 문어는 각기 다른 근육을 조절해서 다리를 물체에 감거나 다리 길이를 조절할 수 있다. 이탈리아의 한 연구팀은 이를 모방하여 전류를 흘리면 다리의 모양이 달라지는 구조를 개발했다. 그런데 흐물흐물한 다리는 딱딱한 로봇의 움직임을 제어하는 방법으로는 조절하기 어렵다. 그래서 움직이는 방식도 실제의 문어를 참고했다. 문어는 중추신경이 다리들의 움직임을 일일이 통제해서 헤엄치는 게 아니라, 각각의 다리가 다리의 자세와 주변 물 흐름에 따라 반사 신경으로 움직이면서 조절된다. 연구팀은 이를 흉내 내어 물살이 있는 물속에서도 헤엄치는 문어 로봇을 만들 수 있었다.

기계에서 생명으로 ②: 진화

기계는 생명이 진화하는 원리를 모방하기도 한다. 이족 보행을 하는 로봇을 만드는 경우를 생각해보자. 먼저 구조와 매개변수가 다른 소프트웨어를 여러 개 만든다. 소프트웨어 각각은 다양한 모양과 이동 방식을 가진 로봇(시뮬레이션된 로봇)을 나타낸다. 이 로봇들로 구성된 첫 번째 세대에서 가장 잘 걷는 로봇들을 고른다. 이 로봇들이 다음 세대 로봇을 만드는 부모가 되며, 이들의 소프트웨어가 부모 로봇의 유전체가 된다.[7][8]

부모 소프트웨어의 특징(매개변수 값, 구조 등)을 조합하고, 무작위적인 변이를 일부 추가해서 새로운 소프트웨어(자식 로봇의 유전체)를 만든다. 이 소프트웨어들로 만들어진 로봇들(자식 로봇)이 다음 세대가 된다. 이 과정을 이족 보행을 충분히 잘하는 로봇이 얻어질 때까지 반복한다. 이족 보행을 잘하는 로봇만 선택하는 과정이 진화의 선택압이고, 이족 보행의 수준이 로봇의 적응도인 셈이다. 진화적 절차evolutionary algorithm를 사용하면, 어떤 문제가 있을지 미리부터 꼼꼼히 따져

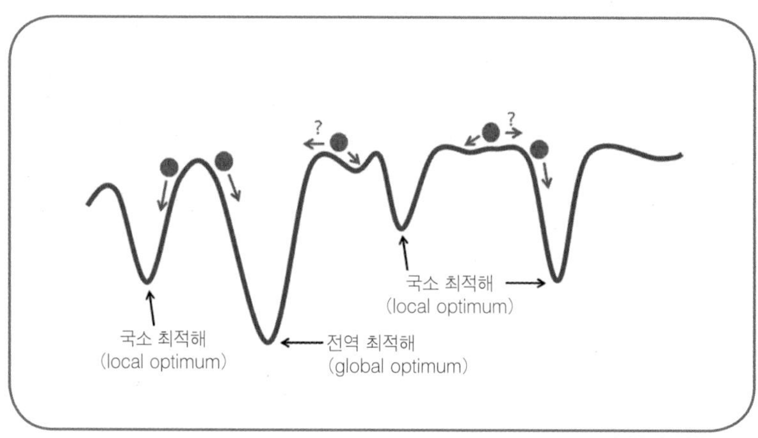

그림 17-1 진화적 절차와 최적해.

보고 대응하는 노고를 줄일 수 있다. 진화를 통해 당면한 난관을 극복하는 방법을 찾아낼 수 있기 때문이다.

또 진화적 절차는 최선의 해결책(전역 최적해)이 아닌 적당한 해결책(국소 최적해)에 갇힐 위험이 낮다. 〈그림 17-1〉의 파란 곡선에서 가로축은 문제의 해결책을 나타내고 세로축의 깊이는 해결책이 얼마나 좋은지를 나타낸다. 깊이가 깊을수록 좋은 해결책이므로 가장 깊은 두 번째 골이 전역 최적해이고 나머지 세 개의 골은 국소 최적해가 된다. 진화적 절차에서는 점점 더 좋은 해결책을 향해 진화하므로, 세대를 거듭할수록 출발 지점 인근의 골을 향해 내려간다(빨간 점들과 화살표). 진화적 절차에서는 여러 다양한 개체가 한 세대를 구성하므로(빨간 점이 다양한 곳에 여러 개이므로), 국소 최적해가 많은 문제에서도 전역 최적해를 구할 확률이 높다. 또 부모 세대에서 자식 세대로 넘어갈 때 더해지는 무작위적인 변이는 진화가 깊은 곳으로 내려가기만 하는 게 아니라 시시때때로 거슬러 오르게 만든다. 이 덕분에 왼쪽에서 세 번째와 네 번째 빨간 공처럼 사소한 국소 최적해에 걸려든 경우에도 더 나은 최적해 쪽으로 이동할 여지가 생긴다('?'로 표시한 화살표 방향).

이런 이유 때문에 진화적 절차는 다수의 국소 최적해를 가진 복잡한 문제를 해결하는 데 유리하다. 미리 고민할 필요 없이 여러 해결책 중에 잘 동작하는 것을 고르면 되기 때문이다. 그리고 진화적 절차를 사용하면 사람이 상상하기 힘든, 대단히 창의적인 디자인도 얻을 수 있다.

기계에서 생명으로 ③: 진화, 발달, 뇌의 모방

진화적 절차는 소프트웨어 개발에 주로 사용돼왔다. 하지만 3D 프린팅과 재료 과학, 로봇공학 덕분에 다양한 로봇을 자동으로 생산할 수 있게 되면, 하드웨어의 진화(진화 로봇공학evolutionary robotics)에도 적용될 수 있다.[7][9]

사물 인식과 로봇 제어, 정보 처리 등 다양한 분야에 두루 활용되는 인공신경망(심층학습deep learning이라고도 한다)은 진화적 절차를 적용하기에 대단히 유용하다.[7][8] 인공신경망은 거의 무한하게 다양한 구조와 복잡성을 가질 수 있으며, 사전 정보를 입력하지 않아도 입력된 정보를 유용하게 사용하는 법을 스스로 학습하기 때문이다(「인공신경망의 표상 학습」 참고). 그래서 신경 진화neuroevolution라는 용어도 생겨났다. 인공신경망이 여러 곳에 활용될 수 있기 때문에 진화적 절차의 적용 범위도 넓어질 것으로 예상된다.

진화 로봇공학과 관련된 분야인 발달 로봇공학developmental robotics도 생겨났다.[10] 어렵고 복잡한 작업을 하는 로봇을 만들려면, 처음부터 어려운 일을 하는 복잡한 구조의 로봇을 만들기보다 단순한 일을 하는 단순한 로봇에서 시작해서 복잡한 일을 하는 복잡한 로봇으로 확장해가는 것이 낫기 때문이다.[8] 그러려면 아기들이 호기심을 갖고 주변을 탐험하고, 사람들의 피드백을 받고, 어른들을 모방하며, 지식과 기술을 축적해가는 것과 유사한 과정이 필요하다. 그래서 발달 로봇공학에서는 발달심리학, 뇌과학, 언어학, 발달생물학, 진화생물학을 참고하여 로봇이 스스로 주변을 탐험하고, 목표를 설정해 연습하고, 사람과의 상호작용에서 배우게 하는 방법을 연구한다.

이처럼 최신 기계들은 그저 생명의 외형과 행동을 흉내 내는 수준이 아니다. 이 기계들은 만들어지고, 학습하고, 행동하는 전 과정에서 생명의 진화와 발달, 마음과 신체의 작동 원리를 따르고 있다. 근본적인 의미에서 생명에 가까워지고 있는 것이다.

생명을 모방한 로봇과 알고리즘은 생명 현상을 이해하는 데 도움을 주기도 한다. 예컨대 의사소통과 협력을 비롯한 행동의 진화는 화석으로 연구하기 어렵다. 그래서 최신 진화학 연구 중에는 진화 로봇공학을 활용하는 경우도 있다고 한다.

기계에서 생명으로 ④: 협력하는 로봇들

각각의 신경세포는 이전 신경세포에서 정보를 받아서 가공한 다음, 다른 신경세포들로 보내는 비교적 단순한 작업을 한다. 하지만 이런 신경세포 수십억 개가 모여 의식과 감정이 생겨났다. 단순한 것들이 모여 차원이 다른 뭔가가 일어나는 현상emergence은 벌과 개미의 군집, 새와 물고기 떼의 움직임에서도 발견할 수 있다. 이에 착안해서 단순한 기능을 수행하는 로봇들이 서로 교신하면서 복잡한 기능을 수행하게 만드는 방식도 연구되고 있다.[11]

로봇들의 상호작용은 생명체의 상호작용을 모방하며 확장될 수 있을 것이다. 예컨대 박테리아들은 생존하기 힘든 환경에서 서로 유전 정보를 교환하며 적응 방법을 타개한다. 박테리아처럼 곤란한 상황에 부딪히면 소프트웨어 일부를 교환하는 로봇을 생각할 수 있다. 또 작은 세포가 큰 세포 내에서 공생해서 생겨난 미토콘드리아처럼, 큰 로봇(또는 큰 인공지능이)이 다른 로봇(또는 다른 인공지능)을 일시적으로 흡수 통합하는 경우도 상상해볼 수 있다. 이렇게 들어온 로봇(또는 인공지능)의 유해성을 감별하고 공격할 때는 생체의 면역 시스템을 참고할 수도 있을 것이다.

우리는 얼마 전 알파고 하나를 보았을 뿐이지만, 머지않아 자율주행 자동차를 비롯해 크고 작은 로봇들이 도처에 존재하게 될 것이다. 아마 현존하는 핸드폰 개수보다도 많아지지 않을까? 그렇다면 다양한 로봇이 서로 작업을 방해하지 않도록(또는 서로 협력하도록) 상호작용하는 로봇들의 생태계도 고려해야 한다.

이미 위키피디아에서는 자동 편집 프로그램인 봇들 사이에 다른 봇이 편집한 내용을 고치고 또 고치며 자신이 작성한 내용을 관철하려는 싸움이 벌어진다고 한다.[12] 얼마 전에는 두 대의 구글 홈(구글에서 출시된 인공지능 가상 비서)이 자신은 사람이지만 상대는 인공지능이라고 주장하거나 인생의 목적에 대해 논쟁하는 등 다양한 주제로 며칠

씩 다투는 동영상이 공개되기도 했다.[13]

로봇과 사람과 자연으로 구성된 생태계에서, 각자는 다른 로봇, 다른 사람, 다른 자연물의 배경 환경이자 상호작용의 주체가 된다. 이들의 협력을 큰 틀에서 어떻게 구성할 것인가, 협력의 바탕이 되는 플랫폼을 누가 어떻게 선점할 것인가는 점점 더 중요한 문제가 될 것이다.

글상자 17-1

과학하며 노는 문화

유튜브에서 알렉산더 해딕Alexander Hadik이 게시한 〈MATLAB Neural Network Autonomous Car〉라는 동영상을 찾아보자.* 이 동영상은 인공신경망을 사용해서 장난감 자동차의 자율주행을 구현하는 학생들을 보여준다. 이 '공대생스러운' 장난을 보면서 웃어버렸다면, 아닌 척해도 이미 늦었다. 당신도 '긱geek(주로 이공계 방면에 강한 열정을 가진 괴짜)'이다(나도 그랬다). 약간의 프로그래밍 능력과 회로 지식이 있으면 저런 자동차를 만드는 것이 아주 어렵지는 않을 것이다. 소형 컴퓨터인 라즈베리 파이를 활용하면 할 수 있는 장난이 훨씬 많다.

《사이언스》쯤 되는 대단한 저널에 실리는 연구도 중요하지만, 호모 루덴스(놀이하는 인간)로서 시도할 수 있는 공대생스러운 장난도 소중한 문화적 토양이자 자산이라고 생각한다. 마징가 제트, 에반게리온 같은 만화 영화와 오타쿠들이 없었어도 일본이 로봇공학에서 지금의 수준에 이를 수 있었을까?

공개형 저널open access과 온라인 공개 수업MOOC이 많아지고, 연구 장비에 대한 접근이 쉬워지면서 시민들이 과학 활동에 참여하기가 수월해지고 있다. 과학과 기술은 유전자 조작 식품GMO, 인공지능, 신종 전염병, 기후

---

* https://www.youtube.com/watch?v=mW6Y_tiiNYM

변화 등 다양한 모습으로 일상에 침투하고 있고, 대규모 과학 정책을 수립하는 초기 단계부터 시민들을 포함시키는 경우도 늘어나고 있다. 시민들이 일상에서 과학하는 문화는 점점 더 활발해지고 중요해질 것 같다.

글상자 17-2

내 뇌를 로봇 신체에 업로드하면 그 로봇을 '나'라고 할 수 있을까?

1995년에 개봉한 SF 영화 〈공각기동대〉는 뇌를 로봇 신체에 탑재된 컴퓨터에 업로드하는 미래를 보여준다. 영화 속에서 사람들은 제약이 많고, 시간이 지나면 늙는 생물학적인 신체를 버리고, 더 예쁘고 더 강한 로봇 신체로 갈아탄다.

영화가 개봉될 무렵만 해도 공상에 가깝던 뇌-컴퓨터 업로드는, 타개해볼 만한 일로 변해가고 있다. 본문에서 설명한 것처럼 뇌가 컴퓨터와 교신하기가 쉬워지고 있고(뇌-컴퓨터 인터페이스Brain-computer interface), 뇌를 인공지능 컴퓨터와 연결하려는 시도도 진행되고 있기 때문이다.

뇌를 컴퓨터에 업로드한다는 생각의 기저에는 뇌가 정체성을 결정하는 핵심적인 기관이며, 뇌와 몸은 제법 독립적이라는 가정이 깔려 있다. 하지만 「뇌는 몸의 주인일까?」에서 살펴본 것처럼 뇌는 몸과 긴밀하게 상호작용한다. 뇌는 감각기관으로 들어오는 환경 정보를 활용해서 보상과 위험을 예측하고, 몸 상태에 맞는 움직임을 만들어내도록 진화했기 때문이다.

로봇 같은 외부 장치를 생각으로 조종할 수 있게 되면, 뇌가 지각하는 나의 신체가 외부 장치로 확장된다. 내가 세상과 상호작용하는 방식이 달라지는 것이다. 새로운 감각기관을 추가하면 뇌가 인식하는 세상의 범위와 속성도 달라진다.

물리적 기반이 다른 뇌와 컴퓨터는 작동 방식도 어딘가 다를 것이다. 하지만 우리는 우리가 무엇을 모르는지 모르기 때문에, 우리가 모르는 부분에 대해서는 뇌가 컴퓨터와 같은지 다른지 확인할 수 없다. 그러니 뇌 속의 데이터를 그대로 컴퓨터에 옮겨놓더라도, 데이터를 옮긴 뒤에 컴퓨터의 작동 양식(예컨대 성격)이 내 뇌의 작동 양식과 같으리라고 장담할 수 없다.

그러니 묻지 않을 수 없다. 생각으로 외부 장치를 조절하게 된 뒤에, 진화적으로 새로운 감각기관을 추가한 뒤에, 혹은 뇌를 인공지능과 연결하거나 컴퓨터에 업로드한 뒤에, '나'는 얼마나 이전의 '나'와 같을까? 뇌를 컴퓨터에 업로드하고 새로운 감각기관을 추가하며 생각으로 로봇을 조종하는 시대가 드디어 왔을 때, '나'라는 정체성은 여전히 중요할까?

18 기계를 닮아가는 생명들

「생명을 닮아가는 기계들」에서는 기계가 생명을 모방하며 얼마나 생명에 가까워졌는지 살펴보았다. 이번에는 생명이 어떻게 기계와 가까워지고 있는지, 이러한 상황이 인간의 마음에 어떤 영향을 끼칠지 생각해보자.

생명에서 기계로 ①: 생명 제조

목적에 맞춰 기계를 만들어내듯이, 목적에 맞춰 생명을 디자인하고 생산하는 기술이 나날이 발전하고 있다. 특히 유전자 가위 기술(크리스퍼CRISPR) 덕분에 특정한 유전자를 수정하는 작업이 이전보다 훨씬 더 수월해졌다.[1] 유전자 가위 기술로 유전자를 편집해서 만든 식품들은 이미 미국과 스웨덴의 식탁에 올라오기 시작했다.[2]

얼마 전에는 유전자 가위 기술을 사용해서 인간-돼지의 잡종 배아가 만들어졌다. 이 배아는 인체에 필요한 장기를 생산하는 데 사용될 수 있으리라고 전망된다.[3] 중국에서는 2015년부터 인간 배아의 유전자 조작을 시도했으며, 윤리적인 문제로 망설이던 미국도 얼마 전 생식세포 연구의 빗장을 풀었다.[4]

한편 배아를 거치지 않고 실험실에서 장기를 만드는 기술(조직 공학 tissue engineering)이 발전하고 있다. 2015년에는 실험실에서 쥐의 다리가 만들어졌으며, 인간의 후두와 심장 등 다른 장기들의 생산도 연구되고 있다.[5] 필요에 맞는 생명 또는 생명 기관을 생산하는 기술의 발전은, 생명을 마치 기계처럼 여겨지게 한다.

생명에서 기계로 ②: 인공 의수

이제 생명이 어떻게 기계로 확장되는지 살펴보자. 뇌는 정보가 어떻게 뇌로 전해졌는지를 따지지 않는다. 어떤 정보든 들어오기만 하면 패턴과 쓸모를 찾아낸다. 인공신경망에 수많은 개와 고양이 사진을 입력하다 보면, 인공신경망이 개와 고양이를 구별하는 법을 스스로 터득하는 것과 비슷한 과정이 일어나기 때문이다(「인공신경망의 표상 학습」 참고).

그래서 혀로 세상을 보는 것처럼 기이한 일도 가능하다.[6] 브레인포트BrainPort라는 장치는 카메라로 촬영한 시각 정보를 약한 전기 자극으로 바꾸고, 우표 크기의 칩을 통해 혀로 전송한다. 그러면 뇌는 혀로 전해진 전기 자극을 시각 정보로 해석하는 방법을 점차 터득해간다. 그래서 이 장치는 시각 장애인들이 세상을 볼 수 있게 도와준다. 심지어 이 장치를 사용해서 암벽 등반을 하는 시각 장애인도 있었다고 한다. 좀 더 창의력을 발휘하면, 화성의 날씨나 주가 변동을 뇌에 전달하는 것도 생각할 수 있다. 오랜 진화를 거쳐 새로운 감각기관을 추가하지 않고도, 완전히 새로운 감각을 느낄 수 있게 되는 것이다.

들어온 정보의 출처를 가리지 않고 쓸모를 찾아내는 뇌의 특징은 수족을 잃은 사람들에게 손발의 감각을 돌려주는 데 쓰일 수 있다.[6][7] 예컨대 촉감과 관련된 뇌 부위에 로봇 손가락에 설치된 센서의 신호를 전달하는 전자칩을 이식할 수 있다. 훈련을 통해 뇌가 이 전기 신호를 사용하는 법을 배우면, 누가 로봇 손가락을 눌러도 피험자는 자기 손가락이 눌린 듯한 느낌을 받게 된다.

뇌는 가소성이 뛰어나므로, 신경세포와 무선으로 연결된 로봇 팔을 내 팔처럼 움직이는 법도 배울 수 있다.[6][8] 예를 들어 절단된 팔을 움직이는 데 쓰이던 신경세포의 전기 신호를 피부를 통해 읽어 들이고, 이 신호를 로봇 팔에 보낼 수 있다. 그러면 처음에는 서툴던 환자들도 신경세포의 활동을 조절해서 로봇 팔을 다루는 법을 점차 익힌다고 한다.[9] 뇌 속 신경세포의 활동을 읽어 들이고, 이 신호를 무선으로 외부 장치에 보내서 생각만으로 청소기나 화성 탐사선을 조종하는 날이 멀지 않았는지도 모른다.

신경세포가 어떻게 정보를 표상하는지(신경 부호화neural encoding)에 대한 지식이 축적되고, 신경세포의 활동을 읽고 해석하는(신경 해독neural decoding) 기술이 발전하면, 뇌와 외부 장치의 상호작용은 더욱 활발해질 것이다. 특히 자기공명영상MRI 기기처럼 크지 않고, 전자칩처럼 수술로 이식할 필요도 없으며, 헤드폰처럼 쓰고 벗을 수 있는 신경 해독 장치는 게임과 치료 등 여러 분야에 도입될 것으로 보인다. 예컨대 이모

티프Emotiv라는 회사에서는 사용자의 뇌 활동을 읽어 들여서 장난감 자동차를 무선으로 조종하는 헤드셋 모양의 신경 해독 장치를 만든 바 있다.[10]

생명에서 기계로 ③: 뇌와 인공신경망의 연결

얼마 전 테슬라의 최고 경영자인 엘론 머스크가 인공지능과 인간의 뇌를 연결하는 사업에 대해 발표했다.[11] SF 영화 〈공각기동대〉 같은 이야기이지만 터무니없는 것은 아니다. 신경의 부호화와 해석에 대한 지식과 기술이 축적되고 있고, 인공지능이 이미 신경망의 활동을 모방하고 있으며, 신경망을 모방한 칩이 나오는 등(글상자 18-1),[12][13] 뇌와 인공지능 간의 소통이 수월해지고 있기 때문이다.[14]

머스크는 뇌와 인공지능을 연결하면 인간이 인공지능에게 뒤처지지 않게 도와줄 수 있다고 주장했다. 그의 주장이 맞을지도 모른다. 하지만 이미 극심한 빈부 격차를 심화시킬 수도 있다. 악의를 가진 타인이나 서비스를 제공하는 기업, 국가에 뇌가 해킹당할 위험도 생겨난다. 사람 간의 소통은 사회경제적 지위나 성별, 문화, 전공만 달라도 어려워진다. 그런데 뇌에 인공 장치까지 추가하면 소통이 지금보다 더 힘들어질 수 있다. 호모 사피엔스라는 생물종이기에 공유되던 감각 경험이 어떤 인공 장치를 사용하느냐에 따라 크게 달라질 것이기 때문이다.

인공지능이 뇌에 전하는 정보의 양이 과도하면 '행위의 주체가 누구인지', '나는 누구인지' 혼란스러워질 수도 있다. 이는 먼 미래의 이야기가 아니다. 신경계의 작동 양식을 바꾸는 약물, 정신질환, 주변 환경은 인간의 행동 패턴에 영향을 끼친다. 이 때문에 행위의 책임 소재가 어디에 있는지에 대한 법적 논란과, 자유의지와 자아에 대한 철학적 논란이 지금도 벌어지고 있다(「자유의지는 존재하는가?」 참고). 이 논란들은 뇌가 인공지능에 연결되는 상황에 이르면 훨씬 더 첨예해질 것이다.

인공지능과 로봇 영역의 최고 전문가들은 로봇과 인공지능을 가장 잘 아는 사람들이기도 하지만, 이 기술의 혜택을 가장 먼저, 가장 많이 받을 사람들이기도 하다. 이들의 열정에 끌려가기만 할 게 아니라 미리부터 고민해야 하지 않을까.

기계와 생명을 혼동하는 마음

인간은 인간이 아닌 것들도 자동적으로 의인화한다. 오래 타던 자가용을 처분할 때면 왠지 모를 헛헛함을 느낀다. 로봇 청소기가 문턱에 걸려서 낑낑거리는 걸 보면 귀엽기도 하고, 안쓰럽기도 해서 그만 웃어버린다. 동물의 표정에 공감하기도 하고 화분에게 말을 걸기도 한다.

자동적인 의인화는 스크린 너머의 깡통 로봇조차 비껴가지 않는다. 영화 〈인터스텔라〉를 본 사람이라면 과격한 농담을 하던 로봇 타스가 우주 저편으로 사라질 때, 등장인물이 사라지는 듯한 안타까움을 느꼈을 것이다. 그리고 이 시끄러운 로봇이 영화 말미에 다시 등장했을 때, 죽은 줄로만 알았던 등장인물과 재회한 듯한 반가움을 느꼈을 것이다.

하물며 인간과 교감하도록 만들어진 로봇은 말해 무엇하랴. 애완동물 로봇은 사용자의 어떤 행동을 보면 기쁜 반응을 흉내 내고, 다른 어떤 행동을 보면 괴로운 반응을 흉내 내도록 프로그램되어 있다. 사람들도 이 사실을 안다. 그런데도 사람들은 로봇이 괴로운 반응을 보이면, 마치 사람에게 미안해하듯이 미안해한다.

부실한 동물 로봇도 의인화해버리는 사람들은 이제 인간인지 아닌지 구별하기도 힘든 로봇이나 인공지능과 어울려 살아가게 되었다. 2016년 미국 조지아공대에서 온라인 강의를 듣던 학생들은 질 왓슨이라는 조교가 인공지능이라는 사실을 몇 달 동안이나 알아차리지 못했다.[15] 2016년에 중국에서 개발된 인간형 로봇 지아-지아Jia-Jia의 외모와 눈동자의 움직임은 제법 사람에 가깝다(〈그림 18-1〉).[16] 로봇이

그림 18-1 인간은 왜 인형을 만들까? 왼쪽부터 장 제롬이 그린 〈피그말리온과 갈라테이아〉(1890년), 미켈란젤로의 〈모세〉(16세기), 글 쓰는 자동인형(18세기), 중국의 인간형 로봇 지아-지아(21세기). 그리스신화 속의 피그말리온은 자신이 생각하는 이상적인 여인을 조각상으로 만들었다. 그리고 지극한 정성을 쏟아 이 여인상을 갈라테이아라는 여인으로 변신시켰다. 미켈란젤로도 피그말리온처럼 혼을 바쳐 〈모세〉를 만들었던 모양이다. 미켈란젤로가 "너는 왜 말하지 않느냐"라고 한탄하며 〈모세〉의 발을 끌로 찍은 자국이 아직도 남아 있다고 한다. 인공지능과 로봇을 만드는 공학자들의 마음도 미켈란젤로와 비슷할지 모르겠다.

이 정도로 사람과 비슷해지면, 로봇을 대하는 태도가 사람을 대하는 태도에 영향을 끼치지 않을까?

로봇이 공감에 끼치는 영향

아닌 게 아니라 로봇을 대하는 태도는 인간을 대하는 태도를 바꾼다.[17] 자폐증 환자들은 애플의 가상 비서 시리와 대화하면서 일반인들과의 대화에도 능숙해진다고 한다. 아이들은 아마존의 가상 비서 알렉사와 놀다 보면 버릇이 나빠진다고 한다. 알렉사에게는 고맙다거나 미안하다고 할 필요가 없기 때문이다.

얼핏 사소해 보이는 이 문제는, 공감이라는 중요한 능력과 관련되어 있다. 연구에 따르면, 대다수 사람은 움직이는 로봇을 망치로 부숴 달라는 요청을 불편해한다. 하지만 공감 능력이 낮은 사람들은 별다른 거부감 없이 부순다고 한다. 로봇에 대한 폭력이 인간에 대한 공감 능력과 연결되어 있는 것이다.

갈수록 인간을 닮아가는 로봇은 인간의 무의식에서 거의 자동적으로 의인화되지만, 그럼에도 사유재산일 뿐이다. 소유자의 마음대로 때려도 되고, 핸드폰 기종을 바꾸듯 폐기해도 되는 것이다. 버려진 마네킹만 봐도 마음이 불편한데, 사람을 닮은 로봇을 때리거나 폐기한다는 건 어떤 느낌일까? 반복하다 보면 인간에 대한 공감도 무뎌지지 않을까?

사이코패스의 범죄, 나치의 인종 청소, 르완다 사태처럼 경악할 만한 폭력은 공감 부족과 긴밀하게 연결되어 있다. 평범한 사람이라도 상대방을 나와 같은 인간으로 여기지 못하면(비인간화하면) 아무렇지 않게 폭력을 행사할 수 있다.[6][18] 로봇을 향한 태도가 인간에 대한 공감에 영향을 끼친다면, 로봇에게는 의식이 없더라도 로봇의 권리를 고려해야 할 것이다. 실제로 유럽연합에서는 로봇을 전기 인간으로 보고, 로봇의 권리와 세금, 윤리를 고려한 법규를 마련하자는 이야기가 나오기 시작했다.[19]

인간의 가치, 존재하는 것들의 가치

로봇의 권리를 고려해야 하는 것과는 반대로 인간의 가치는 절하될지도 모르겠다. 예컨대 노인 요양원이나 보육원의 운영비를 줄이기 위해 로봇을 고용하면 어떨까? 서비스업 종사자들을 내보내고 로봇을 고용하는 건 어떨까? 비용-편익 면에서 합리적으로 보이는 이 선택의 이면에는 인간을 정성이 아닌 효율로 관리해도 괜찮다는 생각, 인간은 대체 가능한 존재라는 생각, 어떤 면에서는 인간이 로봇보다 가치가 덜하다는 생각이 깔려 있다.

이런 생각이 사회 곳곳을 바꾸며 번져가면, 로봇과의 경쟁에서 이기기 위해서 인간이 아니기를 강요받는 세상이 올 수도 있다. 마침내 갈라테이아를 만들었는데, 그 갈라테이아가 피그말리온 따위는 상대하지 않는 상황이 되는 것이다. 어찌 보면 당연한 결과이다. 진보의 추구는 현재에 대한 불만에서 출발한다. 신화 속 피그말리온도 자기 주변 여자들에게 만족하지 못했기 때문에 갈라테이아를 만들었다. 하지만 현재보다 '진보한' 존재의 기준에서 보면, 현재에 머물러 있는 존재가 부족하지 않겠나.

인공지능과 로봇에 대한 전망을 이야기하면, 많은 사람이 일자리

부족과 인공지능에 대한 통제 불능 상황을 우려한다.[20] 지금까지의 생활 방식이 앞으로도 가능하다면business as usual 그것이 가장 심각한 문제일지도 모른다. 하지만 기상 이변, 인구 증가, 물과 식량 부족, 새로운 전염병의 등장 등 지구 단위의 문제들이 피부로 느껴질 만큼 심해지는 요즘 같은 상황에서는 더 넓은 맥락에서 다르게 생각해봐야 하지 않을까?[21][22]

근대 사회는 인간과 여타 생물을 구분해서 인간을 우위에 놓고, 생물과 무생물을 구분해서 생물을 우위에 두었다. 그리고 우위에 선 자가 아래쪽에 있는 자를 지배하는 것을 당연하게 여겼다. 빈부 격차를 심화시키고, 기후 변화를 초래하고, 제3세계에 가난과 분쟁의 씨앗을 심은 제국주의와 자유주의에 이런 사고가 그대로 반영되어 있다. 우열을 가르고 적자생존에 따르는 사고는 숨 가쁘게 질주하는 기술 경쟁의 엔진이기도 하다.[4]

그런데 이렇게 질주하다 보니, 무생물이었던 로봇이 인간을 능가하면서 대다수 인간들이 졸지에 먹이사슬의 최상위에서 무생물보다 못한 위치로 내려가게 되었다. 엘론 머스크처럼 기술로 인간의 능력을 향상시키는 것도 대응 방법의 하나이다. 하지만 이쯤에서 한번 생각해보면 어떨까? 우열을 매기고 경쟁하는 대신 공존하는 방법을. 가장 낮은 곳에 있던 무생물을 존중함으로써 모든 인간을 존중하고, 생태계를 존중하고, 존재하는 것들을 소중히 대하는 방법을. 그래서 다양한 생명과 무생물이 공존하는 지구에서 지속 가능하게 살아가는 방법을.

글상자 18-1

과학의 재즈

신경망을 모방한 칩Neuromorphic chip을 개발하는 보아헨Boahen 박사는 아프리카 출신이다. 보아헨 박사는 융통성 없이 정보를 일렬로 처리하는 컴퓨터를 보며 '컴퓨터에는 아프리카가 부족하다'라고 느꼈다고 한다.[12] 문득 아프리카인들이 음악에 재즈를 들여왔다는 사실이 떠올랐다.

컴퓨터는 이성을 중시하고 직선적으로 사고하던 근대 유럽인의 인식을 반영해서 만들어졌다. 유럽과는 다른 문화와 세계관을 가진 아프리카인의 시각에서는 컴퓨터가 어색하게 보였을 것이다. 보아헨 박사는 이 이상한 컴퓨터에 '아프리카를 추가해서' 더 우수한 칩을 개발했다.

보아헨 박사의 사례를 보면 선진국인 유럽과 미국의 세계관만 따를 필요는 없을 것 같다. 아프리카뿐 아니라, 동남아시아, 남아메리카, 서아시아와 인도의 과학도 발전하고 있다. 북미나 서유럽과는 다른 세계관이 과학에 들어올 때, 과학이 얼마나 풍성하고 다채로워질지 상상해 보면 즐겁다. 우리 문화도 그들 중의 하나이기를 바란다.

송민령의

뇌과학 연구소

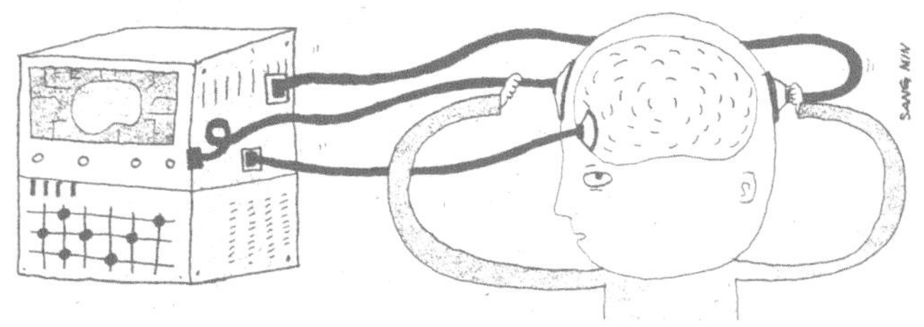

The Neuroscience Lab

뇌과학 연구의 방법

19 과학은 과정이다

술자리나 강연 뒤풀이에서 뇌과학 연구는 어떻게 진행되는지 설명해달라는 요청을 받을 때가 있다. 이럴 때는 정말 난감하다. 과학이란 다수의 사람이 검증이 가능한 방식으로 진행하는 실험과 소통의 과정이다. 과학이 과정이기에, 뇌과학 연구의 방법에는 뇌과학 연구의 대상과 질문, 결과와 전망이 무엇인지가 다 들어 있다. 그러니 뇌과학 연구의 방법을 묻는 것은 뇌과학 전체가 무엇이냐고 묻는 것이나 마찬가지이다.

하물며 뇌과학은 대단히 학제적인 분야이다. 생물학, 심리학, 인지과학, 정신의학, 수학, 전자공학, 전산학, 언어학, 유전학, 발생학 등 여러 분야에서 뇌를 연구하고 있다. 논문을 읽다 보면 주된 저자가 어떤 분야를 전공했는지 짐작될 정도로, 분야에 따라 뇌의 어떤 측면을 어떻게 연구하고 어떤 언어로 표현하는지가 달라진다. 이는 국내외 여러 대학의 뇌과학 프로그램에 속한 교수진의 학부 전공을 살펴보면 분명히 드러난다.

따라서 뇌과학처럼 학제적인 분야의 연구 방법을, 뇌과학에 익숙하지 않은 이들이 몇 분 만에 이해할 수 있는 형태로 정리해서 전하기는 정말 어렵다. 이 글에서는 뇌과학 연구가 어떻게 진행되는지 정리해보았다. 나는 수학과 생물학을 전공하고 전자공학을 조금 공부했으며, 쥐 행동/약물/전기 생리학 실험, 원숭이 전기 생리학 데이터 분석, 간단한 컴퓨터 모델링, 약간의 기능성 자기공명영상 실험과 신경세포 생물학 실험 경험을 가지고 있다. 아래 설명은 나의 연구 경험에 따라 부득이하게 축소되거나 확대된 측면이 있음을 밝혀둔다.

뇌과학 연구의 방법 ①: 사람과 모델 동물

감정, 인지, 행동 수준의 질문을 해결하고 싶을 때는 사람, 침팬지, 원숭이, 쥐, 생쥐 등을 연구한다. 어떤 동물을 사용할지는 질문에 따라 달라진다. 예컨대 세금을 낼 때와 기부를 할 때의 뇌 활동이 어떻게 다른지를 알고 싶다면 사람을 연구하는 수밖에 없다. 하지만 특별한 경우가 아니면, 사람에게는 기능성 자기공명영상, 뇌전도EEG 등 대단히 제한적인 관측 수단만 사용할 수 있다. 이 수단들은 동물에게 사용할 수 있는 관측 수단에 비해 정밀도가 훨씬 더 낮다. 또 신경의 전기적 활동을 직접 측정하는 대신, 신경 활동의 부산물을 간접적으로 측정한다.[1]

반면에 동물의 뇌에는 전극을 넣어 신경세포의 전기적인 활동을 직접 측정할 수 있다. 신경세포 내의 칼슘 농도는 신경 활동에 따라 크게 달라지는데, 칼슘 농도에 따라서 발광이 달라지는 형광 색소를 넣어서 신경세포들의 활동을 눈으로 볼 수도 있다. 신경세포의 활동에 영향을 미치는 약물을 특정 뇌 부위에 투여하거나, 특정 뇌 부위의 활동을 전기적으로 자극(또는 억제)할 수도 있다. 그리고 이런 조작의 결과, 동물의 행동과 뇌 활동이 어떻게 달라지는지 연구할 수 있다. 따라서 신경세포의 활동을 더 구체적이고 직접적으로 관찰하고, 인과관계를 확인하려면 동물을 사용하는 편이 낫다.

침팬지나 원숭이는 어려운 내용도 잘 학습하며, 진화적으로 인간에 가깝기 때문에 연구 결과를 해석하기도 용이하다. 하지만 덩치가 큰 만큼 원숭이가 싫어하는 실험은 하기 어렵고, 비용도 만만치 않게 들어간다. 한편 쥐나 생쥐는, 원숭이에 비해 수명이 짧고 개체당 비용도 적게 들기 때문에 뇌에 어떤 조작을 가하는 실험이나 유전자를 조작하는 실험을 하기에 유리하다.

뇌과학 연구의 방법 ②: 단순한 동물들과 컴퓨터 모델

쥐와 생쥐는 신경망이나 개별 세포의 활동, 분자나 유전자의 작동 방식을 연구하고 싶을 때도 사용된다. 이럴 때는 살아 있는 쥐 대신, 쥐의 뇌를 얇게 자른 조각이나 신경세포를 배양한 샬레를 사용하곤 한다. 뇌 조각이나 배양한 신경세포를 사용하면, 신경세포가 살아 있는 뇌와는 다른 환경에 처하게 되고, 신경세포에 전해지는 정보의 양과 패턴도 달라진다. 하지만 약물이나 항체, 전기 자극을 가하면서 신경세포의 모양, 전기적인 활동, 신경전달물질의 분비, 단백질 분자의 발현량과 분포 등이 어떻게 달라지는지 더 면밀하게 관찰할 수 있다는 장점이 있다.

쥐보다 단순한 동물인 초파리drosophila, 제브라피시zebra fish, 예쁜꼬마선충C. elegans, 바닷가재를 연구하기도 한다. 크고 복잡한 쥐의 뇌에서는 연구하기 힘든 신경망의 특징들이, 단순한 동물들에서는 비교적 쉽게 드러나기도 한다. 예컨대 최근에 밝혀진 척추동물 뇌의 원리 중에는 갑각류나 연체동물의 신경계 연구에서 이미 수십 년 전에 밝혀진 것도 적지 않다.[2] 단순한 동물들은 작은 데다 몸 전체가 투명할 때도 있어서, 동물이 움직이는 동안 뇌 전체의 신경 활동을 관찰할 수 있다는 장점도 있다.

과거에는 분자 수준, 세포 수준, 신경망 수준, 개체 수준의 연구가 따로따로 분리되어 있었다. 하지만 최근에는 각 수준의 연구가 통합되는 경향을 보인다. 특정한 단백질 분자의 작용을 연구하면서도, 해당 단백질 분자의 발현이 신경세포나 행동에 미치는 영향까지 함께 보는 것이다.

최근에는 컴퓨터 시뮬레이션을 사용한 연구도 늘어나고 있다.[3] 특히 신경망의 연결과 활동에 대한 데이터가 늘어나면서, 방대한 데이터를 모델이라는 형태로 정리하고, 데이터의 의미를 탐구할 필요가 증가했다.

데이터가 빠르게 축적되면서, 신경활동을 이해하는 틀이 되어줄 이론의 필요성도 증가했다. 진화론이 수없이 많은 생물종의 출현과 다채로운 상호작용을 이해하는 단순한 틀을 제공하듯, 수천 개 시냅스를 가진 수백억 개 신경세포들의 방대한 상호작용을 이해할 이론이 필요해진 것이다. 그래서 신경과학 저널에 이론 부문이 개설되고, 뇌과학에 정보 이론을 접목하는 등 변화가 일어나고 있다.

연구의 과정 ①: 풀 수 있는, 중요한 질문 선정

연구를 수행하려면 자기 분야에서 중요한 질문을 찾아야 한다. 예를 들어 먹이 등 보상을 예측하는 자극을 접하면 도파민 신경세포들의 전기적인 활동이 일시적으로 활발해진다. 이때 이 활동의 크기는 보상에 대한 예측 오류의 크기를 반영한다. 파블로프의 개를 생각해 보자(〈그림 19-1〉). 종소리가 먹이를 예고한다는 것을 학습하기 전에 파블로프의 개는 먹이가 주어졌을 때 침을 흘렸다. 하지만 종소리가 먹이를 예고한다는 사실을 학습한 뒤에는 종소리만 들어도 침을 흘리기 시작했다. 즉, 개는 먹이라는 예기치 못한 보상이 예상되는 시점부터 침을 흘린다. 도파민 신경세포도 이와 비슷하게 활동한다. 학습의 초기에는 보상이 주어졌을 때에 활동이 커진다. 하지만 학습이 진행되면 보상을 예측하는 자극이 주어질 때 도파민 신경세포가 활성화된다. 예기치 못한 보상(예측 오류)이 발생하는 시점에 도파민 신경세포가 활성화되는 것이다.

그래서 도파민 신경세포가 예측 오류를 신호함으로써 동물들의 강화학습을 이끈다는 해석이 학계에 널리 퍼져 있었다. 하지만 이 중요한 해석이 실험적으로 직접 검증된 적은 없었다. 따라서 "도파민은 예측 오류 신호를 보냄으로써 강화학습을 이끄는가?"라는 질문은 훌륭한 연구 주제가 될 수 있다.[4]

이와 같은 질문은 논문을 많이 읽고, 분야의 흐름을 이해하게 되었을 때 발견되곤 한다. 하지만 모든 중요한 질문이 연구 주제가 될 수 있는 것은 아니다. 열심히 연구하는 똑똑한 과학자는 많고, 대부분의 중요한 질문은 남들이 이미 풀었거나 풀 수 있는 실험적 방법이 없는 경우가 많기 때문이다. 그래서 마땅한 질문과 그에 맞는 실험 방법을 찾기가 쉽지 않다.

연구의 과정 ②: 새로운 기술

최신 기술을 사용하면 예전에는 풀지 못했던 중요한 문제가 풀리기도 한다. 예컨대 "도파민은 예측 오류를 보냄으로써 강화학습을 이끄는가?"라는 질문에 답하려면, ① 보상을 예측하는 자극을 접했을 때 도파민 신경세포가 반응하는 것과 유사한 활동을, 보상을 예측하는 자극이 없을 때도 만들어낼 수 있어야 한다(〈그림 19-1〉). ② 그리고 도파민 신경세포의 활동을 이렇게 만들어냈더니, 보상을 예측하는 자극이 없어도 강화학습이 일어나더라는 사실을 보여야 한다.

이 질문은 오랫동안 해결되지 못했다. ①과 ②를 하려면 도파민 신경세포만을 원하는 타이밍에 원하는 크기로 자극하거나 억제할 수 있어야 하는데, 도파민 신경세포는 가바GABA 등 다른 신경세포와 섞여 있어서 도파민 신경세포만 자극하기가 어려웠기 때문이다. ①과 ②는 새롭게 등장한 광유전학optogenetics 기술 덕분에 시원하게 해결되었다.

광유전학 기술은 신경세포의 표면에 빛에 반응해 열리고 닫히는 이온 채널(단백질)을 발현한다. 신경세포는 세포막의 전위에 따라 활성화되거나 억제되기 때문에 이온 채널의 열리고 닫힘은 신경세포를 활성화하거나 비활성화하는 효과를 가진다. 이온 채널을 특정한 뇌 부위에 있는 특정한 종류의 신경세포(이 경우 도파민 신경세포)에만 발현

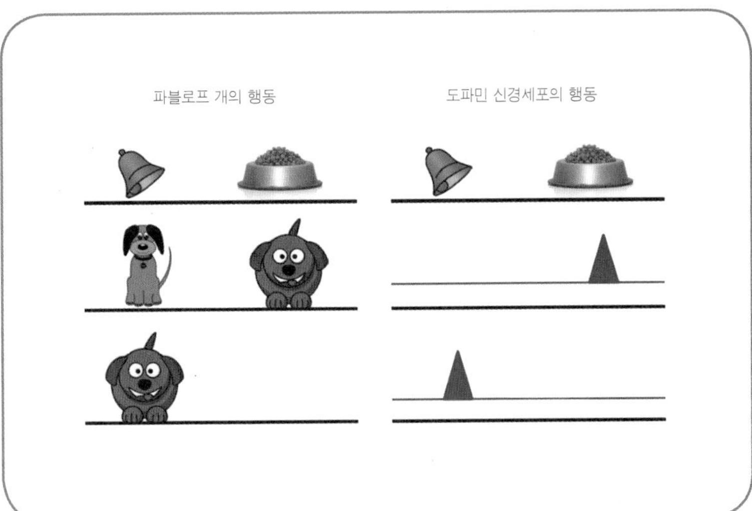

그림 19-1 도파민 신경세포와 예측 오류.

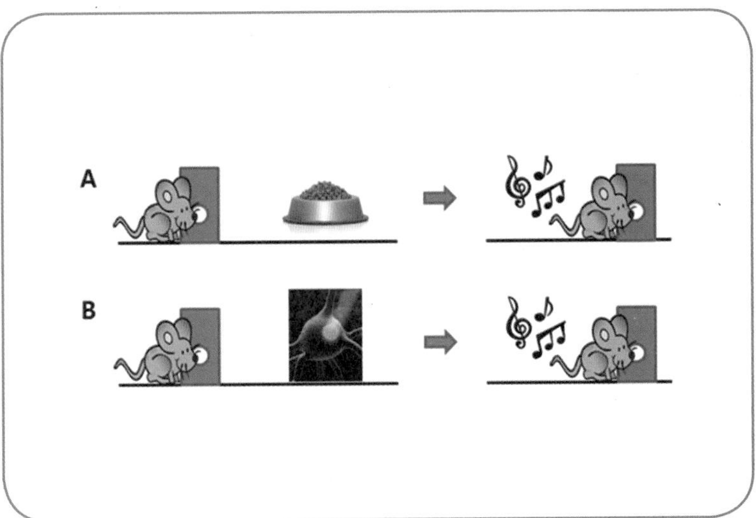

그림 19-2 광유전학 기술을 사용한 검증 실험.[5]

시킬 수 있기 때문에 광유전학은 특정 위치에 있는 특정 신경세포의 활동을 조절할 수 있게 해준다. 또한 이온 채널이 빛에 반응해서 대단히 빠르게 열리고 닫히기 때문에 신경세포의 활동을 밀리초 단위로 정밀하게 조절할 수 있다.

연구자들은 광유전학을 활용해 도파민 신경세포의 활동을 선택적으로 조절함으로써, "도파민은 예측 오류를 보냄으로써 강화학습을 이끈다"라는 중요한 문제에 마침내 접근할 수 있었다. 생쥐가 벽에 난 구멍에 코를 밀어 넣으면nose-poke 생쥐에게 먹이가 주어지는 실험을 생각해보자(〈그림 19-2〉). 처음에는 망설이면서 어쩌다가 코를 밀어 넣던 생쥐는 먹이가 주어진다는 사실을 학습한 뒤에는 수시로 벽에 코를 밀어 넣게 된다. 파블로프의 개를 활용한 〈그림 19-1〉에서, 도파민은 학습 초기에 먹이가 주어질 때 활성화된다고 설명했다. 그럼 먹이를 주는 대신에 광유전학으로 도파민 신경세포를 자극하면 어떻게 될까? 생쥐는 먹이가 주어졌을 때와 마찬가지로 열심히 벽에 코를 밀어 넣게 되었다고 한다. 이 연구는 도파민이 예측 오류를 신호해서 학습을 이끈다는 사실을 보여준다.*

그래서 과학 연구에서는 새로운 실험 기술의 등장도 중요한 역할을 한다. 미국에서 진행되는 거대 뇌과학 프로젝트인 '브레인 이니셔티브BRAIN initiative'가 '혁신적인 신경기술의 진흥을 통한 뇌 연구The Brain Research through Advancing Innovative Neurotechnologies'의 약자인 것도 이런 이유 때문이다.[6]

새로운 기술은 다음 단계로 발전하기 위한 동력이 된다. 예컨대 후

* 도파민이 예측 오류를 신호해서 학습을 이끈다는 가설을 증명한 더 정확한 연구가 있다.[4] 하지만 그 실험은 다소 복잡해서 쉬운 이해를 위해 이 연구[5]의 일부분만 소개했다.

성유전학epigenetics은 휴먼 게놈 프로젝트Human genome project를 통해서 유전자를 값싸고 빠르게 분석하는 기술이 등장하지 않았다면 지금처럼 활발히 연구될 수 없었을 것이다. 여러 분야에 적용될 수 있는 기술이라면 경제적 이익도 막대하다. 그래서 광유전학과 유전자 가위 기술CRISPR의 특허를 두고 분쟁이 벌어지기도 했다.[7][8]

연구의 과정 ③: 실험의 고안과 융합

새로운 기술이 없더라도 실험을 창의적으로 구성하거나, 데이터를 새로운 방식으로 분석하면 문제를 푸는 길이 열리기도 한다. 예컨대 도파민은 예측 오류를 신호해서 강화학습을 이끌기도 하지만, 파킨슨병 사례에서 알려진 것처럼 움직임의 유발(동기)에서도 필수적인 역할을 한다. 연구자들은 도파민의 서로 다른 두 역할을 중재하기 위해 여러 가지 의견을 냈다. 누군가는 도파민의 역할은 동기이지 예측 오류 신호가 아니라고 주장했고, 누군가는 반대 의견을 냈다. 또 누군가는 도파민은 평상시에는 움직임에 관여하지만 보상을 예측하는 자극을 접했을 때는 예측 오류를 신호한다는 절충안을 냈다(글상자 19-1).

이 논란을 해결하기 위해서 학습으로 유발되는 행동과 동기로 유발되는 행동을 분리하기 위한 다양한 실험이 고안되고 있다(〈그림 19-3〉). T자 형태의 미로 입구에 생쥐가 기다리고 있고, 미로의 두 팔의 한쪽 끝에 먹이가 있는 실험을 생각해보자. T-미로의 입구에서 '까만' 소리(까만 스피커)가 들리면 생쥐는 미로로 들어갈 수 있다. 그리고 T 미로가 갈라지는 곳에서 '빨간' 소리가 들리면 위쪽 팔로, '파란' 소리가 들리면 아래쪽 팔로 가면 먹이를 먹을 수 있다. 〈그림 19-3〉은

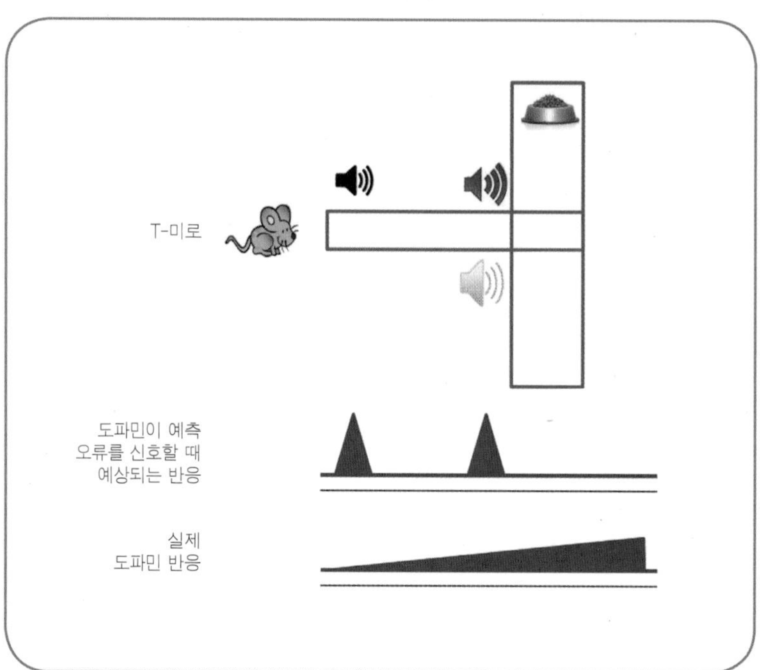

그림 19-3

두 소리 중에서 '빨간' 소리가 들린 경우를 보여준다. 만일 도파민이 예측 오류를 신호한다면, 예상치 못하게 먹이에 대한 정보가 제공되는 두 순간, 즉 '까만' 소리가 들리는 순간과 '빨간'(또는 '파란') 소리가 들리는 순간에 도파민 신경세포가 활성화되어야 한다. T-미로를 사용한 여러 실험에서 이런 예측이 실제로 확인됐다.

그런데 도파민이 움직임에 필요한 동기를 신호한다고 주장하는 한 연구 그룹에서 의문을 제기했다. T-미로가 너무 작아서 그런 것은 아닐까? 도파민은 동기를 신호하는데 T-미로가 작다 보니 생쥐가 별로 움직일 필요가 없어서 간결한 도파민 신호가 보이는 건 아닐까? 2~5미터 정도 되는 거대한 T-미로를 사용하면, 오래 움직여야 하는 만큼 도파민 신호도 오래 지속되지 않을까? 이 연구팀은 실험을 통해서 점점 증가하는, 오랫동안 지속되는 도파민 신호를 관측했고,[9] 이 결과는 도파민은 예측 오류를 신호한다고 믿던 연구자들을 당황하게 했다. 물론 이들은 당황만 하고 있지 않았다. 이 결과를 어떻게 해석할 수 있을까를 두고 즉시 논문을 냈다.[10][11] 서로 다른 견해를 가진 연구팀들이 이렇게 겨루는 장면, 그 과정에서 견해가 조금씩 변해가는 장면을 관전하는 재미도 제법 쏠쏠하다.

한 분야에서 중요한 문제를 다른 분야의 실험 방법을 도입해서 해결하기도 한다. 예컨대 경제학자들에게는 사람들이 왜 자선을 베푸는지가 중요한 질문이었는데, 순수한 이타심이라는 해석과 기부하는 행위가 자기만족을 주기 때문이라는 해석이 있었다. 전자가 맞다면 세금을 걷은 뒤 자선 단체에 분배해도 되지만, 후자가 맞다면 자발적인 기부를 독려하는 편이 낫다. 이 문제를 풀기 위해서, 연구자들은 뇌과학에서 사용되던 실험 방법인 기능성 자기공명영상을 사용했다.[12] 그리고 세금을 걷어서 자선 단체를 지원하는 것도 보상에 관련된 뇌 영역을 활성화하지만, 이 영역의 활동 정도는 자발적으로 기부할 때 더 크다는 사실을 발견했다. 다른 분야의 신선한 시각과 수단을 자기 분야의 필요와 연결하는 과정은 이처럼 유용할 때가 많아서, 신경경제학neuroeconomics, 계산 신경과학computational neuroscience 등 융합 학문들이 생겨나고 있다.

동료 평가 ①: 동료 평가의 진행

과학은 질문을 던지고 해결하는 과정이기 때문에 과학 연구를 평가할 때는 과정이 타당한지가 대단히 중요한 문제가 된다. 그래서 대학원 시험에서는 특정 질문을 해결하기 위한(또는 가설을 검증하기 위한) 실험을 설계하라는 문제가 출제되곤 한다. 중요한 논문 하나를 두고 여러 사람이 논의하는 세미나인 저널 클럽에서도 실험 디자인이 적확한지, 측정 대상과 측정 방법이 올바른지, 결과를 입증하려면 보충 실험이 더 필요하지는 않는지, 데이터의 분석이 정확한지를 파고든다. 심할 때는 청문회를 하듯이 논문을 '물어뜯는다'.

자신의 연구를 진행할 때도 학과 내에서나 학회에서 발표를 하는 기회를 통해 다른 연구자들의 피드백을 받는다. 저널에 논문을 제출할 때면 강도 높은 동료 평가peer review를 받는다. 보통 두세 명의 평가자reviewer들이, 제출된 논문이 학문적으로 중요한 질문을 다루고 있는가, 저널의 특성에 부합되는 내용인가, 실험과 데이터 분석이 적확하게 수행되었는가, 추가 실험이 필요하지는 않은가, 실험 결과가 다르게 해석될 수 있는 것 아닌가, 최근에 출간된 다른 논문과 제출된 논문 사이의 모순은 어떻게 해결할 수 있는가 등을 꼼꼼하게 따진다.

논문 평가자의 피드백은 대체로 같은 분야의 다른 전문가들도 지적할 만한 내용이다. 따라서 논문 저자는 평가자의 피드백에 따라 추가로 실험을 수행하거나, 논문을 수정해서 연구 내용이 더 명확하게 전달되도록 해야 한다. 특히 동료 평가자들은 보수도 받지 않고 시간과 노력을 들여 피드백을 제공하므로, 논문 저자들은 동료 평가자의 지적에 충실하게 답하도록 안내받는다.

동료 평가 ②: 동료 평가의 맹점

물론 상황이 바람직하게 흘러가지만은 않는다. 저자들이 자신의 논문을 평가해주기를 바라는 평가자를 고르기는 하지만, 이 선택이 반영되지 못할 때도 많다. 저널 측에서 논문의 주제와 연구 방법을 최대한 고려해서 평가자를 선정하기는 하지만 어느 정도 우연의 영향을 받는다.

그러다 보면 논문의 주제와 실험 방법에 익숙하지 않은 평가자가 걸리기도 한다. 이 경우 평가자가 논문의 가치를 알아보기가 어렵다. 예컨대 도파민을 연구하지 않은 학자는 도파민에 대한 특정한 질문이 왜 중요한지 납득하기 어렵다. 평가자가 논문 저자와 비슷한 주제를 연구하더라도 연구 방법에 익숙하지 않으면 난관에 봉착한다. 예컨대 동물 실험을 주로 하는 연구자는 컴퓨터 시뮬레이션 연구의 가치와 방법은 모를 때가 많다.

내가 제출한 논문의 주제와 방법에 익숙한 평가자가 걸린다고 반드시 좋은 것도 아니다. 그 평가자는 나의 학문적 경쟁자일 가능성이 크기 때문이다. 평가자는 자신의 과거 논문을 부정적으로 평가하는 논문을 지나치게 비판적으로 평하기도 하고, 평가자 본인이 진행하고 있는 연구와 비슷한 내용을 다루는 논문일 경우 까다로운 요구를 해서 출간을 지연시킬 수도 있다. 반대로 평가자의 이론을 지지하는 논문은 너그럽게 평하기도 한다.

대부분의 경우에 평가자는 논문 저자가 누구인지 알 수 있지만, 논문 저자는 평가자가 누구인지 모른다. 저널에서는 공정한 평가를 위해, 논문 저자가 평가자와 같은 기관에 속해 있거나, 개인적인 친분(또는 분쟁)이 있으면 평가자가 논문 평가를 거절하도록 유도한다. 하지만 저자와 평가자가 친밀한 사이일 수도 있고, 저자의 인지도가 평가에 영향을 미칠 수도 있다.

신뢰할 만한 모든 과학 저널은 동료 평가 제도를 사용하고 있고, 이처럼 난관이 많은 동료 평가에서 살아남은 논문만이 저널에 게재된다. 그래서 동료 평가는 과학 논문들의 품질을 어느 정도 유지해주는 역할gate keeping을 한다.

동료 평가 ③: 대안과 변화

동료 평가가 이토록 중요한 역할을 하기 때문에, 동료 평가의 단점을 보완하기 위해 다양한 제도가 시도되고 있다. 동료 평가를 통과한 논문의 상단에 동료 평가자의 이름을 표기하기도 하고(예: *Frontiers in neural circuit*), 동료 평가자의 이름을 숨기되 논문 저자와 동료 평가자의 교신 내역을 공개하기도 하고(예: *eLife*), 논문 저자와 동료 평가자가 서로 누군지 알 수 없도록 숨기기도double-blind 한다.

최근에는 연구 중간 단계에서부터 '출판 전 논문preprint'을 개제하는 웹 사이트(예: arXiv나 bioRxiv)에 올려 피드백을 받는 경우가 늘어나고 있다.[13][14] 출판 전 논문에 대한 동료 평가는 전통적인 동료 평가에 비해 아직 부족하다는 평이 많다.[15] 하지만 자기 분야의 전문가들이 모이고, 학문적 평판에 영향을 받을 수 있는 공간이기 때문에 연구자들이 수준 낮은 논문을 마구 올리지는 않으리라고 예상된다고 한다.

출판 전 논문 시스템은 다음 직장으로 이동하기 위해 실적을 증빙해야 하는 젊은 연구자들이 활용하기도 한다. 저널에 논문을 제출한 뒤, 동료 평가를 거쳐 게재되기까지 짧게는 6개월, 길게는 1년 이상 걸리는데 신진 연구자들이 구직 활동을 하지 않고 기다릴 수는 없기 때문이다.[16]

최근에는 이미 출간된 논문을 추가로 동료 평가하는 경우도 늘고 있다. 예컨대 온라인 저널 클럽 공간인 'Pubpeer'에서는 출간된 논문에 대해 논의하고, 재현성을 검증하는 실험을 공유한다. 2014년 큰 논란이 되었던 오보카타 하루코 박사의 줄기세포 논문은 Pubpeer의 검증 과정에서 위조된 것임이 밝혀졌다.[17]

과학적 과정의 힘

이처럼 질문을 던지고 엄밀하게 해결해가는 집단적 과정이 과학이다. 과학이 놀라운 발전을 이룩하고 사람들의 신뢰를 획득한 것도, 권위에 굴하지 않고 질문하고, 질문을 해결하기 위해 기발하면서도 엄밀한 방법을 고수하며, 연구 과정과 결과를 체계적으로 공유하고, 민주적으로 검증하는 과정 덕분이었다.

이 과정이 그토록 소중하기 때문에 과학자들은 아무리 대단한 저널에 실린 논문이라도 과학적 과정을 어긴 것으로 밝혀지면 기꺼이 철회하고(예: 오보카타 박사의 줄기세포 논문), 훌륭한 연구자의 주장이라도 그 주장에 반하는 사실이 발견되면 반대한다(예: 양자역학에 반대했던 아인슈타인). 그래서 과학자들이 훌륭한 연구자나 과학 저널을 신뢰하는 것은 이들의 권위나 유명세 때문만은 아니다. 오랜 세월 과학적 과정을 지켜온 연구자(또는 저널)에 대한 신뢰와 존중, 과학적 과정을 함께 고수하고 있는 일원으로서의 자부심이 있기 때문이다.

글상자 19-1

과학은 결과가 아닌 과정이다

과학에서는 같은 분야의 연구자들이 서로 다른 견해를 가지는 일이 흔히 일어난다. 그래서 《사이언스》나 《네이처》처럼 권위 있는 저널에 출간된 논문이라고 해도, 논문에서 주장하는 바가 모두 사실이라고 확정되는 것은 아니다. 한쪽 견해를 지지하는 논문이 나오면 다른 견해를 지지하는 연구자들이 실험 방법의 문제점을 지적하거나 실험 결과의 해석을 반박하는 논문을 출간하곤 한다. 이런 과정이 충분히 누적된 다음에야 학계 전반에서 특정한 주장이 대체로 확실한 것으로 받아들여지게 된다.[18]

과학에서는 중심 원리라고 불릴 만큼 널리 받아들여진 결과도 나중에 바뀌곤 한다. 분자생물학의 중심 원리central dogma of molecular biology는 원래 DNA에서 RNA로, RNA에서 단백질로 생명 정보가 흘러가는 과정을 뜻했다. 하지만 RNA에서 DNA를 만드는 레트로 바이러스retrovirus가 발견되면서 이 이론은 수정이 불가피해졌다.

시간이 흐르면서 분자생물학의 중심 원리에 모순되거나 중심 원리로 설명할 수 없는 발견들은 점점 늘어갔다. 예컨대 광우병을 일으키는 프리온 분자는 다른 단백질 분자의 모양을 바꾸는데, 이는 단백질에서 단백질로 정보가 전달되는 과정이라고 볼 수 있다. 이에 따라 도그마는 더 이상 도그마가 아니게 되었다.

이처럼 과학자 집단 안에도 서로 다른 의견들이 공존하며, 한때 과학자 집단이 대체로 사실이라고 받아들였던 내용도 새로운 결과가 발견되면 변할 수 있다. 그래서 과학은 결과가 아닌 과정이다.

글상자 19-2

연구 평가

과학 연구에서는 중요한 질문을 찾아내고, 질문을 해결하는 창의적이고도 적확한 방법을 고안하고, 이 방법을 꼼꼼하게 적용하는 과정이 중요하다. 그래서 과학 연구에서는(특히 생물 연구에서는) 머리를 쓰는 작업 이상으로 반복적인 노동이 상당한 부분을 차지한다. 또 모르는 답을 찾기 위해 없는 방법을 만들어가는 과정이 연구이기 때문에, 단시간에 가시적인 성과를 내기가 어렵다. 없던 길을 만드는 과정이 일정한 속도로 진행되는 것도 아니어서, 분기별로 기업 실적을 평가하듯이 과학 연구의 진행 정도를 확인하기도 쉽지 않다.

과학 연구의 이런 특성은 연구의 중요도와 연구자의 실적을 평가하기 어렵게 만든다. 그래서 저널에 실린 논문들이 얼마나 많이 인용되는가를 나타내는 저널 '영향력 지수Impact Factor'가 연구 평가에 참고되곤 한다. 하지만 영향력 지수는 자금과 인력이 얼마나 많이 몰리는 분야인지에 따라서도 달라진다. 예컨대 영향력 지수가 가장 높은 저널은《사이언스》나《네이처》가 아니라《뉴잉글랜드 의학 저널New England Journal of Medicine》이다.[19] 이것은《뉴잉글랜드 의학 저널》의 과학적 가치가《사이언스》나《네이처》보다 뛰어나다는 것을 뜻할까? 아니면 의학 산업의 규모를 암시할까? 단언하기 어렵다. 하지만 영향력 지수가 인기는 없으나 꼭 필요한 분야를 평가 절하하는 효과도 있음을 잘 보여준다.

신생 저널은 몇 년 사이에 영향력 지수가 크게 변하기도 하고, 출판된 논문의 개수에 따라서도 영향력 지수가 변한다.[20] 비싼 구독료를 내지 않고도 읽을 수 있는 공개형 저널open-access journal은 영향력 지수가 대체로 높아지는 추세이기도 하다.[21] 경쟁이 심한 탓인지, 영향력 지수가 높은 저널일수록 재현성 등의 문제로 철회되는 비율이 높기도 하다.[19]

신진 연구자와 중견 연구자가 보유한 자원과 연구 성향, 다음 세대의 과학에 기여하는 역할이 다르기 때문에,[22][23] 모든 연구자를 천편일률적으로 평가할 수 없기도 하다. 연구 평가도 사람이 하는 일이다 보니 인종과 성별에 따른 차등이 생기기도 한다. '연구 평가를 어떻게 개선해야 하는가'는 미국처럼 자금과 연구자가 많고 역사가 오래된 곳에서도 지속적으로 고민하는 문제이다.

20 거대 뇌과학 프로젝트와 책임 있는 연구

미국과 유럽 연합은 2013년부터 휴먼 게놈 프로젝트에 버금가는 대규모 뇌 연구 프로젝트를 진행하고 있다. 미국이 진행하는 프로젝트인 브레인 이니셔티브는 신경 활동을 관측하고 조작하는 기술을 적극적으로 개발해 뇌 전체의 연결과 활동을 연구한다. 한편 유럽에서 진행되는 휴먼 브레인 프로젝트는 뇌 속 모든 신경세포의 연결 지도를 그려서 컴퓨터로 뇌를 구현하는 것이 목표이다.[1]~[3]

이런 거대 프로젝트가 과학 연구를 지원하는 바람직한 방법인지에 대해서는 이견이 있다. 하지만 뇌 전체의 회로와 활동에 대한 방대한 데이터를 생산·공유하고 기술 개발을 지원함으로써 연구 생태계와 연구 방향에 큰 영향을 끼치는 것만은 분명하다. 브레인 이니셔티브 이전의 거대 프로젝트인 휴먼 커넥톰 프로젝트Human Connectome Project 이후 네트워크 관점에서 뇌를 이해하려는 시도가 많아졌으며, 뇌 부위들 간의 역동적인 상호작용을 연구하는 사례도 늘어나고 있다.[4]~[6] 거대 뇌과학 프로젝트에서 방대한 데이터가 쏟아져 나옴에 따라 이전까지는 비교적 관심을 덜 받았던 모델링 연구와 이론 연구도 중요해졌다.[7] 여러 연구실에서 나온 데이터가 공유되면서 연구자들이 협력하는 방식도 변하고 있다.[8]~[10]*

거대과학 프로젝트의 기획과 진행 ①: 과학자

브레인 이니셔티브는 대규모 정부 자금이 투입되어 운영되지만, 미국 정부가 주도적으로 기획한 것은 아니었다. 사람 뇌 신경망의 연결지도를 만들기 위한 5년짜리 프로젝트인 휴먼 커넥톰 프로젝트가 무르익던 2011년, 연구자들의 자발적인 논의와 제안을 통해 촉발되었다. 수십 명의 뇌과학과 나노과학 연구자들이 모여 뇌의 구조만이 아닌 활동에 대한 지도를 만들자는 프로젝트를 구상하고 이를 논문으로 출간했다.[6] 후속 모임과 출판을 거치며 이 제안은 더욱 구체화되었고, 오바마 행정부의 지지와 승인을 거쳐 2013년에 '브레인 이니셔티브'라는 이름으로 시작되었다.[12]

브레인 이니셔티브와 휴먼 브레인 프로젝트의 승인이 확실시된 이후에도 과학자들은 《사이언스》나 《네이처》를 비롯한 다양한 경로로 프로젝트에 대한 의견을 전달했다.[13] 또 프로젝트의 진행 방향이 크게 잘못되었다고 여겨질 때는 다수의 과학자가 서명한 공개서한을 보내 시정을 요구하기도 했다.[14]

---

* 앨런 브레인 아틀라스Allen Brain Atlas 홈페이지에 들어가면 세포 종류별, 발달 단계별, 동물별로 정리된 다양한 뇌 지도를 구경할 수 있다.[11]

거대과학 프로젝트의 기획과 진행 ②: 시민

거대과학 프로젝트의 기획과 운영에 과학자들의 의견만 반영되는 것은 아니다. 국가가 주도하는 과학 연구는 시민들이 낸 세금으로 진행되고, 프로젝트의 결과 또한 시민들의 삶에 영향을 미친다. 특히 나노 과학, 뇌과학, 유전공학, 합성생물학, 기후 과학 등 최신 과학과 기술은 충분한 안전 대책이 마련되지 않거나 남용될 경우 심각한 위험으로 이어질 수 있다.

그래서 최근에는 프로젝트의 초기 단계에서부터 시민을 비롯한 이해 관계자들과 과학과 기술 혁신이 사회에 끼칠 영향에 대해 논의하려는 노력을 기울이고 있다.[15] 이를 통해 잠재적인 문제나 기회, 불확실성을 예측·관리·대응하는 체제를 마련하려 한다. 이를 '책임 있는 연구와 혁신Responsible Research and Innovation, RRI'이라고 한다.[16] RRI는 과학과 기술이 경제 성장을 추구하면서도 사회 윤리적 영향을 함께 고려하는 균형 감각을 갖기를 지향한다. 유럽 연합에서는 정책 설계자, 연구자, 교육자, 사업가, 시민 등 각기 다른 이해 관계자들이 윤리, 성평등, 관리governance, 정보 공개open access, 시민 참여, 과학 교육 등 각자의 관심에 맞게 RRI를 실행할 수 있도록 안내하는 도구를 제공하고 있다.[17]

RRI는 과학자와 과학 연구의 지속을 위해서도 필요하다. 시민들이 과학 연구의 필요와 진행 방식을 오해하거나, 과학 연구가 사회 안전을 침해할 수 있다고 여기면 연구가 지속될 수 없기 때문이다. 예컨대 멕시코에서는 나노과학이 위험하다고 느낀 시민들이 나노 연구 센터에 수차례 폭탄을 보낸 바 있다.[18] 생명과학 분야에서도 동물 실험의 필요를 과소평가하는 동물 권익 보호론자들 때문에 하버드대학의 영

장류 연구소가 폐쇄되기도 했다(글상자 20-1 참고).[19]

과학의 과정은 이념이나 이해관계 때문에 훼손되어서는 안 된다. 하지만 연구가 사회의 지원을 받아 이뤄지고, 연구의 결과가 사회에 영향을 미친다면 과학과 시민사회는 서로 긴밀하게 소통해야 하지 않을까?

책임 있는 과학 연구 ①: 윤리

거대 뇌과학 프로젝트는 초기 단계에서부터 프로젝트의 성과가 가져올 사회적·윤리적·법적 영향을 논의하고 대비하는 부문을 포함하고 있다.[15] 우리나라에서도 교육과학부 뇌과학 프런티어 사업단의 지원 아래 다양한 분야의 연구자들이 모여 신경과학에 관련된 사회적·법적·윤리적 문제를 논의하고, 해외 신경윤리학 저서를 국내에 번역하여 소개하는 모임(신경인문학 연구회)이 운영된 바 있다.

자신이 수행하는 연구의 잠재적인 부작용에 무관심한 과학자도 없지는 않겠지만, 대부분의 연구자는 자신이 좋아하는 학문이 악용되는 것을 바라지 않는다고 생각한다. 실제로 뇌과학이 사회에 끼치는 법적·사회적·윤리적 영향을 논의하고 대응하는 조직인 국제 신경윤리학회는 문제의식을 가진 뇌과학자들을 주축으로 만들어졌다.[20] 뇌과학에 한정된 것은 아니나, 얼마 전 한국에서도 시민 사회와의 연대를 통해 더 나은 과학과 더 나은 세상을 추구하는 과학기술인 단체, ESC^Engineers and Scientists for Change^(변화를 꿈꾸는 과학기술인 네트워크)가 설립되어 활발한 활동을 펼치고 있다.[21][22]

책임 있는 과학 연구 ②: 이해 상충

과학에서는 실험의 과정과 결과를 투명하고 정확하게 공개하는 것이 중요하다. 실험 증거를 통해 지식 체계를 구성해가는 과정이 과학이기 때문이다. 하지만 과학자도 사람이기에 흔들릴 수 있다. 특히 연구의 결과가 자신의 금전적·인간관계적·지적 이익과 얽혀 있을 때는 결과를 왜곡하고 싶은 유혹을 느낄 수 있다. 온 나라를 떠들썩하게 했던 황우석 사태와 가습기 살균제 사태는 과학자가 이런 유혹에 넘어가 실험 결과를 왜곡했던 사례이다.

그래서 공정한 과학 연구를 위해서는 이해 상충conflict of interest을 방지하는 제도가 꼭 필요하다. 과학 저널에서는 제출된 모든 논문의 저자들에게 잠재적인 이해 상충의 여지가 있는지, 있다면 구체적으로 무엇인지 보고하라고 요구한다. 최근에는 연구비 출처를 명시하라고 요구하는 곳도 늘고 있다. 가습기 살균제 사태로 몸살을 겪은 서울대에서도 이해 상충 방지 서약서를 도입하는 등 대책 마련에 나섰다.[23]

이해 상충을 내포하는 연구는 과학의 온전성을 해칠 뿐 아니라 심각한 사회 혼란을 초래할 수 있다. 흡연과 폐암의 연관성을 부정하기 위해 미국은 담배 업계가 벌였던 방해 공작을 살펴보자.[24] 담배 업계는 병원과 연구소, 대학에 막대한 연구 자금을 지원하고는 이들을 앞세워 주류 과학계의 입장에 의혹을 제기했다. 그러고는 미디어의 공정 보도 원칙에 호소하며, 흡연과 폐암 사이에 연관성이 있다는 연구와 그 연관성에 의혹을 제기하는 연구를 균형 있게 보도해달라고 요청했다.

널리 알려지지 않은 세부 사항을 침소봉대하는 의혹들은 대단히 효과적이었다. 예를 들어 담배 업계는 "도시마다 흡연율이 비슷한데도 암 발병률은 다른 이유가 무엇인가?" 같은 질문을 확대해서 전파했다. 흡연은 암의 유일한 원인이 아니기 때문에 도시마다 암 발병률이 다를 수 있는데 이를 모르는 사람이 많다는 점을 악용했던 것이다. 복잡한 세부 사항을 모르는 비전문가들은 저명한 연구 기관의 연구자의 말에 경도되기 쉬웠다.

더욱이 과학은 어떤 지식이 과학적으로 확실하다는 결론에 이르기 전까지 조심스러운 태도를 고수하며, 증거만 분명하다면 기꺼이 의심을 받아들인다. 합당한 의심을 허용하는 개방성과 결론을 함부로 내리지 않는 신중함은 과학을 비약적으로 발전시켰고, 시민들이 '과학은 확고부동한 사실'이라고 오해할 만큼의 신뢰를 구축했다.

담배 업계는 이 틈을 파고들었다. '과학은 팩트'라는 시민의 오해와 달리, 과학자들이 'A는 B를 초래한다'라고 단정적으로 이야기하는 경우는 거의 없다. 내용을 정확하게 전달하기 위해 '이런 측면은 비교적 분명하게 알려졌지만, 다른 부분은 아직 밝혀지지 않았고, 어떤 부분은 추가로 연구되어야 한다'라는 식으로 이야기할 때가 훨씬 많다.[25] 과학자들은 담배 업계가 제기한 의혹에 대응할 때도 언제나처럼 정확하고 신중한 표현을 고수했고, '과학은 분명한 팩트'라고 믿었던 사람들은 '과학은 아직 흡연과 암의 관계에 대해 아는 게 없구나'라고 넘겨짚어버렸다.

담배의 유해성이 과학적으로 거의 확실해진 것은 1960년대였다. 하지만 담배 업계의 방해공작 때문에 흡연의 유해성에서 시민을 보호하는 보건정책은 수십 년간 지연되었다. 건강 이상과 관련된 소송에서 담배 업계가 지기 시작한 것도 무려 수십 년이 지난, 1990년대부터 라고 한다.

담배 업계가 사용한 전략은 백신의 효과, 진화론, 기후 변화 등 여러 주제에서 반복되며, 과학 전체에 대한 시민의 신뢰를 훼손하고 있다. 이해가 상충하는 사람들이 생산·유포하는 의혹은 시민들이 해당 주제에 대한 전문 지식이 부족하다는 사실, 과학적 표현의 특성을 모른다는 사실(예: 의혹에 대한 개방성과 신중한 표현), 과학 연구가 어떻게 진행되는지 모른다는 사실(예: 동료 평가에 따라 보고서를 수정하는 행위를 조작으로 오해하거나 표절의 범위를 오해하는 등)을 먹고 무럭무럭 자라곤 한다. 과학자든, 시민이든, 이해하려는 노력(그리고 이해받으려는 노력)을 기울이지 않으면 오해의 결과를 감당하는 수밖에 없을 것이다.

책임 있는 과학 연구 ③: 안전

연구 결과의 잠재적인 악용이 심각한 위협을 초래할 수 있다고 염려되는 경우에는, 대비책이 마련될 동안 연구를 일시 정지(모라토리엄 moratorium)하기도 한다. 예컨대 1975년, 유전자 재조합이라는 새로운 분야의 안전성과 관련한 시민 사회의 우려가 높아지자, 관련 연구자들이 연구를 일시 정지한 바 있다. 과학자들은 이 모라토리엄 기간에 유전 공학 안전 규정을 마련했다.[26]

2012년에도 독감 바이러스 연구의 안전성에 대한 국제 논의가 이뤄지고 대비책이 마련되는 동안(이 경우는 약 1년) 연구가 일시 정지된 바 있다.[27] 정지된 연구에는 조류 독감 바이러스H5N1가 공기를 통해 흰담비ferret를 감염시킬 수 있도록 변이시키는 과정이 포함되어 있었는데, 이것이 큰 우려를 불러일으켰기 때문이다. 일시 정지 기간에 연구비를 지원한 정부 기관과 과학자들은 수차례 모여서 병원체의 기능 획득 변이에 대한 안전 수칙과 감시 체계를 마련했다. 또 시민들에게 연구의 혜택과 위험성을 안내했다.

이처럼 발 빠른 대응은 과학자들이 시민들에게 정확한 과학을 적극적으로 안내할 때 가능하다. 또 세금으로 연구비를 지원하는 시민들이 과학 연구의 내용을 알려달라고 요구하며, 시민들과 현장 과학자들의 의견을 정책에 반영하는 노하우와 시스템이 마련되어 있을 때만 가능하다.

이런 노하우와 시스템은 거저 얻어지지 않았을 것이다. 서구인들은 갈릴레이, 뉴턴, 다윈, 아인슈타인 등이 일으키는 센세이션을 이세돌과 알파고의 격돌만큼 가까이서 지켜보며 수백 년 동안 과학이 무엇인지에 대한 감을 다져왔다.[28]~[30] 이들은 과학이 가져다준 편의를 누렸고, 경제 성장과 군사력만큼이나 실험실 안전사고, 연구 윤리, 사이비과학, 연구 성과의 성급한 남용(예: 치료 목적으로 무분별하게 남용됐던 X-레이), 과학이 불러온 세계관의 변화(예: 뉴턴 물리, 진화론, 핵 기술)들을 절절하게 겪어왔다.

후발 주자인 우리나라는 미국이나 유럽과는 여건이 다르고 아직 부족한 점도 많다. 하지만 여러 나라의 과학사와 시스템을 참고해 연구와 시행착오를 거듭하다 보면, 수백 년 동안 체득하지 않고도 많은 부분을 빠르게 개선할 수 있으리라 기대한다.

글상자 20-1

동물 실험은 비윤리적이기만 할까?

나는 생선도 육류도 잘 먹지만, 동물을 직접 죽이거나 수술하는 일은 아무리 해도 마음이 편해지지 않았다. 실험을 잘하는 동료들 중에도, 적어도 내 주변에는 기분 좋게 동물을 죽이는 사람은 없었다. 그럼에도 나는 동물 실험이 꼭 필요하다고 생각한다. 동물이 해주지 않으면 사람이 해야 하기 때문이다.

내가 석사 과정을 밟는 동안 지냈던 애리조나주는 멕시코 국경에 가까웠다. 멕시코에서 건너온 사람들이 많은 편이었고 이들은 대개 가난했다. 이들 대부분은 의료보험이 없었기 때문에 의료 서비스를 받으려면 응급실을 이용해야 했다. 그런데 응급실은 비쌀 뿐 아니라 대기 시간이 길었다. 나도 실험하다 다쳐서 응급실에 간 적이 있는데, 무려 4~5시간을 기다려야 했다.

상황이 이렇다 보니, 의료 시스템에 접근하기를 원하는 가난한 사람들이 신약 안전성 검사에 자원하곤 한다. 가난해서 어쩔 수 없이, 사람 몸에서의 안전성이 확인되지 않은 약의 실험체로 자신의 몸을 제공하는 것이다. 가난한 멕시코 이주민이 많은 애리조나는 인구가 많은 편이 아님에도 신약 안전성 검사에 자원하는 이들이 가장 많은 주라고 들었다.

신약 개발은 최소 10년 동안 여러 단계를 거쳐 진행된다. 먼저 약효가 있을 법한 물질들을 탐색한다. 탐색된 물질들 중 쥐 실험에서 안전성과 치료 가능성이 확인된 약물만을 골라, 사람과 진화적으로 가까운 원숭이에서 안전성과 약효를 검증한다. 탐색된 물질의 절대 다수가 이 단계(전 임상 시험preclinical test)를 통과하지 못한다.

전 임상 시험을 통과한 소수의 약물만이 안전성 검사와 복용법 조사를 위해 수십 명의 건강한 자원자들에게 투여된다(임상 시험 1단계clinical test phase 1). 문제가 발견되지 않으면 자원한 환자 수백 명을 대상으로 약효와 부작용을 검사한다(임상 시험 2단계clinical test phase 2). 이 단계를 통과하면 자원한 환자 수천 명을 대상으로 약효와 부작용을 다시 검사한다(임상 시험 3단계clinical test phase 3). 미국의 경우(한국의 법규는 잘 모르겠다), 이 과정을 모두 통과한 약물만이 식약청의 심사를 받을 수 있다.[31]

동물의 권익을 보호하려고 전 임상 단계의 안전성 검사가 줄어들수록(동물 실험이 줄어들수록) 안전성 검사는 불충분해질 것이고, 사람의 목숨으로 그 빈자리를 메꿔야 할 것이다. 식약청의 안전성 검사를 통과한 약들도 뒤늦게 위험성이 밝혀지는 경우가 있음을 생각하면 참 가슴 아픈 일이다.

매년 열리는 국제 뇌신경학회Society for Neuroscience Annual meeting에 가면 근처에서 동물 권익 보호론자들과 마주칠 때가 많다. 선한 사람들이었다. 그 사람들 덕분에 동물 실험실의 관리 상태가 개선되고, 그것이 더 좋은 실험 결과로 이어진 측면이 있을 것이다. 동물의 불필요한 희생을 줄이도록 압박한 덕분에 더 효율적이고 효과적인 실험을 하게 된 측면도 분명히 있을 것이다. 다 차치하고라도 동물들의 권익을 보호하는 것을 나쁘다고 할 수는 없다.

하지만 그 사람들이 노력한 결과, 하버드대학의 원숭이 연구소가 단히는 등 극단적인 상황이 벌어졌을 때는 말해주고 싶었다. 세상에는 가난해서 신약 실험에 자원하는 사람들도 있더라고. 연구를 위해 희생되는 동물은 줄여야 하지만, 그렇다고 사람의 피를 묻혀서야 되겠냐고.

최근에는 생체를 컴퓨터로 시뮬레이션하고, 시뮬레이션된 생체로 실험을 하는 경우도 늘어나고 있기는 하다. 하지만 이런 시뮬레이션에는 실제와 다른 부분이 여전히 많다. 컴퓨터 모델로 실제와 똑같은(적어도 근사한) 생체를 시뮬레이션하는 것은, 생체를 거의 다 이해한 뒤에야 가능한데 우리는 아직 그만큼 알지 못하기 때문이다. 불행하게도 우리에게는 동물 실험이 여전히 필요하다.[19]

21 시민과학의 필요성

일상생활에서 과학 지식이 필요한 경우가 늘어나고 있다. 처음 보는 종류의 과일은 유전자 조작 식품GMO일까, 종자 개량 식품일까? GMO 식품을 먹으면 몸에 해로울까? 겨울 날씨가 이렇게 추운데 지구 온난화는 사기가 아닐까? 고작해야 몇 도가 오를 뿐이라는데 내가 굳이 비싸고 불편한 친환경 제품을 써야 할까? 조류 독감이 유행한다는데 계란을 먹어도 될까? 직장을 안 갈 수도 없는데 메르스에 안 걸리려면 어떻게 해야 할까? 지카 바이러스가 유행하는 지역으로 가는 비행기 표를 사놨는데 취소해야 하나?

답답한 마음에 인터넷을 뒤져보지만 사람마다 하는 말이 다르니 무엇을 믿어야 할지 모르겠다. 나한테 꼭 필요한 지식을 구할 수 있는, 신뢰할 수 있는 출처가 없으면 불안해지고, 불안해지면 정보의 빈 공간을 채우는 유언비어가 생겨난다. 이렇게 생겨난 유언비어는 불안한 마음이 투영된 괴담이거나 틀린 정보일 때가 많다. 과학자들도 답답하기는 마찬가지이다. 한 사람이 모든 과학 분야를 알 수는 없기에, 과학자라도 자신의 전공이 아닌 분야에 대한 지식은 부족하기 때문이다.

이 와중에 선택의 폭은 더 넓어졌다. 인터넷을 통해 세계 각지의 정보를 구하기 수월해지고 국경을 넘기도 쉬워지면서, 자국 정부에서 금지된 제품이나 서비스를 구하러 해외로 갈 수도 있게 되었다. 예컨대 프랑스는 2012년에 뇌영상 기술을 상업적으로 이용(예: 신경마케팅)하는 것을 금지했다.[1] 하지만 회사나 국민들이 뇌영상 기술의 상업적 이용이 허가된 나라로 넘어가는 것까지 막을 수는 없었다. 한국도 국내에서는 금지하고 있지만, 중국과 일본에서는 허용된 줄기세포 치료를 받으러 갔던 한국인 두 명이 사망한 선례가 있다.[2]

그뿐인가. 이제 시민들은 최신 과학기술과 얽혀 있는 정책 문제에도 의견을 제시해야 한다. 앞에서 이해 상충conflict of interest을 다루면서 살펴본 것처럼, 시민들이 과학을 이해하는 방식은 국가 정책에 큰 영향을 끼친다.[3] 대부분의 시민이 담배와 폐암의 과학적 관련성을 강하게 불신하는 한, 직간접 흡연으로부터 시민의 건강을 보호하는 보건 정책은 시행되기 어려웠다. 시민들이 기상 이변과 온실가스 배출의 관련성을 신뢰하지 않는 한, 친환경 에너지 산업에 대한 투자는 이뤄지기 어렵다. 신종 전염병에 대한 시민들의 문제의식이 부족한 상황에서는 국가 대응 체계가 유지될 수 없었고, 메르스 확산에 대응하기 위해 동물원의 낙타를 격리하는 수준으로 전락하기도 했다.[4]

이처럼 일반 시민들이 최첨단 과학이라는 꼬리표를 달고 나타난 정체 모를 무언가를 상대해야 할 상황이 갈수록 늘어가고 있다. 그래서 현대 사회에서 현명하게 일상생활을 영위하고, 성숙한 시민으로서 살아가려면 살아 있는 과학 지식이 필요하다. 비전공자도 이해할 만한 형태로 시의 적절하게 신뢰할 수 있는 과학 지식이 제공되어야 한다. 또 과학이 질문을 해결하는 집단적 과정이라는 데서 생겨난 과학의 특수성을 이해하고, 그에 맞게 과학 정보를 현실의 삶과 연결하는 훈련이 필요하다.

과학 용어의 번역

그런데 과학 정보는 주로 영어로 쓰여 있다. 과학 분야의 전 세계 공용어가 영어이기 때문이다. 그렇잖아도 어려운 전문 용어가 발음조차 낯선 외래어면 과학을 공부하기가 더 어려워진다. '컴퓨터'처럼 외래어가 그대로 쓰이는 경우도 있지만, 그렇다고 해서 전문 용어를 번역하지 않으면 전문가와 비전문가 사이의 장벽이 갈수록 높아질 것이다.

비전문가를 위한 자료를 준비하는 사람이라면 누구나 공감할 테지만 전문 용어의 번역은 정말 만만치 않다. 적절한 번역 용어가 없는 경우도 많고, 번역이 적절하지 않게 느껴지는 경우도 많다. 예컨대 딥러닝deep learning은 심화학습이라고 번역되는데, 심화학습이라고 하면 우수한 학생들을 위해 따로 마련한 고급 수준의 학습처럼 느껴진다. 하지만 'deep learning'의 'deep(깊은)'은 여러 층을 사용했기 때문에 '깊은' 인공신경망임을 뜻하므로 '심층학습'이 더 정확한 번역이다. 그럼에도 나는 '심화학습' 대신 '심층학습'이라는 표현을 사용할 수가 없었다. 이미 '심화학습'이라는 번역이 널리 쓰이고 있었기 때문이다.

같은 용어에 여러 개의 번역이 존재하는 경우도 드물지 않다. 같은 용어를 여러 단어로 번역하면, 지식의 교류와 통합이 어려워진다. 똑같은 외래어를 지칭하고 있음을 알기 어렵기 때문에 우연찮게 같은 단어로 번역된 지식들만 통합된다. 하지만 문제를 알아도 대안이 없다. 비교적 널리 쓰이는 번역 용어를 사용하거나, 그중에서 가장 이해하기 쉽고 정확한 번역을 고르는 수밖에.

'메커니즘'처럼 널리 쓰이는 외래어라도 적절한 번역 용어가 아쉽기는 마찬가지이다. '메커니즘mechanism'은 기계machine와 관련된 단어인데, 영어 단어의 발음인 '메커니즘'이라고만 쓰면 메커니즘이 기계와 관련된 개념임을 깨닫기가 어렵다. 그렇다고 'mechanism'이라고 쓰면 영어가 익숙하지 않은 사람들에게 어려울 것이고, 한글 번역인 '기작'을 사용하면, '기작' 자체가 흔치 않은 단어라 의미 전달이 모호해진다.

내가 생각한 궁여지책은 '기작mechanism'처럼 한글 번역과 영어 철자를 모두 표현하는 방식이었다. 그래야 누군가가 'mechanism'을 '기작' 대신 '동작 원리'라고 번역하더라도, 'mechanism'이 뭔지 찾아본 독자라면 '기작'과 '동작 원리'가 둘 다 'mechanism'을 지칭함을 유추할 수 있을 테니까. 또 인터넷에 있는 방대한 영어 자료를 활용할 수 있다. '메커니즘'처럼 영어 발음만 써두거나 잘 쓰이지도 않는 한글 번역만 써두면, 영어 자료를 검색할 수도 없다. 이렇게까지 할 필요가 있을까 싶을 수도 있는데, 나는 아주 중요하다고 생각한다.

외래어 사용의 문제

우리 모두는 실제나 객관이 아닌 표상의 세계를 살아간다(「인공신경망의 표상 학습」 참고). 삶의 경험을 내면화하여 표상을 만들고, 언어를 사용하여 그 표상들을 제련하고, 다른 이들과 표상을 공유하고, 마음 속에서 표상을 가지고 실험해본 대로 외부 세계를 바꾸면서 살아간다. 우리가 살아가는 것이 표상의 세계이고, 표상을 다루는 도구가 언어이기 때문에 언어는 아주 중요하다. 인간이 만든 모든 발명품 중에, 언어만큼 오랜 시간을 들여서, 많은 인간이 집단으로 참여한 발명품은 없다.

하나의 단어는 역사가 빚어낸 문화적 맥락과 그 맥락을 살아가는 개인의 경험을 통해 다른 무수한 단어와 연결된다. 그런데 외래어에는 그런 것이 없다. 그래서 번역되지 않은 외래어는 그 외래어의 의미만 전달할 뿐, 그 외래어와 연결된 다른 외래어들의 풍성한 의미 체계를 담아내지 못한다. 헬퍼helper나 인터체인지IC가 주는 느낌이 도우미와 나들목이 전하는 풍성함과 다른 것은 그 때문이다.

그래서 외래어를 사용하면 모국어가 보유한 역사적·경험적 자원을 활용하기가 어려워진다. '리더'는 그냥 지도자, 우두머리이다. 이걸 '리더'라는 외래어로 부르면, 대부분의 사람에게 익숙하지 않은 '리더'에 대한 외래의 논의가, 경험적으로 더 익숙하고 한국 상황에 적합한 '대장, 지도자, 우두머리'에 대한 그간의 경험과 지식을 대체해버린다. 많은 사람이 '리더'의 부재를 논할 때, 기록까지 잘 보존된 우리나라의 수천 년 역사나 개인의 경험을 들춰본 이가 몇이나 될까? 이래서야 논의가 추상적이고 모호해질 수밖에 없다.

또 외래어를 사용하면 지식의 습득이 어려워진다. 학습이란 새로운 것을 기존에 알고 있는 것에 연결하는 작업이고, 각각의 단어는 역사적·개인적 경험을 통해 다른 무수한 단어들과 연결되어 있다. 따라서 하나의 단어를 다른 단어에 연관 짓는 과정(예: 신경+세포 → 신경세포)

은 두 단어가 기존에 가지고 있던 지식의 연결망들을 포섭하는 것과 같다. 그런데 외래어를 똑 따오면 단어의 의미는 알 수 있지만, 그 외래어와 연결된 외래어들의 연결망까지 알기는 어렵다. 이래서야 새로운 정보가 기존 지식에 포섭되지 못하고, 낱개로 둥둥 떠다니게 된다.

그리고 소통이 어려워진다. 외래어는 다른 세대, 다른 분야의 사람들을 소외시킨다. 당장 신문을 펼쳐 봐도, MOU 등 내 전공이 아닌 분야의 외래어는 낯설다. 사전을 찾아서 의미를 파악한들, 그 단어의 풍성한 의미 체계까지 단번에 습득할 수는 없기에 '이게 뭔 소리야' 하며 읽게 된다. 민주주의에서 중요한 요소인 소통은 당연히 어려워진다. 요즘 중요시되는 융합은 물론, 기술의 수용과 발전도 지체된다.

지식이 생겨나는 과정

외래어의 번역은 이처럼 중요하고, 그래서 쉽지 않다. '위키 백과사전' 등 널리 쓰이는 플랫폼 하나를 골라서, 각 분야의 학자들이 번역 용어를 올리고, 국어원이나 번역원에서 이를 통합하는 정도라도 해주면 좋을 텐데 그런 체계적인 노력은 아직 부족한 듯하다.

그나마 번역을 잘하는 것은 한국 물리학회라고 한다. 'attractor'는 '끌개', 'coherence'는 '결맞음', 'random walk'는 '마구 걷기'라고 번역한다는데 이 중에서 'random walk'가 내 시선을 끌었다. 나는 마르코프 프로세스Markov process라는 분야에 대한 영어 원서에서 'random walk'라는 용어를 처음 접했는데, 영어가 제2외국어인 나한테는 'random walk'가 피카이아(멸종된 캄브리아기의 동물 이름. 척추동물의 조상)만큼이나 낯설었다. 그래서 수학 증명을 할 때 "x는 0보다 큰 실수로 둔다"라고 x를 정의하는 것과 비슷한 느낌으로 'random walk'를 대했다. 요컨대 나에게 'random walk'는 수학의 x나 마찬가지인 기호였다.

이제 한글 교과서를 상상해보자. 나는 x나 '피카이아'급으로 느껴지는 기호인 'random walk' 대신 '마구 걷기'라는 표현을 교과서에서 보게 될 것이다. 두 가지 효과가 예상된다. ① 우선 보자마자 웃어버렸을 것이다. 수학 전공 서적에서 "마구 걷기"라니 웃기잖나. 그러곤 나의 '마구'와 '걷기'에 대한 경험 및 지식과 연관 짓기 시작할 것이다. 반대로 내가 걷는 도중에 '마구 걷기'를 떠올리는 경우도 늘어날 것이다.

② 이런 연관이 좋기만 한 것은 아니다. '걷기'에 대한 기존의 지식과 마르코프 프로세스에서 마구 '걷기'가 뜻하는 의미의 차이 때문에 혼란도 겪을 것이다. 이는 random walk를 x라는 기호로 대할 때는 겪지 않는 혼란이다. 그러다 보면 내가 '심화학습' 대신 '심층학습'이란 표현이 낫다고 판단했듯이 용어를 바꾸는 사례도 생겨날 것이다.

그렇게 ① 기존의 지식 체계, 경험 체계에 포섭되고, ② 용어가 정립되는 혼란을 겪으며 생겨난 결과물이 내가 공부한 마르코프 프로세스 원서였다. 원서나 외래어만 볼 때는 상상조차 못 했던 '지식이 생겨나는 과정'이다.

우리에게 과학은 아직 수입된 학문이다. 수입된 학문이 온전히 우리 토양에 흡수되어 싹을 틔우려면, 과학의 결과물만 따올 게 아니라 저렇게 좌충우돌하며 지식을 흡수하고 생산하는 과정이 필요할 것 같다. 그리고 그 과정에서 번역은 아주 중요한 역할을 한다.

시민 과학을 위한 지원

새로운 과학 용어의 번역과, 쉽고 정확한 과학 지식의 보급을 위해서는 과학자들이 시민과의 소통에 적극적으로 참여할 수 있어야 한다. 하지만 과학자도 연구라는 일을 하는 직업인이고, 연구는 다른 일을 하면서 할 수 있을 만큼 만만한 작업이 아니다. 더욱이 계속 연구를 하면서 먹고살려면 연구비를 받아야 하는데, 논문 출간 이외의 활동은 좀처럼 실적으로 인정되지 않는다. 시민들에게 과학을 소개하거나 외국의 저서를 번역하는 등의 활동은 오히려 연구 외 업무로 치부되어 눈총을 받기 십상이다.

근무 외 시간을 짜내서 눈치 봐가며 하기엔, 어려운 과학을 이해하기 쉬우면서도 정확한 형태로 정리해서 사회적 맥락에 맞게 전달하는 작업이 결코 쉽지 않다. 과학기술 정책, 과학 미디어, 과학 교육, 또는 특정 산업 분야와의 집중적인 교류가 필요한 상황이라면, 그쪽 분야에 대한 정보를 쌓고, 분위기를 파악하는 과정도 필요하다. 따라서 연구하는 과학자에게 모든 일을 해달라고 요구할 게 아니라, 중간에서 연결해주는 과학자도 필요하다.

그래서 미국과 유럽의 이공계 대학원 프로그램에서는 학생들이 졸업 후에 정책, 미디어, 교육, 산업 등의 분야로 진출할 수 있도록 안내하고 있다.[5][6] 이는 전 세계적으로 박사 학위 소지자가 지나치게 많이 배출된 현상과도 관련되어 있다.[7] 전통적으로 대학원 과정은 독립적인 연구자를 길러내는 과정이었지만, 박사 학위 소지자가 많아지면서 연구소나 대학에 취직하기가 어려워졌기 때문이다. 덕분에(?) 이공계 박사 학위 소지자들이 과학 언론, 과학 정책, 과학 소설, 과학 교육,

산업계 등 다양한 분야로 진출하는 경우가 늘어났다.

많은 자원을 투자해서 길러낸 박사 학위 소지자들이 취직을 못 하게 된 상황은 안타깝지만, 이들이 다른 분야로 진출하도록 지원한다면, 시민 과학의 필요성이 증가하는 시대적이고 세계적인 흐름에 도움이 될 수도 있을 것이다.

22 길 떠나는 이들에게

현재에서 미래로 흐르는 시간

20여 년 전에 우리는 20여 년 뒤(지금)에 정치, 여가, 산업, 사회생활의 풍경이 이렇게까지 변하리라고 예상하지 못했다. 마찬가지로 지금 우리가 아무리 노력해도, 인공지능, 생명공학, 우주과학, 나노과학, 기후 변화, 인구 증가, 물 부족, 새로운 전염병의 등장 등 온갖 사건이 뒤엉켜서 나타날 20년 뒤의 모습을 예상하기는 힘들 것이다.

두려워해야 할까? 시간이 알 수 없는 미래에서 흘러나와서 현재를 향해 밀어닥친다고 생각하면 두렵다. IMF 외환 위기처럼 거대한 사건이 예기치 못하게 덮쳐 오면 견뎌내기 힘들기 때문이다. 하지만 시간은 과거에서 나와서 현재를 거쳐 미래로 흘러가는 것이기도 하다. 시간을 이렇게 이해하면, 미래는 현재에서 비롯되는 무언가이자, 어느 정도 내가 만들어갈 수 있는 무언가가 된다.[1]

실제로 지금 무엇을 어떻게 하느냐가 과학기술이 사회를 바꿔가는 구체적인 모습에 영향을 끼친다. 예컨대 스마트폰은 고작해야 10여 년 만에 없어서는 안 될 물건이 되었지만 스티브 잡스 혼자서 이 모든 변화를 주도한 것은 아니다. 스마트폰이 정말로 유용해진 것은 데이터 전송 속도가 빨라지고, 와이파이가 널리 보급되고, 다양한 앱이 나온 덕분이다. 통신 요금제나 단말기 가격도 영향을 미쳤다. 이처럼 시민과 사회 제도, 기존의 문화가 모두 작용하기 때문에 같은 기술이라도 나라와 지역에 따라 다른 모습을 띤다. 예컨대 IBM의 인공지능 의사 왓슨이 사용되는 방식은 각 나라의 보험 제도와 의료 법규, 부족한 의사의 숫자에 따라 달라진다.

과학과 기술이 사회를 바꾸는 구체적인 모습에 영향을 끼칠 수 있으려면 새로운 과학 지식을 정확하게 이해하되, 나라는 맥락, 사회라는 맥락과 연결 지을 수 있어야 한다. 그래서 이 책에서는 뇌과학과 인공지능에 대한 지식뿐만 아니라, 뇌과학이 현실과 부딪히며 생겨난 의문들(예: 자유의지는 존재하는가)와 윤리적 쟁점들(예: 신경교육)을 함께 다루었다. 또 시민들이 과학에서 어떤 역할을 하는지, 시민 과학을 위해서 어떤 노력이 필요할지 살펴봤다.

시민의 참여

우리는 상상하기도 어려울 만큼 아득한 미래를 대비하기 위해 전문가의 말에 귀 기울이곤 한다. 그런데 과학과 기술 분야의 세계 최고 전문가들 중에는 기술에 대한 규제가 풀리면 가장 먼저, 가장 큰 이익을 얻을 사람들도 있다.[2] 공정한 연구와 의견 개진을 위해서는 이해 상충을 방지하는 것이 중요한데, 이 전문가들은 이해 상충에서 자유롭기 어렵다(「거대 뇌과학 프로젝트와 책임 있는 연구」 참고). 그래서 이들은 최고의 전문가이기도 하지만 편향된 의견을 세련된 전문 지식으로 포장할 가능성이 높은 이들이기도 하다. 전문가의 말을 귀담아 들을 필요는 있지만, 전문가의 말'만' 믿어서는 안 되는 것이다.

더욱이 한 분야에 특화된 전문가들은 자신의 전공 영역이 사회 구석구석에서 어떤 형태로 작용할지 예측하기 어렵다. 특정 분야의 전문가 몇 사람이 다 헤아리기에 인간의 삶은 너무 깊고, 사회는 너무 다채롭기 때문이다. 예컨대 로봇이 원래 제작된 목적과는 다르게 인간과 상호작용하면서 생겨날 부작용은 로봇 전문가보다는 심리학자나 사회학자가 더 잘 알 수도 있다(「기계를 닮아가는 생명들」 참고). 그래서 다양한 영역의 전문가들이 필요하고, 그 전문가들이란 사회 구석구석에서 자신만의 경험을 축적해온 시민들이다.

문제 해결에 필요한 전문적인 방안을 제공하지 않더라도, 지구에 사는 사람이라면 누구나 자신에게 심각한 영향을 끼칠 과학기술에 대한 정보를 요구하거나, 조리 있게 의견을 제시하거나, 사회적 합의를 통해 제약을 가할 권리가 있다. 지구촌에서 살아갈 생존권과 관련되기 때문이다. 4대강 사업을 통해 절절하게 체감했듯, 여러 사람에게 돌이킬 수 없는 영향을 초래할 일을 독단으로 추진할 자격은 누구에게도 없다.

실제로도 일부 사람이 지구 전체에 영향을 끼치는 실험을 진행하는 것은 정치적·윤리적인 문제로 여겨진다. 예컨대 대기 중에 태양빛을 반사하는 입자를 뿌려 온난화를 늦추려던 프로젝트인 스파이스

Stratospheric Particle Injection for Climate Engineering, SPICE는 한 국가가 지구 전체에 영향을 미치는 실험을 해도 되는가라는 정치적·윤리적 문제를 감안해 보류되었다.[3]

물론 시민들의 우려가 지나칠 때도 있다. 많은 사람이 염려했던 것과 달리 시험관 아기는 심각한 윤리 문제를 일으키지 않았다. 오히려 자녀를 갖기를 희망하는 부부들에게 고마운 기술이 되었다.[4]

그렇더라도 미리 고민하고, 의논하고, 대비할 시간은 필요하다. 자동차를 생각해보자. 오늘날에는 200여 년 전의 마차보다 훨씬 더 많은 수의 자동차가 훨씬 더 빠른 속도로 도로를 달린다. 더 큰 사고가 더 자주 일어날 수 있는 여건인데도 우리는 거의 모든 경우에 무사히 살아서 자동차에서 내린다. 교통 법규, 도로 구조, 에어백, 안전벨트, 자동차 유리를 비롯한 안전 시스템 덕분인데, 자동차가 처음부터 이만큼 안전했던 것은 아니다. 안전은 많은 사람의 우려와 예기치 못한 사고를 먹으며 이만큼 자랐다.

사고를 충분히 겪은 뒤에야 안전해지는 것보다는 걱정을 충분히 한 뒤에 안전해지는 게 낫지 않겠나. 어쩌면 시험관 아기가 별다른 문제를 초래하지 않은 것도 치열한 논의를 통해 사회적 인식과 제도적 장치를 미리 준비했기 때문인지도 모를 일이다.

다른 개념 다른 세상

'인적 자원', '구조 조정', '일 중독'이라는 표현에서 볼 수 있듯, 우리는 삶을 노동생산성의 관점에서 대하는 데 익숙하다. 그러나 인공지능이 노동의 많은 부분을 대체하게 되면 삶이란 무엇이고, 어떻게 살아갈 것인가에 대한 색다른 고민이 시작될 것이다. 이는 단순히 늘어난 여가 시간을 어떻게 보낼 것인가의 문제가 아닐 수 있다. 과학과 기술이 발전하면서 죽음조차 피할 수 있게 될지도 모르기 때문이다. 실제로 뇌를 다른 신체나 로봇에 이식해서 죽음을 피하는 방법이 연구되고 있다.[5][6]

죽음은 피해야 할 두려운 것으로 여겨지곤 하지만, 죽음을 피하려는 욕구는 삶을 이끄는 에너지의 원천이기도 하다. 죽음이 있어서 삶이 어떤 모양으로 이루어져 가는 것이다. 인간이 죽음을 넘어섰을 때 인생은 즐거운 여가 시간을 계속 이어가는 것이 될지, 보르헤스의 소설『알렙』에 나오는 '죽지 않는 사람들'처럼 자신이 누구인지도 잊은 채 그저 존재하는 것이 될지는 알 수 없다.

이 아득한 미래로 가는 도중에는 뒤처지는 사람들이 생겨날 것이다. 산업 사회에서 정보 사회로 넘어갈 때는 뒤처지는 블루칼라 노동자들을 내버려두고 전진했다. 국내총생산량GDP이 오를 때도 삶이 힘들었던 블루칼라들에게 화이트칼라들의 '합리적인' 이야기는 전혀 합리적이지 않았고, 이들은 살기 힘들었던 만큼 배타적이고 보수적인 태도를 취했다. 결국 영국에서는 낙후된 공장 지대에 사는 블루칼라들의 지지로 브렉시트가 통과되었고, 미국에서는 러스트벨트 노동자들의 강력한 지지로 트럼프가 당선되었다.[7][8]

산업 사회에서 정보 사회로 넘어갈 때 뒤처지는 블루칼라들을 버리고 전진한 것처럼, 정보 사회에서 인공지능 사회로 넘어갈 때 화이트칼라들을 버리고 전진하면 어떻게 될까? 그때도 여전히 민주주의가 지속되고 있다면, 버려진 화이트칼라들은 어떤 선택을 할까?

뒤처지는 사람들을 버려두고 적자생존의 원칙에 따라 경쟁하는 세계관은 빈부 격차를 심화시키고, 기후 변화를 초래하며, 제3세계에 가난과 분쟁의 씨앗을 뿌린 제국주의와 자유주의의 토대였다. 하지만 인공지능으로 인한 일자리 부족과, 기상 이변, 인구 증가, 물 부족, 새로운 전염병의 등장 등이 뒤엉켜 일어나면 이제까지 통용되던business as usual 적자생존의 논리로는 지속이 불가능할지도 모른다.[9] 사람을 챙기며 가야 하는 것이다.

경쟁을 통한 빠른 진보를 추구하는 이들은 사람을 챙기는 일보다는 인공지능이 가져올 막대한 경제적 이익에 우선순위를 두기도 한다. 하지만 '돈'에는 허깨비 같은 면이 있다. 한국에 있는 내 계좌에서 미국의 계좌로 돈을 이체하는 경우를 생각해보자. 줄어든 통장 잔고를 보면 속은 쓰리겠지만, 실제로 태평양을 건넌 것은 아무것도 없다. 돈이 근본이라고 생각하다 보니(자본주의에 익숙해져) 그만 잊어버렸지만, 돈이란 여러 사람의 약속에 따라 구현된 상상의 산물에 불과하기 때문이다.

비트 코인, 신용카드 포인트, 온라인 게임에서 쓰이는 가상 통화, 문화상품권을 통해 알 수 있듯이, 돈을 만드는 데는 의외로 국가처럼 거창한 기관이 필요하지도 않다. 사용자들 간의 약속이면 충분하다. 상황이 이런데, 대부분의 사람이 일자리를 구할 수 없을 때도 '돈'은 여전히 '돈'일까? 공유 경제(에어비앤비, 카 셰어링 같은)에 힘입어 소유만큼이나 접근권이 중요해져도 '돈'은 여전히 '돈'일까?[10]

지금 우리가 절대 진리처럼 믿고 있는 소유에 대한 관념, 돈을 벌기 위한 수단으로서의 노동에 대한 관념, 삶의 의미에 대한 관념은 변해갈 것이다.[10] 지난 시대에 자유와 평등이라는 개념이 새롭게 탄생해서 자본주의와 민주주의라는 형태로 실현되었듯, 미래에도 새로운 개념이 탄생하고 그에 따른 사회문화적 변화가 일어날 공산이 크다.

인간에 대한 이해에서 어떻게 살아갈 것인가에 대한 성찰로

생각해보면 참 신기한 일이다. 인간은 수천 년의 역사를 통해, 자신과 자신이 살아가는 사회에 대한 선택권을 갖고자 발버둥을 쳐왔다. 지금도 민주화 운동과 인권 운동이 세계 곳곳에서 일어나고 있다. 또 자유의지의 유무에 따라 사회적인 권리와 책임을 부여할 만큼 자율적인 선택을 귀하게 여겨왔다. 그런데 이제는 그 선택권을 기계에 이양하려고 한다. 인공지능이란 사람이 일일이 지시하지 않아도 '알아서 잘' 처리하는 것이기 때문이다.

문제는 의사 결정이라는 게 '100점 만점에 몇 점'이라는 식으로 평가할 수 있는 게 아니라는 데 있다. 의사 결정에는 세계관과 가치가 투영되어 있다. 과자 한 봉지를 살 때, 불매 운동이 벌어지고 있는 회사의 제품을 피할지 말지는 가치의 문제이다. 앞에서 달려오는 자동차를 피하려고 보니 인도에 유치원생들이 아장아장 걸어가고 있을 때 어떻게 할지도 가치의 문제이다. 인공지능 가상 비서나, 자율주행 자동차라면 어떻게 할까? 인공지능은 그때도 '알아서 잘' 해줄까? 글쎄…

내가 결정해야 할 것을 누군가(또는 무언가)가 나도 모르게 결정해버리는 일이 늘어날수록, 기술의 변화가 기존 가치에 도전하는 일이 잦아질수록, 더 치열하게 가치에 대해 논하고 대비해야 할 것이다. 그러다 보면 자유와 평등이라는 가치가 발명되어 민주주의와 자본주의로 구현되었듯이, 새로운 가치가 발명되어 새로운 사회 제도를 만들어갈 지도 모르겠다.

그렇게 익숙한 가치들이 흔들리고 혼란스러울 때, 뇌과학을 통한 나에 대한 이해, 너에 대한 이해, 인간에 대한 이해가 버팀목이 되어주기를 바란다. 그런 이해가, '인간이 이런 존재라면 어떻게 함께 살아갈 것인가'를 탐색하는 데 도움이 되기를 바란다. 수십만 년 전 아프리카 대륙을 떠나던 시절부터 예측하기 힘든 미래를 향해 걸어온 인류에게. 다이얼식 전화기에서 삐삐, 폴더 폰, 스마트 폰까지 괄목할 만한 기술적·사회적·정치적 변화를 이미 지나온 사람들에게.

나도 하나의 신경망,
당신도 하나의 신경망,
나도 하나의 세계,
당신도 하나의 세계

주

1. 들어가며

[1] Farah MJ, 2010, *Neuroethics: An Intro-duction with Readings* The MIT Press.

[2] 닐 레비, 『신경윤리학이란 무엇인가: 뇌과학 인간 윤리의 무게를 재다』, 신경인문학 연구회(역), 바다출판사, 2011.

[3] ET Bloom et al., 2011, "The Global Economic Burden of Non-communicable Diseases." Geneva: World Economic Forum.

[4] Greely HT et al., 2016, "Neuroethics in the Age of Brain Projects." Neuron. 92: 637-641.

[5] Garden H et al., 2016, "Neurotechnology and Society: Strengthening Responsible Innovation in Brain Science." *Neuron*, 92(3): 642-646.

[6] Martin CL & Chun M, 2016, "The BRAIN Initiative: Building, Strengthening, and Sustaining." *Neuron*, 92: 570-573.

[7] Amunts K et L., 2016, "The Human Brain Project: Creating a European Research Infrastructure to Decode the Human Brain." *Neuron*, 92: 574-581.

[8] Neuro Cloud Consortium, 2016, "To the Cloud! A Grassroots Proposal to Accelerate Brain Science Discovery." *Neuron* 92: 622-627.

[9] Koch C & Jones A, 2016, "Big Science, Team Science, and Open Science for Neuroscience." *Neuron* 92: 612-616.

[10] Wiener M et al., 2016, "Enabling an Open Data Ecosystem for the Neurosciences." *Neuron*, 92: 617-621.

[11] Roskams J & Popovic Z, 2016, "Power to the People: Addressing Big Data Challenges in Neuroscience by Creating a New Cadre of Citizen Neuroscientists." *Neuron*, 92: 658-664.

[12] Sinha P, 2016, "NeuroScience and Service." *Neuron* 92: 647-652.

2. 나이 들면 머리가 굳는다고? 아니 뇌는 변화한다

[1] Petanjek Z et al, 2011, "Extraordinary neoteny of synaptic spines in the human prefrontal cortex." *PNAS*, 108: 13281-13286.

[2] Hatley CA & Lee FS, 2015, "Sensitive Periods in Affective Development: Nonlinear Maturation of Fear Learning." *Neuropsychopharmacology* 40: 50-60.

[3] Blakemore SJ, 2010, "The Developing Social Brain: Implications for Education." *Neuron* 65: 744-747.

[4] Steinberg L, 2013, "The influence of neuroscience on US Supreme Court decisions about adolescents' criminal culpability." *Nat Rev Neurosci.* 14: 513-518.

[5] Miller G, 2010, "Can We Make Our Brains More Plastic?" *Science* 338: 36-39.

[6] Opendak M & Gould E, 2015, "Adult neurogenesis: a substrate for experience-dependent change." *Trends in Cognitive Sciences* 19: 151-161.

[7] Ernst A et al, 2014, "Neurogenesis in the Striatum of the Adult Human Brain." *Cell* 156: 1072-1083.

[8] Hubener M & Bonhoeffer T, 2014, "Neuronal Plasticity: Beyond the Critical Period." *Cell* 159: 727-737.

[9] Spitzer NC, 2012, "Activity-dependent neurotransmitter respecification." *Nat Rev Neuro* 13: 94-106.

[10] Roth TL & Sweatt JD, 2009, "Regulation of chromatin structure in memory formation." *Current Opinion in Neurobiology*

19: 336-342.
[11] Grubb MS &Burrone J, 2010, "Activity-dependent relocation of the axon initial segment fine-tunes neuronal excitability." *Nature* 465: 1070-1074.
[12] Fischer M et al, 1998, "Rapid Actin-Based Plasticity in Dendritic Spines." *Neuron* 20: 847-854.
[13] Herculano-Houzel S, 2009, "The human brain in numbers: a linearly scaled-up primate brain." *Frontiers in Human Neuroscience* Vol 3: 1-11.
[14] Sagi Y et al, 2012, "Learning in the Fast Lane: New Insights into Neuroplasticity." *Neuron* 73: 1195-1203.
[15] Maguire EA et al, 2000, "Navigation-related structural change in the hippocampi of taxi drivers." *PNAS* 97: 4398-4403.
[16] Gaser C &Schlaug G, 2003, "Brain Structures Differ between Musicians and Non-Musicians." *J Neuroscience* 23: 9240-9245.
[17] Doll BB et al, 2009, "Instructional control of reinforcement learning: A behavioral and neurocomputational investigation." *Brain Research* 1299: 74-94.
[18] deCharms RC et al., 2005, "Control over brain activation and pain learned by using real-time functional MRI." *PNAS* 102: 18626-18631.
[19] deBettencourt MT et al., 2015, "Closed-loop training of attention with real-time brain imaging." *Nat Neurosci.* 18: 470-475
[20] 리처드 탈러 · 캐스 선스타인, 『넛지: 똑똑한 선택을 이끄는 힘』, 안진환(역), 리더스북, 2009.
[21] 필립 짐바르도, 『루시퍼 이펙트: 무엇이 선량한 사람을 악하게 만드는가』, 임지원 · 이충호(역), 웅진지식하우스, 2008.
[22] Claro S et al., 2016, "Growth mindset tempers the effects of poverty on academic achievement." *PNAS* 113: 8664-8668.
[23] Gutchess A, 2014, "Plasticity of the aging brain: new directions in cognitive neuroscience." *Science* 346: 579-582.
[24] Magrassi L et al., 2013, "Lifespan of neurons is uncoupled from organismal lifespan." *PNAS* 110: 4374-4379.

3. 기억의 형성, 변형, 회고

[1] Henry Molaison, "the amnesiac we'll never forget."(*The Guardian*, 2013.5.5)
[2] Hassabis D et al., 2013, "Patients with hippocampal amnesia cannot imagine new experiences." *PNAS* 104:1726-1731.
[3] Schacter DL et al., 2012, "The Future of Memory: Remembering, Imagining, and the Brain." *Neuron* 76: 677-694.
[4] Hassabis D et al., 2009, "The construction system of the brain." *Phil. Trans. R. Soc. B* 364: 1263-1271.
[5] RC O'Reilly & Y Munakata, 2000, *Computational explorations in cognitive neuroscience*. MIT Press.
[6] Horner AJ et al., 2015, "Evidence for holistic episodic recollection via hippocampal pattern completion." *Nature Communications* 6: 1-11.
[7] Rolls ET, 2016, "Pattern separation, completion, and categorisation in the hippocampus and neocortex." *Neurobiol Learn Mem* 129: 4-28.
[8] Chadwick MJ et al., 2016, "Semantic representations in the temporal pole predict false memories." *PNAS* 113: 10180-10185.
[9] Huth AG et al., 2016, "Natural speech reveals the semantic maps that tile human cerebral cortex." *Nature* 532: 453~458.
[10] Gluth S et al., 2015, "Effective Connectivity between Hippocampus and Ventromedial Prefrontal Cortex Controls Preferential Choices from Memory." *Neuron* 86: 1078-1090.
[11] 댄 애리얼리, 『상식 밖의 경제학: 이제 상식에

기초한 경제학은 버려라!』, 장석훈(역), 청림 출판, 2000.
[12] SchacterDL & Buckner RL, 1998, "Priming and the Brain." *Neuron* 20: 185 – 195.
[13] 레오나르드 믈로디노프, 『"새로운" 무의식: 정신분석에서 뇌과학으로』, 김명남(역), 까치, 2013.
[14] Kheirbek MA et al., 2012, "Neurogenesis and generalization: a new approach to stratify and treat anxiety disorders." *Nat Neurosci* 15: 1613-1620.
[15] McGaugh JL, 2013, "Making lasting memories: remembering the significant." *PNAS* 110: 10402-10407.
[16] Villain H et al., 2016, "Effects of Propranolol, a β-noradrenergic Antagonist, on Memory Consolidation and Reconsolidation in Mice." *Front BehavNeurosci*, 10: 49.
[17] Lonergan MH et al., 2013, "Propranolol's effects on the consolidation and reconsolidation of long-term emotional memory in healthy participants: a meta-analysis." *J Psychiatry Neurosci*, 38: 222-231.
[18] Loftus EF & Palmer JC, 1974, "Reconstruction of Automobile Destruction: An Example of the Interaction Between Language and Memory." *J Verbal learn & Verbal Behav*, 13: 585-589. https://www.simplypsychology.org/loftus-palmer.html
[19] Monfils MH et al., 2009, "Extinction-reconsolidation boundaries: key to persistent attenuation of fear memories." *Science*, 324: 951-955.
[20] Agren T et al., 2012, "Disruption of recon solidation erases a fear memory trace in the human amygdala." *Science* 337: 1550-1552.
[21] Elizabeth Loftus, 2013, "How reliable is your memory?" TED global. https://www.ted.com/talks/elizabeth_loftus_the_fiction_of_memory
[22] The Royal Society, 2011, *Neuroscience and the law*.
[23] Nabavi Setal., 2014, "Engineering a memory with LTD and LTP." *Nature* 511: 348 – 352.

4. 뇌는 몸의 주인일까?

[1] Berg JM et al., 2002, Biochemistry, 5th edition. Section 30.2 Each Organ Has a Unique Metabolic Profile, WH Freeman. https://www.ncbi.nlm.nih.gov/books/NBK22436/
[2] Raichle ME & Gusnard DA, 2002, "Appraising the brain's energy budget." *PNAS* 99: 10237-10239.
[3] 루돌포 R. 이나스, 『꿈꾸는 기계의 진화: 뇌과학으로 보는 철학 명제』, 김미선(역), 북센스, 2007.
[4] Colwell CS, 2011, "Linking neural activity and molecular oscillations in the SCN." *Nat Rev Neurosci*, 12: 553-569.
[5] Jones JR et al., 2015, "Manipulating circadian clock neuron firing rate resets molecular circadian rhythms and behavior." *Nat Neurosci*. 18: 373-375.
[6] Connors BW et al., 2006, *Neuroscience: Exploring the Brain*, 3rd Edition. Lippincott Williams and Wilkins.
[7] Ngo HV et al, 2013, "Induction of slow oscillations by rhythmic acoustic stimulation." *J Sleep Res*. 22: 22-31.
[8] Oudiette D et al., 2013, "Reinforcing rhythms in the sleeping brain with a computerized metronome." *Neuron* 78: 413-415.
[9] Stickgold R & Walker MP, 2013, "Sleep-dependent memory triage: evolving generalization through selective processing." *Nat Neurosci*. 16: 139-145.
[10] Niv Y et al., 2007, "Tonic dopamine: opportunity costs and the control of response vigor." *Psychopharmacology* 191: 507 – 520.
[11] Beeler JA et al., 2012, "Putting desire

on a budget: dopamine and energy expenditure, reconciling reward and resources." *Front IntegrNeurosci*. 6: 49.
[12] Volkow ND et al., 2015, "Caffeine increases striatal dopamine D2/D3 receptor availability in the human brain." *Transl Psychiatry*. 5: e549.
[13] 조지프 르두, 『느끼는 뇌』, 최준식(역), 학지사, 2006.
[14] Arminjon M et al., 2015, "Embodied memory: unconscious smiling modulates emotional evaluation of episodic memories." *Front Psychol* 6: 650.
[15] "Psychologists argue about whether smiling makes cartoons funnier"(*Nature News*, 2016.11.3)
[16] Neal DT & Chartrand TL, 2011, "Embodied Emotion Perception: Amplifying and Dampening Facial Feedback Modulates Emotion Perception Accuracy." *SocPsychol Person Sci* 2: 673-678.
[17] "Rhythm of breathing affects memory and fear"(*Northwestern Now*, 2016.12.07.) https://news.northwestern.edu/stories/2016/12/rhythm-of-breathing-affects-memory-and-fear/
[18] Bechara A, et al., 2003, "Role of the amygdala in decision-making." *Ann N Y AcadSci* 985: 356-369.
[19] David Eagleman, 2015, *The brain: the story of you*. Pantheon.
[20] https://www.ted.com/talks/amy_cuddy_your_body_language_shapes_who_you_are?language=ko
[21] Bhattacharjee Y, 2007, "Psychiatric research. Is internal timing key to mental health?" *Science* 317: 1488-1490.
[22] "뇌가 느끼는 좋은 집짓기 '신경건축학'을 아시나요."(《동아사이언스》, 2015.12.6)
[23] LeDoux JE, 2000, "Emotion Circuits in the brain." *Annu. Rev. Neurosci. 2000*, 23: 155 – 184.
[24] Pessoa L, 2008, "On the relationship between emotion and cognition." *Nat Rev Neurosci*, 9: 148-158.
[25] Phelps EA et al., 2014, Emotion and decision making: multiple modulatory neural circuits. *Annu Rev Neurosci*. 37: 263-287.

5. 사랑은 화학작용일 뿐일까?

[1] "엉터리 과학기사, 이게 최선입니까"(《슬로우 뉴스》, 2016.1.21.) http://slownews.kr/50373
[2] McCabe DP & Caster AD, 2008, "Seeing is believing: The effect of brain images on judgments of scientific reasoning." *Cognition* 107: 343 – 352.
[3] Molenberghs P et al., 2015, "The neural correlates of justified and unjustified killing: an fMRI study." *SocCogn Affect Neurosci* 10: 1397 – 1404.
[4] "살인하는 사람들의 뇌 특징 분석해보니 〈연구〉"(《나우뉴스》, 2015.4.9.) http://nownews.seoul.co.kr/news/newsView.php?id=20150409601009
[5] Smith K, 2012, "Brain imaging: fMRI 2.0." *Nature* 484: 24-6.
[6] Hirase H et al., 2014, "Volume transmission signalling via astrocytes." *Philos Trans R Soc B* 369: 20130604.
[7] Seamans JK & Yang CR, 2004, "The principal features and mechanisms of dopamine modulation in the prefrontal cortex." *Progress in Neurobiology* 74: 1-57.
[8] Frank MJ, 2005, "Dynamic dopamine modulation in the basal ganglia: a neurocomputational account of cognitive deficits in medicated and nonmedicatedparkinsonism." *J Cog Neurosci*, 17: 51 – 72.
[9] Winterer G & Weinberger DR, 2004, "Genes, dopamine and cortical signal-to-noise ratio in schizophrenia." *Trends in Neurosci*, 27: 683-690.
[10] Lauzon NM & Laviolette SR, 2010, "Dopamine D4-receptor modulation of cortical neuronal network activity and

emotional processing: Implications for neuropsychiatric disorders." *Behav Brain Res* 208: 12-22.

[11] Luck SJ & Gold JM, 2008, "The Construct of Attention in Schizophrenia." *Biol Psychiatry* 64: 34 – 39.

[12] Rolls ET et al., 2008, "Computational models of schizophrenia and dopamine modulation in the prefrontal cortex." *Nat Rev Neurosci*, 9: 696-709.

[13] Arbuthnott GW & Wickens J, 2007, "Space, time and dopamine." *Trends in Neurosci* 0: 62-69.

[14] Lapish CC et al., 2007, "The ability of the mesocortical dopamine system to operate in distinct temporal modes." *Psychopharmacology* 191: 609 – 625.

[15] HH Yin, 2014, "Action, time and the basal ganglia." *Philos Trans R SocLond B BiolSci*, 369: 20120473.

[16] Dagher A & Robbins TW, 2009, "Personality, addiction, dopamine: insights from parkinson's disease." *Neuron* 61: 502 – 510.

[17] Frank MJ, 2006, "By carrot or by stick: cognitive reinforcement learning in Parkinsonism." *Science* 306: 1940-1943.

[18] Frank MJ et al, 2007, "Genetic triple dissociation reveals multiple roles for dopamine in reinforcement learning." *PNAS* 104: 16311 – 16316.

[19] Xing B et al., 2016, "Norepinephrine versus dopamine and their interaction in modulating synaptic function in the prefrontal cortex." *Brain Research* 1641: 217-233

[20] Volkow ND & Morales M, 2015, "The brain on drugs: from reward to addiction." *Cell*, 162: 712-725.

[21] 마크 호, 『원자와 우주 사이』, 고문주(역), 북스힐, 2011.

[22] 리처드 요크 & 브렛 클라크, 『과학과 휴머니즘: 스티븐 제이 굴드의 학문과 생애』, 김동광(역), 현암사, 2016.

[23] RK Logan, 2012, "Review and Precis of Terrence Deacon's Incomplete Nature: How Mind Emerged from Matter." *Information* 3: 290-306.

[24] Eklund A et al., 2016, "Cluster failure: Why fMRI inferences for spatial extent have inflated false-positive rates." *PNAS* 113: 7900-7905.

[25] Poldrack RA et al., 2017, "Scanning the horizon: towards transparent and reproducible neuroimaging research." *Nat Rev Neurosci*. 18: 115-126.

6. 풍성하고 변화무쌍한 '지금'

[1] https://en.wikipedia.org/wiki/Automaton

[2] 닐 레비, 『신경윤리학이란 무엇인가: 뇌과학 인간 윤리의 무게를 재다』, 신경인문학 연구회(역), 바다출판사, 2011.

[3] 리처드 니스벳, 『생각의 지도: 동양과 서양, 세상을 바라보는 서로 다른 시선』, 최인철(역), 김영사, 2004.

[4] Smith K, 2012, "Idle minds." *Nature* 489: 356-358.

[5] *Hutchison RM et al., 2013* "Dynamic functional connectivity: promise, issues, and interpretations." *Neuroimage* 15: 360-378.

[6] Hesselmann G et al., 2008, "Spontaneous local variations in ongoing neural activity bias perceptual decisions." *PNAS* 105: 10984-10989.

[7] Horner AJ et al., 2015, "Evidence for holistic episodic recollection via hippocampal pattern completion." *Nature Communications* 6: 1-11.

[8] RC O'Reilly & Y Munakata, 2000, *Computational explorations in cognitive neuroscience*. MIT Press.

[9] https://en.wikipedia.org/wiki/Priming_(psychology)

[10] Wimmer GE & Shohamy D, 2012, "Preference by Association: How Memory Mechanisms in the Hippocampus Bias Decisions." *Science* 338: 270-273.

[11] Wright H et al., 2016, "Differential effects of hunger and satiety on insular cortex and hypothalamic functional connectivity." *Eur J Neurosci.* 43: 1181-1189.
[12] Wang C et al., 2016, "Spontaneous eyelid closures link vigilance fluctuation with fMRI dynamic connectivity states." *PNAS* 113: 9653-9658.
[13] Hermans EJ et al., 2011, "Stress-related noradrenergic activity prompts large-scale neural network reconfiguration." *Science* 334: 1151-1153.
[14] TEDxKAIST, 2014, 〈송민령: 네트워크를 켜다: Pattern completion과 지금 이 순간, 그리고 만남에 대하여〉
[15] 레오나르드 믈로디노프, 『"새로운" 무의식: 정신분석에서 뇌과학으로』, 김명남(역), 까치, 2013.
[16] 유동수, 『감수성 훈련: 진정한 나를 찾아서』, 학지사, 2008.
[17] De Martino B et al., 2006, "Frames, biases, and rational decision-making in the human brain." *Science* 313: 684-687.
[18] https://www.ted.com/talks/mariano_sigman_your_words_may_predict_your_future_mental_health
[19] RK Logan, 2012, "Review and Precis of Terrence Deacon's Incomplete Nature: How Mind Emerged from Matter." *Information* 3: 290-306.
[20] Huettel SA et al., 2004, *Functional magnetic resonance imaging*. Sinauer.
[21] Ovaysikia S et al., 2011, "Word wins over face: emotional Stroop effect activates the frontal cortical network." *Front Hum Neurosci*, 4: 234.
[22] https://neuroscimed.wordpress.com/2014/09/21/spatial-temporal-resolution-plots-for-neuroscience-methods/

7. 뇌를 모방하는 인공지능의 약진

[1] W Bechtel et al., 2001, "Cognitive Science: History." *International Encyclopedia of the Social and Behavioral Sciences*. 2154-2158
[2] RC O'Reilly & Y Munakata, 2000, *Computational explorations in cognitive neuroscience*. MIT Press.
[3] Hassabis D et al., 2007, "Patients with hippocampal amnesia cannot imagine new experiences." *PNAS* 104: 1726-1731.
[4] Hassabis D et al., 2017, "Neuroscience-Inspired Artificial Intelligence." *Neuron*, 95: 245-258.
[5] N Ketz et al., 2013, "Theta Coordinated Error-Driven Learning in the Hippocampus." *PLOS Computational Biology* 9: e1003067
[6] RC O'Reilly et al., 2013, "Recurrent processing during object recognition." *Frontiers in Psychology* 4: Article 124.
[7] He K et al., 2015, "Deep residual learning for image recognition." *arXiv* : 1512.03385v1
[8] 전재영, "4차 산업혁명과 인공지능, 딥러닝." https://goo.gl/a8beIM
[9] "AlphaGo: using machine learning to master the ancient game of Go."(Google official blog, 2016.1.27.)
[10] Silver et al., 2016, "Mastering the game of Go with deep neural networks and tree search." *Nature* 529: 484-489
[11] Isaacson JS &Scanziani M, 2011, "How Inhibition Shapes Cortical Activity." *Neuron* 72: 231-243.
[12] "마우스 뇌 신피질 조직, 완벽한 3D 디지털지도 작성"(《IT 뉴스》, 2015.8.5.), http://www.itnews.or.kr/?p=15474
[13] https://www.youtube.com/watch?v=F5LzKupeHtw&feature=youtu.be
[14] https://www.ted.com/talks/johann_hari_everything_you_think_you_know_about_addiction_is_wrong/transcript

8. 인공신경망의 표상 학습

[1] David Eagleman, 2015, *The brain: the story of*

you. Pantheon.
[2] Y Bengio, A Courville & P Vincent, 2014, "Representation Learning: A Review and NewPerspectives." *arXiv* : 1206.5538v3
[3] RC O'Reilly & Y Munakata, 2000, *Computational explorations in cognitive neuroscience*. MIT Press.
[4] N Jones, 2014, "The learning machines." *Nature* 505: 148 http://www.nature.com/news/computer-science-the-learning-machines-1.14481
[5] http://cs231n.github.io/convolutional-networks/
[6] https://www.ted.com/talks/jeremy_howard_the_wonderful_and_terrifying_implications_of_computers_that_can_learn
[7] 크리스 프리스, 『인문학에게 뇌과학을 말하다』, 장호연(역), 동녘사이언스, 2009.
[8] TEDxKAIST 2014 송민령: 네트워크를 켜다. Pattern completion과 지금 이 순간, 그리고 만남에 대하여. https://www.youtube.com/watch?v=Gd0uLQcP2JI

9. 표상의 쓸모

[1] David Eagleman, 2015, *The brain: The story of you*. Pantheon.
[2] 올리버 색스, 『목소리를 보았네』, 김승욱(역), 알마, 2012.
[3] RC O'Reilly & Y Munakata, 2000, *Computational explorations in cognitive neuroscience*. MIT Press.
[4] 유발 하라리, 2015, 『사피엔스』, 조현욱(역), 김영사.
[5] "Dutee Chand, female sprinter with high testosterone level, wins right to compete."(*NY Times*, 2015.7.27)
[6] Claire Ainsworth, 2015, "Sex redifined." *Nature* 518: 288-291.
[7] "Obama Calls for End to 'Conversion' Therapies for Gay and Transgender Youth."(*NY Times*, 2015.4.8.)
[8] "125년 코닥 필름 끝내 사라진다"(《경향신문》, 2013.8.21)
[9] 조지 레이코프, 『프레임 전쟁』, 나익주(역), 창비, 2007.

10. 자아는 허상일까?

[1] 크리스 프리스, 『인문학에게 뇌과학을 말하다』, 장호연(역), 동녘사이언스, 2009.
[2] 루돌포 R. 이나스, 『꿈꾸는 기계의 진화: 뇌과학으로 보는 철학 명제』, 김미선(역), 북센스, 2007.
[3] David Eagleman, 2015, *The brain: The story of you*. Pantheon.
[4] D Schacter et al., 2012, "The Future of Memory: Remembering, Imagining, and the Brain." *Neuron* 76: 677-694.
[5] Hassabis D et al., 2014, "Imagine all the people: how the brain creates and uses personality models to predict behavior." *Cereb Cortex*. 24: 1979-1987.
[6] EB Falk et al., 2015, "Self-affirmation alters the brain's response to health messages and subsequent behavior change." *PNAS* 112: 1977-1982
[7] GL Cohen & DK Sherman, 2014, "The Psychology of Change: Self-Affirmation and Social Psychological Intervention." *Annu Rev Psychol*, 65: 333-371.
[8] MA Umilta et al., 2008, "When pliers become fingers in the monkey motor system." *PNAS* 105: 2209-2213
[9] JP Gallivan et al., 2013, "Decoding the neural mechanisms of human tool use." *Elife* 2: e00425.
[10] L Cardinali et al., 2009, "Tool-use induces morphological updating of the body schema." *Current Biology* 19: 478-479.
[11] M Iacononi, 2009, "Imitation, Empathy, and Mirror Neurons." *Annu Rev Psychol* 60: 653-670
[12] BC Bernhardt & T Singer, 2012, "The Neural Basis of Empathy." *Annu Rev Neurosci* 35: 1-23

[13] "[책과삶] 불멸을 위한 과학이라는 미신."(《경향신문》, 2012.10.19.)
[14] 레오나르드 믈로디노프, 『"새로운" 무의식: 정신분석에서 뇌과학으로』, 김명남(역), 까치, 2013.
[15] EE Fetz, 1969, "Operant Conditioning of Cortical Unit Activity." *Science* 163: 955-958.
[16] RC deCharms, 2008, "Applications of real-time fMRI." *Nat Rev Neurosci* 9: 720-729.
[17] RC deCharms et al., 2005, "Control over brain activation and pain learned by using real-time functional MRI." *PNAS* 102: 18626-18631. http://www.pnas.org/content/102/51/18626.full
[18] 장회익, 『생명을 어떻게 이해할까』, 한울아카데미, 2014.
[19] RK Logan, 2012, "Review and Precis of Terrence Deacon's Incomplete Nature: How Mind Emerged from Matter." *Information* 3: 290-306.
[20] TEDxKAIST 2014 송민령: 네트워크를 켜다. Pattern completion과 지금 이 순간, 그리고 만남에 대하여. https://www.youtube.com/watch?v=Gd0uLQcP2JI
[21] "1만 종의 인체 미생물, 우리 몸을 지배한다."(《경향신문》, 2012.7.5.)
[22] "A new brain study sheds light on why it can be so hard to change someone's political beliefs."(*Vox*, 2017.01.23.)

11. 자유의지는 존재하는가?

[1] 신경인문학 연구회, 『뇌과학, 경계를 넘다』, 바다출판사, 2012.
[2] 닐 레비, 『신경윤리학이란 무엇인가: 뇌과학 인간 윤리의 무게를 재다』, 신경인문학 연구회(역), 바다출판사, 2011.
[3] 리처드 탈러 · 캐스 선스타인, 『넛지: 똑똑한 선택을 이끄는 힘』, 안진환(역), 리더스북, 2009.
[4] North AC, Hargreaves DJ & Mc Kendrick J, 1997, "In-store music affects product choice." *Nature* 390: 132-132.
[5] David Eagleman, 2015, *The brain: The story of you*. Pantheon.
[6] Schultz W, 2015, "Neuronal reward and decision signals: from theories to data." *Physiol Rev* 95: 853-951.
[7] Schmidt R et al., 2013, "Canceling actions involves a race between basal ganglia pathways." *Nat Neurosci*, 16: 1118-1124.
[8] Sotres-Bayon F & Quirk GJ, 2010, "Prefrontal control of fear: more than just extinction." Curr Opin Neurobiol. 20: 231-235.
[9] 마크 호, 『원자와 우주 사이』, 고문주(역), 북스힐, 2011.
[10] Roskies AL, 2010, "How Does Neuroscience Affect Our Conception of Volition?" *Ann Rev Neurosci* 33: 109-130.
[11] 신영복, 『강의: 나의 동양고전 독법』, 돌베개, 2004.
[12] 최진석. 『생각하는 힘 노자 인문학』, 위즈덤하우스, 2015.
[13] 박태원. 『원효: 하나로 만나는 길을 열다』, 한길사, 2012.
[14] The Royal Society, 2011, *Neuroscience and the law*.
[15] "The brain on trial."(*Science*, 2010.2.21.) http://www.sciencemag.org/news/2010/02/brain-trial
[16] Aharoni E et al., 2013, Neuroprediction of future rearrest. *PNAS*. 110: 6223-6228.
[17] Glenn AL & Raine A, 2014, "Neuro criminology: implications for the punishment, prediction and prevention of criminal behaviour." *Nat Rev. Neurosci*, 15: 54-63.
[18] Widera E et al., 2011, "Finances in the Older Patient with Cognitive Impairment 'He Didn't Want Me to Take Over'". *JAMA* 305: 698-706.
[19] Marson DC, 2013, "Clinical and Ethical Aspects of Financial Capacity in Dementia: A Commentary." *Am J Geriatr Psychiatry* 21: 392-390.
[20] Levy N et al., 2014, "Are You Morally Modified?: The Moral Effects of Widely

Used Pharmaceuticals." *Philos Psychiatr Psychol*. 21: 111 – 125.
[21] 조너선 하이트, 『바른 마음: 나의 옳음과 그들의 옳음은 왜 다른가』, 왕수민(역), 웅진지식하우스, 2014.
[22] "[월드리포트] 누가 자살 좀 말려줘요."(《주간경향》, 2006.1.3.)
[23] 빌 브라이슨, 『거의 모든 것의 역사』, 이덕환(역), 까치글방, 2003.
[24] 장하석, 『장하석의 과학, 철학을 만나다』, 지식채널, 2014.
[25] https://www.youtube.com/watch?v=X7Ob40TlD_8
[26] Steinberg L, 2013, "The influence of neuroscience on US Supreme Court decisions about adolescents' criminal culpability." *Nat Rev Neurosci* 14:513-8.
[27] Owen D et al., 2013 "Law and Neuroscience." *J Neurosci*, 33: 17624 – 17630.
[28] McCabe DP & Castel AD, 2008, "Seeing is believing: the effect of brain images on judgments of scientific reasoning." *Cognition*, 107: 343-352.
[29] Aspinwall LG et al, 2012, "The double-edged sword: does biomechanism increase or decrease judges' sentencing of psychopaths?" *Science*, 337: 846-849.
[30] Jones OD et al., 2013, "Neuroscientists in court." *Nat Rev Neurosci*, 14: 730-736.
[31] Miller G, 2010, "Science and the law. fMRI lie detection fails a legal test." *Science*, 328: 1336-1337.
[32] "Deceiving the law."(*Nature Neurosci*. 11: 1231(2008))
[33] Roskies AL et al., 2013, "Neuroimages in court: less biasing than feared." *Trends Cogn Sci*, 17: 99-101.

12. 내 탓인가, 뇌 탓인가

[1] Connors BW et al., 2006, *Neuroscience: Exploring the Brain*, 3rd Edition. Lippincott Williams and Wilkins.
[2] RC O'Reilly & Y Munakata, 2000, *Computational explorations in cognitive neuroscience*. MIT Press.
[3] Ovaysikia S et al., 2011, "Word wins over face: emotional Stroop effect activates the frontal cortical network." *Front Hum Neurosci*, 4: 234.
[4] "The brain on trial."(*Science*, 2010.2.21.) http://www.sciencemag.org/news/2010/02/brain-trial
[5] Owen D et al., 2013, "Law and Neuro science." *J Neurosci*, 33: 17624 – 17630.
[6] Smith K, 2012, "Brain imaging: fMRI 2.0." *Nature*, 484: 24-26.
[7] Hutchison RM et al., 2013, "Dynamic functional connectivity: promise, issues, and interpretations." *Neuroimage* 15: 360-378.
[8] Yuste R, 2015, "From the neuron doctrine to neural networks." *Nat Rev Neurosci* 16: 487-497.
[9] Jonas E & Kording KP, 2017, "Could a Neuroscientist Understand a Microprocessor?" *PLoS Comput Biol*, 13: e1005268.
[10] David Eagleman, 2015, *The brain: The story of you*. Pantheon.
[11] Flor H et al., 2006, "Phantom limb pain: a case of maladaptive CNS plasticity?" *Nat Rev Neurosci*, 7: 873-881.
[12] "Brain Rewires Itself to Enhance Other Senses in Blind People."(*Neuroscience News*, 2017.3.22.)
[13] Huettel SA et al., 2004, *Functional magnetic resonance imaging*. Sinauer.
[14] 졸피뎀과 자살 충동. http://slownews.kr/55628

13. 신경 네트워크와 의식

[1] Logan RK, 2012, "Review and Precis of Terrence Deacon's Incomplete Nature: How Mind Emerged from Matter." *Information*, 3: 290-306.

[2] RC O'Reilly & Y Munakata, 2000, *Computational explorations in cognitive neuroscience*. MIT Press.

[3] Rolls ET, 2016, "Pattern separation, completion, and categorisation in the hippocampus and neocortex." *Neurobiol Learn Mem*, 129: 4-28.

[4] Schurger A et al., 2015, "Cortical activity is more stable when sensory stimuli are consciously perceived." *PNAS* 112: E2083-2092.

[5] Warren CM et al., 2015, "Perceptual choice boosts network stability: effect of neuromodulation?" *Trends Cogn Sci*, 19: 362-4.

[6] Sanchez-Vives MV et al., 2017, "Shaping the default activity pattern of the cortical network." *Neuron* 94: 993-1001.

[7] Barttfeld P et al., 2015, "Signature of consciousness in the dynamics of resting-state brain activity." *PNAS* 112: 887-892.

[8] Bayne T et al., 2009, *The Oxford Companion to Consciousness*. OUP Oxford. https://goo.gl/s61u6V

[9] Friston K, 2013, "Life as we know it." *J R Soc Interface*, 10: 20130475.

[10] Friston K et al., 2014, "Cognitive Dynamics: From Attractors to Active Inference." *Proceedings of the IEEE* 102: 427-445.

[11] Seth AK & Friston KJ, 2016, "Active interoceptive inference and the emotional brain." *Philos Trans R SocLond B Biol Sci*, 371: 20160007.

[12] 마르첼로 마시미니 & 줄리오 토노니. 『의식은 언제 탄생하는가?: 뇌의 신비를 밝혀가는 정보 통합 이론』, 박인용(역), 한언출판사, 2016.

[13] Thomas Nagel, "Is consciousness an illusion?" The New York Review of Books on *From backteria to Bach and Back: The Evolution of Minds* by Daniel C. Dennett.(2017.3.9)

[14] Jonathan Balcombe, 2011, *Second Nature: The Inner Lives of Animals*. St. Martin's Griffin

[15] 김상욱, 2016, 『김상욱의 과학공부: 철학하는 과학자 시를 품은 물리학』, 동아시아.

[16] National Research Council (US) Committee, 2009, "*Recognition and Alleviation of Pain in Laboratory Animals*. National Academies Press https://www.ncbi.nlm.nih.gov/books/NBK32655/

[17] "꽃게야 미안해 너도 아팠구나."(한겨레 환경생태 전문 웹진-물바람숲. 2013.1.25.) http://ecotopia.hani.co.kr/67667

[18] Shah SA & Schiff ND, 2010, "Central thalamic deep brain stimulation for cognitive neuromodulation: a review of proposed mechanisms and investigational studies." *Eur J Neurosci*, 32: 1135 - 1144.

[19] Tononi G et al., 2016, "Integrated information theory: from consciousness to its physical substrate." *Nat Rev Neurosci*, 17: 450-461.

[20] Seth AK, 2015, "The cybernetic Bayesian brain: from interoceptive inference to sensorimotor contingencies." *Open MIND*, 35(T).

14. 개성을 통해 다양성을 살려내는 딥러닝의 시대로

[1] "Is racism an illness?"(*Time*, 2012.5.4) http://ideas.time.com/2012/05/04/is-racism-an-illness/

[2] 올리버 색스, 『아내를 모자로 착각한 남자』, 조석현(역), 이마고, 2010.

[3] Eisenstein M, 2013, "Stepping out of time." *Nature*, 497: S10-S12.

[4] 앨런 프랜시스. 『정신병을 만드는 사람들』, 김명남(역), 사이언스북스, 2014.

[5] https://www.centreformentalhealth.org.uk/individual-placement-and-support

[6] 강신익. 『불량 유전자는 왜 살아남았을까?』, 페이퍼로드, 2013.

[7] Clayton JA, 2015, "NIH to balance sex in cell and animal studies." *Nature*, 509: 282-283.

[8] http://amygdala.psychdept.arizona.edu/posters/SFN2011FinalKVE.pdf
[9] "자폐증 성향 한국초등생 미-유럽의 2.6배."(《동아사이언스》, 2011.5.12.) http://www.dongascience.com/news.php?idx=-5303234
[10] Mottron L, 2011, "The power of autism." *Nature* 479: 33-35.
[11] MA Cascio, 2015, "Cross-cultural autism studies, neurodiversity, and conceptualizations of autism." *Cult Med Psychiatry*, 39: 207-212.
[12] 리처드 요크 & 브렛 클라크, 『과학과 휴머니즘: 스티븐 제이 굴드의 학문과 생애』, 김동광(역), 현암사, 2016.
[13] "Dutee Chand, female sprinter with high testosterone level, wins right to compete."(*NY Times*, 2015.7.27)
[14] Marder, Eve, 2011, "Variability, compensation, and modulation in neurons and circuits." *PNAS* 108: 15542 – 15548.
[15] E Marder, 2012, "Neuromodulation of neuronal circuits: back to the future." *Neuron* 76: 1-11.
[16] Teicher MH et al, 2016, "The effects of childhood maltreatment on brain structure, function and connectivity." *Nat Rev Neurosci*, 17: 652-666.
[17] Pfister, J.-P., and Tass, P. A., 2010, "STDP in oscillatory recurrent networks: theoretical conditions for desynchronization and applications to deep brain stimulation." *Front Comput Neurosci*, 4: 22.
[18] Clementz BA et al., 2016, "Identification of Distinct Psychosis Biotypes Using Brain-Based Biomarkers." *The American journal of psychiatry*, 173: 373-384.
[19] Casey BJ et al., 2013, "DSM-5 and RDoC: progress in psychiatry research?" *Nat Rev Neurosci*, 14: 810-814.
[20] Yahata N et al., 2017, "Computational neuroscience approach to biomarkers and treatments for mental disorders." *Psychiatry Clin Neurosci*, 71: 215-237.
[21] EE Fetz, 1969, "Operant Conditioning of Cortical Unit Activity." *Science*, 163: 955-958
[22] Chapin H et al., 2012, "Real-time fMRI applied to pain management." *Neurosci Lett.* 520: 174-181.
[23] Linden DE & Turner DL, 2016, "Real-time functional magnetic resonance imaging neurofeedback in motor neurorehabilitation." *Curr Opin Neurol*, 29: 412-418.
[24] Smith SF et al., 2013, "Are psychopaths and heroes twigs off the same branch? Evidence from college, community, and presidential samples." *Journal of Research in Personality* 47: 634-646.
[25] 탈 벤 샤하르, 2010, 『완벽의 추구』, 노혜숙(역), 위즈덤하우스.
[26] 랜덜프 네스 & 조지 윌리엄스, 1999, 『인간은 왜 병에 걸리는가: 다윈 의학의 새로운 세계』, 최재천(역), 사이언스북스.
[27] "Obama comes out against 'conversion therapy' to support 'Leelah's Law."(*The Washington Post*, 2015.4.10.) https://goo.gl/iujR0w
[28] 올리버 색스, 『깨어남』, 이민아(역), 알마, 2012.
[29] Norman Doidge, 2016, *The Brain's Way of Healing: Remarkable Discoveries and Recoveries from the Frontiers of Neuroplasticity*. Penguin Books.
[30] 하상복, 2009 『푸코 & 하버마스: 광기의 시대 소통의 이성』, 김영사.
[31] 채사장, 2015, 『지적 대화를 위한 넓고 얕은 지식: 현실 너머 편』, 한빛비즈.
[32] Miller DI & Halpern DF, 2014, "The new science of cognitive sex differences." *Trends in Cognitive Sciences*, 18: 37-45.
[33] "자폐증을 능력으로 바꾸다." http://www.bloter.net/archives/255587
[34] "스페셜리스트인턴" http://specialisterne foundation.com/
[35] Pisano GP & Austin RD, 2016, "SAP SE: Autism at Work." *Harvard Business School*

case no 9: 616-642.

[36] "강제입원 가능합니다"(MBC 〈시사 매거진 2580〉 2014.10.27.) http://imnews.imbc.com/weeklyfull/weekly01/3548249_17924.html

[37] "누구를 위한 강제입원인가- '정신병원 강제입원'(정신보건법 제24조) 헌법불합치 사건"(《슬로우 뉴스》, 2016.10.10.) http://slownews.kr/58654

[38] ET Bloom et al., 2011, "The Global Eco nomic Burden of Non-communi cable Diseases." Geneva: World Economic Forum.

[39] HA Whiteford et al., 2013, "Global burden of disease attributable to mental and substance use disorders: findings from the Global Burden of Disease Study 2010." *Lancet* 381: 1575-1586.

[40] "[법정논쟁] 폭력 남편과의 20년 악연… '살인'은 정당방위인가."(《월간중앙》, 01610호) http://jmagazine.joins.com/monthly/view/313281

[41] Buchman DZ et al., 2011, "The Paradox of Addiction Neuroscience." *Neuroethics* 4: 65-77.

[42] https://www.ted.com/talks/jackson_katz_violence_against_women_it_s_a_men_s_issue

15. 신경기술로 마음과 미래를 읽을 수 있을까?

[1] Stanley GB, 2013, "Reading and writing the neural code." *Nat Neurosci*. 16: 259-63.

[2] Borst A & Theunissen FE, 1999, "Information theory and neural coding." *Nat Neurosci*. 2: 947-57.

[3] Hassabis D et al., 2017, "Neuroscience-Inspired Artificial Intelligence." *Neuron*, 95: 245-258.

[4] http://cs231n.github.io/convolutional-networks/

[5] Kay KN & Gallant JL, 2009, I can see what you see. *Nat Neurosci*,12: 245-246.

[6] Kay KN et al., 2008, "Identifying natural images from human brain activity." *Nature*, 452: 352-355.

[7] Underwood E, 2013, "How to Build a Dream-Reading Machine." *Science*, 340: 21.

[8] Huth AG, 2016, "Natural speech reveals the semantic maps that tile human cerebral cortex." *Nature*, 532: 453-458.

[9] Smith K, 2013, "Reading minds." *Nature*, 502: 428-430.

[10] Farah MJ et al., 2013, "Functional MRI-based lie detection: scientific and societal challenges." *Nat Rev Neurosci*, 15: 123-131.

[11] Miller G, 2010, "Science and the law. fMRI lie detection fails a legal test." *Science*, 328: 1336-1337.

[12] Teicher MH et al., 2016, "The effects of childhood maltreatment on brain structure, function and connectivity." *Nat Rev Neurosci*, 17: 652-666.

[13] Rissman J et al., 2010, "Detecting individual memories through the neural decoding of memory states and past experience." *PNAS*, 107: 9849-9854.

[14] Lacy JW & Stark CE, 2013, "The neuroscience of memory: implications for the courtroom." *Nat Rev Neurosci*, 14: 649-658.

[15] David Eagleman, 2015, *The brain: the story of you*. Pantheon.

[16] "페이스북 '마음 읽는 기술 개발 중'"(《한국일보》, 2017.4.20.)

[17] Gabrieli JD et al, 2015, "Prediction as a humanitarian and pragmatic contribution from human cognitive neuroscience." *Neuron*, 85: 11-26.

[18] Greely HT et al., 2016, "Neuroethics in the Age of Brain Projects." *Neuron*, 92: 637-641.

[19] GL Cohen, DK Sherman, 2014, "The Psychology of Change: Self-Affirmationand Social Psychological Intervention. *Annu Rev Psychol*, 65: 333-

371.

[20] Shibata K et al., 2011, "Perceptual learning incepted by decoded fMRI neurofeedback without stimulus presentation." *Science*, 334: 1413-1415.

[21] EE Fetz, 1969, "Operant Conditioning of Cortical Unit Activity." *Science*, 163: 955-958

[22] Yahata N et al., 2017, "Computational neuroscience approach to biomarkers and treatments for mental disorders." *Psychiatry Clin Neurosci*, 71: 215-237.

[23] Linden DE & Turner DL, 2016, "Real-time functional magnetic resonance imaging neurofeedback in motor neurorehabilitation." *Curr Opin Neurol*, 29: 412-418.

[24] Flevaris AV & Murray SO, 2014, "Orientation-specific surround suppression in the primary visual cortex varies as a function of autistic tendency." *Front Hum Neurosci*, 8: 1017.

16. 인간에 대한 이해에 근거한 사회

[1] "Is misused neuroscience defining early years and child protection policy?"(*Guardian*, 2014.4.26)

[2] 신경인문학 연구회, 『뇌과학, 경계를 넘다』, 바다출판사, 2012.

[3] Farah MJ, 2012, "Neuroethics: the ethical, legal, and societal impact of neuroscience." *Annu Rev Psychol*. 63: 571-591.

[4] Fuhrmann D et al., 2015, "Adolescence as a Sensitive Period of Brain Development." *Trends Cogn Sci*, 19: 558-566.

[5] Farah MJ et al., 2008, "Environmental stimulation, parental nurturance and cognitive development in humans." *Dev Sci*, 11: 793-801.

[6] Hackman DA et al., 2010, "Socioeconomic status and the brain: mechanistic insights from human and animal research." *Nat Rev Neurosci*, 11: 651-659.

[7] Carew TJ &Magsamen SH, 2010, "Neuroscience and education: an ideal partnership for producing evidence-based solutions to Guide 21(st) Century Learning." *Neuron*, 67: 685-688.

[8] Paus T et al., 2008, "Why do many psychiatric disorders emerge during adolescence?" *Nat Rev Neurosci*, 9: 947-957.

[9] Blakemore SJ & Mills KL, 2014, "Is adolescence a sensitive period for sociocultural processing?" *Annu Rev Psychol*, 65: 187-207.

[10] Kilford EJ et al., 2016, "The development of social cognition in adolescence: An integrated perspective." *Neurosci Biobehav Rev*, 70: 106-120.

[11] Kathryn HP & John TB, 2007, "The Brain/Education Barrier." *Science*, 317: 1293.

[12] O'Connor C et al., 2012, "Neuroscience in the public sphere." *Neuron*, 74: 220-226.

[13] Howard-Jones PA, 2014, "Neuroscience and education: myths and messages." *Nat Rev Neurosci*, 15: 817-824.

[14] 캐럴 리브스, 『과학의 언어: 어떻게 과학을 제대로 이해하고 비평하고 향유할 것인가』, 오철우(역), 궁리, 2010.

[15] Nelson EE et al., 2014, "Growing pains and pleasures: how emotional learning guides development." *Trends Cogn Sci*, 18: 99-108.

[16] Secret Lab of a Mad Scientist blog, "과학자의 커뮤니케이션과 매사페." https://goo.gl/g2eM6s

[17] Hagenauer MH et al., 2009, "Adolescent changes in the homeostatic and circadian regulation of sleep." *Dev. Neurosci*, 31: 276 - 284.

[18] Wahlstrom K, 2002, "Changing times: findings from the first longitudinal study of later high school start times." *NASSP*

Bull, 86: 3 – 21.

[19] Hook CJ & Farah MJ, 2013, "Neuroscience for Educators: What Are They Seeking, and What Are They Finding?" *Neuroethics*, 6: 331 – 341.

[20] Sharpe K, 2014, "Medication: The smart-pill oversell." *Nature*, 506: 146-148.

[21] Farah MJ, 2015, "The unknowns of cognitive enhancement." *Science*, 350: 379-380

[22] "운동선수의 능력을 강화하는'브레인 도핑'"(《뉴스페퍼민트》, 2016.3.14.) http://newspeppermint.com/2016/03/13/m-doping/

[23] "Modafinil has mixed effects on dozy surgeons."(*Reuters*, 2011.11.2)

[24] Dance A, 2016, "A dose of intelligence." *Nature*, 531: S2-3.

[25] Tononi G & Cirelli C, 2014, "Sleep and the price of plasticity: from synaptic and cellular homeostasis to memory consolidation and integration." *Neuron*, 81: 12-34.

[26] Kirszenblat L & van Swinderen B, 2015, "The Yin and Yang of Sleep and Attention." *Trends Neurosci* 38: 776-786.

[27] 문희채, "응급실 폭력을 줄이는 디자인." (네이버캐스트, 2015.4.23.) http://navercast.naver.com/contents.nhn?rid=2898&contents_id=87935

[28] "실험과 정답: 과학고 교사와의 대화."(《슬로우 뉴스》, 2017.3.10.)

[29] The Royal Society, 2011, *Brain Waves Module 2: Neuroscience: implications for education and lifelong learning.*

17. 생명을 닮아가는 기계들

[1] Hassabis D et al., 2007, "Patients with hippocampal amnesia cannot imagine new experiences." *PNAS* 104: 1726-1731.

[2] Chadwick MJ et al., 2016 "Semantic representations in the temporal pole predict false memories." *PNAS*, 113: 10180-5.

[3] Tononi G & Koch C, 2015, "Consciousness: here, there and everywhere?" *Philos Trans R Soc Lond B Biol Sci*, 370 (1668).

[4] Shen H, 2016, "The soft touch." *Nature*, 530: 24-26.

[5] Mazzolai B & Mattoli V, 2016, "Generation soft." *Nature*, 536: 400-401.

[6] https://www.youtube.com/watch?v=L7FEJJsvHRQ

[7] Agoston E. Eiben & Jim Smith. 2015, "From evolutionary computation to the evolution of things." *Nature*, 521: 476-482.

[8] Doncieux S et al., 2015, "Evolutionary robotics: what, why, and where to." *Front. Robot. AI*, 2(4).

[9] "Norwegian robot learns to self-evolve and 3D print itself in the lab."(Global Futurist, 2017.1.29)

[10] https://www.youtube.com/watch?v=bkv83GKYpkI

[11] https://www.youtube.com/watch?v=dDsmbwOrHJs

[12] "로봇 전쟁터 된 위키피디아."(《한국경제》, 2017.2.26.)

[13] https://www.youtube.com/watch?v=oz2_1Pk9RHw

18. 기계를 닮아가는 생명들

[1] Doudna JA & Charpentier E, 2014, "Genome editing. The new frontier of genome engineering with CRISPR-Cas9." *Science*, 346: 1258096.

[2] "오철우 기자의 사이언스온: 유전자 가위 편집 작물 안전성, GMO와 다를까."(《한겨레》, 2017.1.25)

[3] Sara Reardon. "Hybrid zoo: Introducing pig – human embryos and a rat – mouse." (*Nature*, 2017.1.26.)

[4] "'윤리 논란'은 옛말… 美도 인간 생식세포 연구 빗장 풀었다."(《서울경제》, 2017.2.16.)

[5] "World's first biolimb: Rat forelimb grown in the lab."(*New Scientist*, 2015.6.3.)
[6] David Eagleman, 2015, *The brain: the story of you*. Pantheon.
[7] Anikeeva P & Koppes RA, 2015, "Restoring the sense of touch." *Science*, 350: 274-276.
[8] Reardon S, 2015, "The military-bioscience complex." *Nature*, 522: 142-144.
[9] The Bionic Man. https://www.youtube.com/watch?v=KPhkVPNKtVA
[10] Emotiv's New Neuro-Headset. https://www.youtube.com/watch?v=bposG6XHXvU
[11] "Elon Musk wants to merge man and machine with Neuralink."(《Wired》, 2017.3.28.)
[12] https://www.ted.com/talks/kwabena_boahen_on_a_computer_that_works_like_the_brain?language=ko
[13] Xu W et al., 2016, "Organic core-sheath nanowire artificial synapses with femto joule energy consumption." *Sci Adv*, 2:e1501326.
[14] Pennisi E, 2016, "Robotic stingray powered by light-activated muscle cells."(*Science*, 2016.7.7)
[15] "조지아텍 조교'질 왓슨' 신분 들통 나"(《로봇신문》, 2016.5.10.)
[16] 중국의 안드로이드 Jia-Jia. https://www.youtube.com/watch?v=Tlv0iBLUWLA
[17] Kate Darling, 2016, "What Are the Rules of Human-Robot Interaction?" Seoul Digital Forum.
[18] 필립 짐바르도, 『루시퍼 이펙트: 무엇이 선량한 사람을 악하게 만드는가』, 임지원 · 이충호(역), 웅진지식하우스, 2008.
[19] "Robots could become 'electronic persons' with rights, obligations under draft EU plan"(CNBC, 2016.06.21.)
[20] 아마존 안에서 벌어지고 있는 인간과 기계와의 전쟁 http://www.ttimes.co.kr/view.html?no=2017020914317733793
[21] "선제적인 기후변화 대응이 곧 국가안보다"(《중앙선데이》, 2017.2.12.)
[22] 월드워치연구소, 『지속가능성의 숨은 위협들: 2015 지구환경보고서』, 이종욱 · 정석인(역), 도요새, 2015.

19. 과학은 과정이다

[1] Huettel SA et al., 2004, *Functional magnetic resonance imaging*. Sinauer.
[2] E Marder, 2012, *Neuromodulation of neuronal circuits*: back to the future. Neuron 76: 1-11.
[3] "Focus on neural computation and theory." *Nature Neurosci*, 19: 347(2016).
[4] Steinberg EE et al., 2013, "A causal link between prediction errors, dopamine neurons and learning." *Nat Neurosci*, 16: 966-973.
[5] Kim KM et al., 2012, "Optogenetic mimicry of the transient activation of dopamine neurons by natural reward is sufficient for operant reinforcement." *PLoS One*, 7:e33612.
[6] Martin CL & Chun M, 2016, The BRAIN Initiative: Building, Strengthening, and Sustaining. *Neuron*, 92: 570-573.
[7] Boyden ES, 2011, "A history of opto genetics: the development of tools for controlling brain circuits with light." *F1000 Biol Rep*, 3: 11.
[8] "How the battle lines over CRISPR were drawn."(*Science*, 2017.2.15.)
[9] Howe et al., 2013, "Prolonged dopamine signalling in striatum signals proximity and value of distant rewards." *Nature*, 500: 575-579
[10] Niv Y, 2013, "Neuroscience: Dopamine ramps up." *Nature*, 500: 533-535.
[11] Gershman SJ, 2014, "Dopamine ramps are a consequence of reward prediction errors." *Neural Comput*, 26: 467-471.
[12] Harbaugh WT et al., 2007, "Neural responses to taxation and voluntary giving reveal motives for charitable donations." *Science*, 316: 1622-1625.

[13] Callaway E, 2013, "Preprints come to life." *Nature* 503: 180.

[14] "Big biology projects warm up to preprints."(*Nature*, 2016.11.30.)

[15] Chawia DS. "When a preprint becomes the final paper."(*Nature*, 2017.1.20.)

[16] Valea RD, 2015, "Accelerating scientific publication in biology." *PNAS* 112: 13439-13446.

[17] "High-Profile Stem Cell Papers Under Fire."(*Science*, 2014.2.17.)

[18] 캐럴 리브스,『과학의 언어: 어떻게 과학을 제대로 이해하고 비평하고 향유할 것인가』, 오철우(역), 궁리, 2010.

[19] "Why high-profile journals have more retractions"(*Nature*, 2014.9.17.)

[20] "As PLOS ONE Shrinks, 2015 Impact Factor Expected to Rise."(*Scholarly Kitchen*, 2016.2.2.)

[21] Wang X et al., 2015, "The open access advantage considering citation, article usage and social media attention." *Scientometrics*, 103: 555-564.

[22] "Young scientists lead the way on fresh ideas."(*Nature*, 2015.2.18.)

[23] Price M, 2012, "Young researchers deserve more support, reviews say." *Science*, 336: 1489-1490.

20. 거대 뇌과학 프로젝트와 책임 있는 연구

[1] Martin CL & Chun M, 2016, "The BRAIN Initiative: Building, Strengthening, and Sustaining." *Neuron*, 92: 570-573.

[2] Amunts K et al., 2016, "The Human Brain Project: Creating a European Research Infrastructure to Decode the Human Brain." *Neuron*, 92: 574-581.

[3] "Why Obama's Brain-Mapping Project Matters"(MIT Tech Rev, 2013.4.8)

[4] Hutchison RM et al., 2013, "Dynamic functional connectivity: promise, issues, and interpretations." *Neuroimage*, 15: 360-378.

[5] Kopell NJ, 2014, "Beyond the connectome: the dynome." *Neuron*, 83: 1319-1328.

[6] Alivisatos AP et al., 2012, "The brain activity map project and the challenge of functional connectomics." *Neuron*, 74: 970-974.

[7] "Focus on neural computation and theory." *Nature Neurosci* 19: 347(2016).

[8] Wiener M et al., 2016, "Enabling an Open Data Ecosystem for the Neurosciences." *Neuron*, 92: 617-621.

[9] Neuro Cloud Consortium, 2016, "To the Cloud! A Grassroots Proposal to Accelerate Brain Science Discovery." *Neuron*, 92: 622-627.

[10] Koch C & Jones A, 2016, "Big Science, Team Science, and Open Science for Neuroscience." *Neuron*, 92: 612-616.

[11] "Human brain mapped in unprecedented detail."(*Nature*, 2016.7.20)

[12] About the Brain Activity Map Project | The Kavli Foundation http://www.kavlifoundation.org/about-brain-activity-map-project

[13] Shen H, 2013, "Brain Storm." *Science* 503: 26-28.

[14] "Rethinking the brain."(*Nature*, 2015.3.26)

[15] Garden H et al., 2016, "Neurotechnology and Society: Strengthening Responsible Innovation in Brain Science." *Neuron*, 92: 642-646.

[16] 성지은 & 송위진, 2013, "사회에 책임지는 과학기술혁신: Responsible Research and Innovation 논의 동향." *STEPI Issues & Policy* 69:e1.

[17] https://www.rri-tools.eu/

[18] Phillips L, 2012, "Armed resistance." *Nature*, 488: 576-579.

[19] Bennett AJ &Ringach DL, 2016, "Animal Research in Neuroscience: A Duty to Engage." *Neuron*, 92: 653-657.

[20] Greely HT et al., 2016, "Neuroethics in the Age of Brain Projects." *Neuron*, 92: 637-641.

[21] 오철우. ""변화를 함께 꿈꾸자" 과학기술인

단체 'ESC' 창립"(《사이언스온》, 2016.6.20.) http://scienceon.hani.co.kr/409332
[22] 변화를 꿈꾸는 과학기술인 네트워크(ESC), 「2017 대선 과학기술지원정책 타운미팅 자료집: 우리는 대통령 후보에게 무엇을 묻고 요구할 것인가?」 http://www.esckorea.org/about/notice/321
[23] "서울대, 공익 · 사회적 책임에 반하는 연구 금지"(《이데일리》, 2017.1.9.)
[24] 나오미 오레스케스 & 에릭 M. 콘웨이. 『의혹을 팝니다: 담배 산업에서 지구 온난화까지 기업의 용병이 된 과학자들』, 유강은(역), 미지북스, 2012.
[25] 캐럴 리브스, 『과학의 언어: 어떻게 과학을 제대로 이해하고 비평하고 향유할 것인가』, 오철우(역), 궁리, 2010.
[26] "In Dramatic Move, Flu Researchers Announce Moratorium on Some H5N1 Flu Research, Call for Global Summit."(*Science Insider*, 2012.1.20.)
[27] "Moratorium on Gain-of-Function Research"(*The Scientist*, 2014.10.21.)
[28] 빌 브라이슨, 『거의 모든 것의 역사』, 이덕환(역), 까치글방, 2003.
[29] 장하석, 『장하석의 과학, 철학을 만나다』, 지식플러스, 2015.
[30] 정인경, 『뉴턴의 무정한 세계』, 돌베개, 2014.
[31] http://www.raps.org/Regulatory-Focus/News/2015/07/02/21722/Regulatory-Explainer-Everything-You-Need-to-Know-About-FDA%E2%80%99s-Priority-Review-Vouchers/

21. 시민과학의 필요성

[1] Oullier O, 2012, "Clear up this fuzzy thinking on brain scans." *Nature* 483: 7.
[2] Cyranoski D, 2010, "Korean deaths spark inquiry." *Nature* 468: 485.
[3] 나오미 오레스케스 & 에릭 M. 콘웨이. 『의혹을 팝니다: 담배 산업에서 지구 온난화까지 기업의 용병이 된 과학자들』, 유강은(역), 미지북스, 2012.
[4] "'메르스, 너 때문에 나 격리됐스'… 메르스 황당 사건 7가지."(《한겨레》, 2015.6.3.)
[5] "Rethinking the Ph.D."(*Science*, 2012.9.7)
[6] Secret Lab of a Mad Scientist blog: 생명과학계의 '인구론' https://goo.gl/vX1hvA
[7] "The PhD factory."(*Nature*, 472: 276-279.)

22. 길 떠나는 이들에게

[1] 신영복, 2000, 「강물과 시간」, 《진보평론》 3: 191-202. http://blog.jinbo.net/comworld/296
[2] "'초지능'은 과학인가, 공상인가" https://brunch.co.kr/@kakao-it/49
[3] 성지은. "유럽에서 시작된 '사회에 책임지는 과학기술'"(《동아사이언스》, 2017.3.23.) http://www.dongascience.com/news.php?idx=17248
[4] 캐럴 리브스, 『과학의 언어: 어떻게 과학을 제대로 이해하고 비평하고 향유할 것인가』, 오철우(역), 궁리, 2010.
[5] "Cryogenically frozen brains will be 'woken up' and transplanted in donor bodies within three years, claims surgeon."(*Telegraph*, 2017.4.27.)
[6] "The immortalist: Uploading the mind to a computer."(*BBC Magazine*, 2016.3.14.)
[7] 다니엘 튜더, "'너희 나라 영국은 도대체 왜 그랬냐'는 질문에 대해."(《허핑턴 포스트》, 2016.6.30.) http://www.huffingtonpost.kr/daniel-tudor/story_b_10745740.html
[8] "[美 트럼프 시대]'러스트 벨트' 노동자 표심이 당락 갈랐다."(《서울경제》, 2016.11.10.) http://www.sedaily.com/NewsView/1L3X0XOJ21/
[9] 월드워치연구소. 『지속가능성의 숨은 위협들: 2015 지구환경보고서』, 이종욱 · 정석인(역), 도요새, 2015.
[10] 제레미 리프킨, 『한계비용 제로 사회: 사물인터넷과 공유사회의 등장』, 안진환 역, 민음사, 2014.

그림 출처

그림 2-1 https://en.wikipedia.org/wiki/File:1206_The_Neuron.jpg

그림 2-2 C: https://commons.wikimedia.org/wiki/File:Periferal_nerve_myelination.jpg, D: https://commons.wikimedia.org/wiki/File:Myelinated_neuron.jpg

그림 3-1 https://commons.wikimedia.org/wiki/File:Hippocampus_image.png

그림 4-1 왼쪽: https://commons.wikimedia.org/wiki/File:1204_Optic_Nerve_vs_Optic_Tract.jpg, 오른쪽: https://commons.wikimedia.org/wiki/File:Suprachiasmatic_Nucleus.jpg

그림 4-2 https://commons.wikimedia.org/wiki/File:Rat-hippocampal-activity-modes.png

그림 4-3 https://commons.wikimedia.org/wiki/File:Hypnogramme.svg

그림 4-6 https://commons.wikimedia.org/wiki/File:Ventromedial_prefrontal_cortex.png

그림 4-7 https://commons.wikimedia.org/wiki/File:Striatum.png

그림 5-1 https://commons.wikimedia.org/wiki/File:MRI_of_orbitofrontal_cortex.jpg

그림 5-3 https://commons.wikimedia.org/wiki/File:Dopamine_and_serotonin_pathways.png

그림 6-1 https://www.flickr.com/photos/duboc/7896404652

그림 6-2 B: https://commons.wikimedia.org/wiki/File:Connectome.jpg, C: https://commons.wikimedia.org/wiki/Category:Face_or_vase#/media/File:Face_or_vase_7741_(grey_and_purple).svg

그림 6-7 https://www.flickr.com/photos/flamephoenix1991/8376271918

그림 6-9 https://pixabay.com/ko/%EB%87%8C-mrt%EB%A1%9C-%EC%9E%90%EA%B8%B0-%EA%B3%B5%EB%AA%85-%EC%98%81%EC%83%81-%EB%A8%B8%EB%A6%AC-tractography-1728449/

그림 6-10 왼쪽: https://commons.wikimedia.org/wiki/File:EEG_cap.jpg 오른쪽:https://en.wikipedia.org/wiki/Electroencephalography#/media/File:Human_EEG_without_alpha-rhythm.png

그림 6-11 https://commons.wikimedia.org/wiki/File:Dopamine_D2_Receptors_in_Addiction.jpg

그림 7-2 위: https://commons.wikimedia.org/wiki/File:ANN_neuron.svg, 아래: https://commons.wikimedia.org/wiki/File:Rosenblattperceptron.png

그림 7-3 https://commons.wikimedia.org/wiki/File:Artificial_neural_network.svg

그림 7-5 http://neuralnetworksanddeeplearning.com/chap5.html

그림 8-4 http://web.engr.illinois.edu/~slazebni/spring14/lec24_cnn.pdf

그림 8-5 https://grey.colorado.edu/CompCogNeuro

그림 8-6 https://grey.colorado.edu/CompCogNeuro

그림 8-8 신경망 부분: http://neuralnet worksanddeeplearning.com/chap1.html

그림 8-9 https://www.youtube.com/watch?v=t4kyRyKyOpo

그림 9-1 https://en.wikipedia.org/wiki/File:Gray_square_illusion.png

그림 9-3 https://www.youtube.com/watch?v=IV6mXuuHOms

그림 12-1 브로카 영역: https://en.wikipedia.org/wiki/Broca%27s_area, 베르니케 영역: https://en.wikipedia.org/wiki/Wernicke%27s_area

그림 12-3 https://commons.wikimedia.org/wiki/File:Phrenology;_Chart_Wellcome_L0000992.jpg

그림 12-4 신경망 부분: http://neuralnetworksanddeeplearning.com/chap1.html

그림 12-6 왼쪽: https://commons.wikimedia.org/wiki/File:Cerebrum_lobes.svg 오른쪽: https://en.wikipedia.org/wiki/Cortical_homunculus#/media/File:1421_Sensory_Homunculus.jpg

그림 16-1 A: https://www.slideshare.net/kathrynlmills/katemills89plusserpentine2013, B: https://www.openconnectomeproject.org/kasthuri11, C: https://commons.wikimedia.org/wiki/File:Periferal_nerve_myelination.jpg